U0287126

内 容 简 介

本书系统总结了新疆油田常规注蒸汽开发中的实践与认识，主要包括油藏细化分类、注蒸汽开发方式采油机理、不同类型稠油油藏生产规律、注蒸汽开发方式筛选及方案设计、注蒸汽工艺新技术，并通过典型油藏实例剖析总结了不同类型稠油油藏注蒸汽开发的实践和成果。

本书可供从事稠油开发工作的管理人员、技术人员和科研人员参考，也可作为稠油开发初学者的参考资料。

图书在版编目(CIP)数据

新疆浅层稠油油藏注蒸汽开发技术与实践＝Steam Injection Technology and Practice for Shallow Heavy Oil Reservoir in Xinjiang/霍进等著. —北京：科学出版社，2018. 6

(准噶尔盆地勘探理论与实践系列丛书)

ISBN 978-7-03-058039-9

Ⅰ.①新… Ⅱ.①霍… Ⅲ.①高黏度油气田-注蒸汽-油田开发-新疆 Ⅳ.①TE357.44

中国版本图书馆CIP数据核字(2018)第132737号

责任编辑：万群霞　冯晓利 / 责任校对：郑金红

责任印制：徐晓晨 / 封面设计：无极书装

科学出版社出版

北京东黄城根北街16号

邮政编码：100717

http://www.sciencep.com

北京建宏印刷有限公司印刷

科学出版社发行　各地新华书店经销

*

2018年6月第　一　版　开本：787×1092 1/16

2019年11月第二次印刷　印张：13

字数：300 000

定价：198.00元

(如有印装质量问题，我社负责调换)

准噶尔盆地勘探理论与实践系列丛书

新疆浅层稠油油藏注蒸汽开发技术与实践

Steam Injection Technology and Practice for Shallow Heavy Oil Reservoir in Xinjiang

霍　进　王延杰　马　鸿　孙新革　杨　智　木合塔尔 等　著

科 学 出 版 社

北　京

本书作者名单

霍　进　王延杰　马　鸿　孙新革

杨　智　木合塔尔　席长丰　董　宏

陈燕辉　游红娟　杨兆臣　郑爱萍

周　游　任　标

序

准噶尔盆地位于中国西部，行政区划属新疆维吾尔自治区（简称新疆）。盆地西北为准噶尔界山，东北为阿尔泰山，南部为北天山，是一个略呈三角形的封闭式内陆盆地，东西长为700km，南北宽为370km，面积为$13\times10^4km^2$。盆地腹部为古尔班通古特沙漠，面积占盆地总面积的36.9%。

1955年10月29日，克拉玛依黑油山1号井喷出高产油气流，宣告了克拉玛依油田的诞生，从此揭开了新疆石油工业发展的序幕。1958年7月25日，世界上唯一一座以油田命名的城市——克拉玛依市诞生了。1960年，克拉玛依油田原油产量达到166×10^4t，占当年全国原油产量的40%，成为新中国成立后发现的第一个大油田。2002年原油年产量突破1000×10^4t，成为中国西部第一个千万吨级大油田。

准噶尔盆地蕴藏丰富的油气资源。油气总资源量为107×10^8t，是我国陆上油气资源超过100×10^8t的四大含油气盆地之一。虽然经过半个多世纪的勘探开发，但截至2012年年底，石油探明程度仅为26.26%，天然气探明程度仅为8.51%，均处于含油气盆地油气勘探阶段的早中期，预示着准噶尔盆地具有巨大的油气资源和勘探开发潜力。

准噶尔盆地是一个具有复合叠加特征的大型含油气盆地。盆地自晚古生代至第四纪经历了海西、印支、燕山、喜马拉雅等构造运动。其中，晚海西期是盆地拗隆构造格局形成、演化的时期，印支-燕山运动进一步叠加和改造，喜马拉雅运动重点作用于盆地南缘。多旋回的构造发展在盆地中造成多期活动、类型多样的构造组合。

准噶尔盆地沉积总厚度可达15000m。石炭系—二叠系被认为是由海相到陆相的过渡地层，中、新生界则属于纯陆相沉积。盆地发育了石炭系、二叠系、三叠系、侏罗系、白垩系和古近系六套烃源岩，分布于盆地不同的凹陷，它们为准噶尔盆地奠定了丰富的油气源物质基础。

纵观准噶尔盆地整个勘探历程，储量增长的高峰大致可分为准噶尔西北缘深化勘探阶段（20世纪70～80年代）、准噶尔东部快速发现阶段（20世纪80～90年代）、准噶尔腹部高效勘探阶段（20世纪90年代至21世纪初期）、准噶尔西北缘滚动勘探阶段（21世纪初期至今）。不难看出，勘探方向和目标的转移反映了地质认识的不断深化和勘探技术的日臻成熟。

正是由于几代石油地质工作者的不懈努力和执着追求，使准噶尔盆地在经历了半个多世纪的勘探开发后，仍显示出勃勃生机，油气储量和产量连续29年稳中有升，为我国石油工业发展做出了积极贡献。

在充分肯定和乐观评价准噶尔盆地油气资源和勘探开发前景的同时，必须清醒地看到，由于准噶尔盆地石油地质条件的复杂性和特殊性，随着勘探程度的不断提高，勘探目标多呈“低、深、隐、难”特点，勘探难度不断加大，勘探效益逐年下降。巨大的剩余油气资源分布和赋存于何处，是目前盆地油气勘探研究的热点和焦点。

由中国石油天然气股份有限公司新疆油田分公司（以下简称新疆油田分公司）组织编写的《准噶尔盆地勘探理论与实践系列丛书》历经近两年时间的努力，终于面世了。这是由油田自己的科技人员编写出版的一套专著类丛书，这充分表明我们不但在半个多世纪的勘探开发实践中取得了一系列重大的成果，积累了丰富的经验，而且在准噶尔盆地油气勘探开发理论和技术总结方面有了长足的进步，理论和实践的结合必将更好地推动准噶尔盆地勘探开发事业的进步。

该系列专著汇集了几代石油勘探开发科技工作者的成果和智慧，也彰显了当代年轻地质工作者的厚积薄发和聪明才智。希望今后能有更多高水平的、反映准噶尔盆地特色的地质理论专著出版。

“路漫漫其修远兮，吾将上下而求索”。希望从事准噶尔盆地油气勘探开发的科技工作者勤于耕耘、勇于创新、精于钻研、甘于奉献，为“十二五”新疆油田的加快发展和“新疆大庆”的战略实施做出新的更大的贡献。

新疆油田分公司总经理

2012年11月

前　言

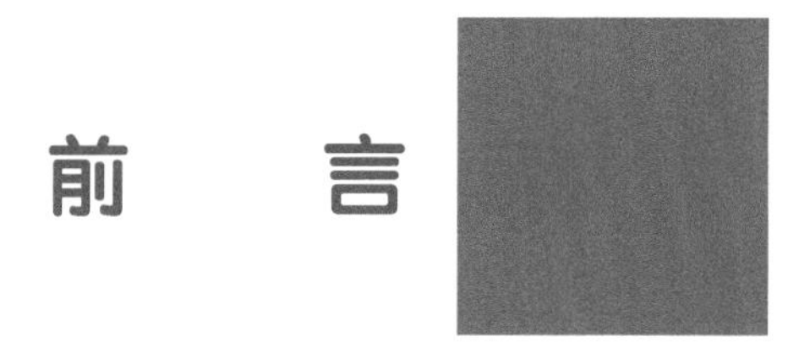

新疆准噶尔盆地西北缘稠油油藏埋藏浅，原油黏度变化范围大，地质条件复杂，油藏类型多，相继实施了注蒸汽吞吐和蒸汽驱开采后，取得了良好的开发效果和巨大的社会经济效益，形成了具有国内先进水平的浅层稠油开发模式及工艺技术系列。

基于“八五”至“九五”期间新疆稠油热采形成的理论、技术和方法，本书旨在总结新疆油田常规注蒸汽开发中的实践与认识，特别是近15年来在稠油老区转化开发方式、超稠油经济有效开发、改善注蒸汽开发效果工艺技术等方面取得的突破。全书共6章，第1章为概述，由新疆稠油地质特征、浅层稠油油藏地质特征、浅层稠油油藏分类、新疆稠油热采开发历程与技术现状4个部分组成；第2章介绍了稠油油藏流体与岩石的热物理性质，新疆超稠油采用过热蒸汽技术取得了较好的效果，因而本章也详细介绍了过热水蒸气的热物理性质；第3章为稠油油藏注蒸汽开采机理和生产规律，分析了注蒸汽开发主要机理和注蒸汽前后储层物性变化机理，介绍了稠油油藏注蒸汽开发过程中储层岩性特征、储层物性变化规律，总结了不同稠油油藏类型的注蒸汽开发的生产特征；第4章为新疆稠油油藏注蒸汽开发方式研究，总结了近年来新疆稠油油藏开发程序，提出了不同类型浅层稠油油藏开发技术界限；第5章为不同类型稠油油藏开发实践，以普通稠油油藏、特稠油油藏、超稠油油藏为例，分别阐述了3种典型油藏多年来在开发实践过程中的经验与教训；第6章为注蒸汽热采工艺技术，重点介绍了注蒸汽开发过程中关键技术，如过热蒸汽锅炉、水平井分段注汽工艺技术、水平井冲砂工艺技术等。

浅层稠油的开发思路与深层稠油不同，国内大部分文献只涉及注蒸汽开发的局部技术进展，至今一直无该领域的著作。本书系统总结了近20年来的开发技术进展与实践心得，填补了该领域专著出版的空白。

本书一方面系统总结了稠油热采基础理论和方法，可为稠油开发的初学者和专业人员提供技术参考；另一方面系统总结了稠油开发实践中的经验、教训和成果，希望能为稠油油藏开发方式的转变提供一定的方向和指导。

本书在撰写过程中得到了中国石油新疆油田分公司新港作业公司、中国石油新疆油田分公司重油开发公司、中国石油新疆油田分公司风城油田作业区等单位的热情支持与帮助，在此表示衷心的感谢。

因作者水平有限，本书难免有不妥之处，敬请读者批评和指正。

作　者

2018年2月

目　录

第1章 概论

稠油是一种高黏度、高密度原油，国外统称为重质原油。依据我国石油行业油藏分类标准，将油层条件下黏度不小于 50mPa·s，密度不小于 0.92g/cm^3 的原油称为稠油。稠油又细分为三类：在油层温度条件下，脱气原油黏度为 50～10000mPa·s、密度大于 0.92g/cm^3 的原油称为普通稠油；脱气原油黏度为 10000～50000mPa·s、密度大于 0.95g/cm^3 的原油称为特稠油；脱气原油黏度大于 50000mPa·s、密度大于 0.98g/cm^3 的原油称为超稠油。

准噶尔盆地西北缘具有丰富的稠油资源，从红山嘴到风城，绵延 150km，主要有克拉玛依油田的九区、六区、四$_2$区、克浅 10 井区、黑油山区，红山嘴油田红浅 1 井区，百口泉油田百重 7 井区及风城油田重 1、重 32、重 18 等井区。多数油藏的埋深不超过 650m。稠油油藏多与稀油油藏邻近或在同一油田，具备较好的水、电、路、通信等基础设施，便于统筹开发。西北缘稠油属于环烷基、低凝固点的特殊油品，是国民经济和国防建设中的重要原料，炼化附加值高，在开发中与稀油分采、分输、分炼。

1.1 准噶尔盆地油藏地质特征

准噶尔盆地是中国西北边陲的大型内陆盆地之一，在漫长的地质历史演化过程中，在盆地西北缘形成了绵延 250km 的推覆体构造带，由 3 个舌形体和 3 条大断裂带组成，即红-车断裂带、克-乌断裂带、乌-夏断裂带（图 1-1），断面倾向西北，倾角上陡下缓，由盆地边缘向盆地中心呈叠瓦状推覆排列，水平推覆距离可达 9～25km。断裂上下盘地层沉积厚度不同，表现了断裂的同沉积性。推覆构造体大体划分为 5 个带：①推覆体主部，多由石炭系（C）基岩组成；②前缘断块带，由基岩、下二叠统及上覆三叠系—侏罗系组成；③下盘掩伏带，即推覆体主断裂下盘掩伏部分，多是单斜构造，由二叠系（P）、三叠系（T）和部分侏罗系组成；④超覆尖灭带，在推覆体主部之上被中生代地层超覆，主要由部分三叠系、下侏罗统、上侏罗统和下白垩统组成，是浅层稠油油藏的主要分布区；⑤前沿外围带，在推覆体主断裂下盘外围，常为单斜或平缓褶皱构造（图 1-2）。

在推覆体构造背景下，超覆尖灭带在石炭系基岩之上，依次超覆沉积了三叠系克拉玛依组（T_2k）、白碱滩组（T_3b）、侏罗系八道湾组（J_1b）、三工河组（J_1s）。西山窑组（J_2x）、头屯河组（J_2t）、齐古组（J_3q）、白垩系吐谷鲁群（K_1tg）等（表 1-1）。经开发钻井证实，在地层剖面中存在 4 个不整合面：三叠系与石炭系之间、侏罗系与三叠系之间、上侏罗统齐古组与下伏层系之间、白垩系与侏罗系之间不整合接触，使各时期超覆沉积的各组地层厚度向盆地边缘逐渐减薄，后期的构造运动（抬升），又使地层遭受严重的剥蚀，造成地层剖面的不连续性，但这也为稠油油藏的形成创造了有利条件。早期(三叠纪末期)形成的油藏遭到破坏，油气沿着断裂和不整合面发生二次、三次运移，向上至推覆体上盘超覆尖灭带形成次生油藏，再经轻质组分挥发散失、水洗氧化及生物降解作用，最终形成稠油油藏(图 1-3)。

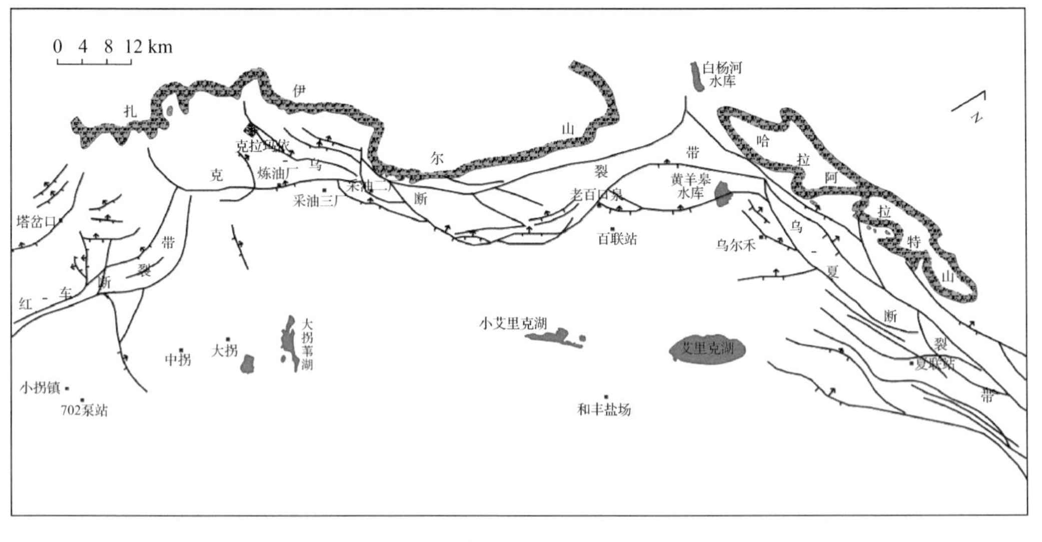

图 1-1　克拉玛依大逆掩断裂带构造纲要图

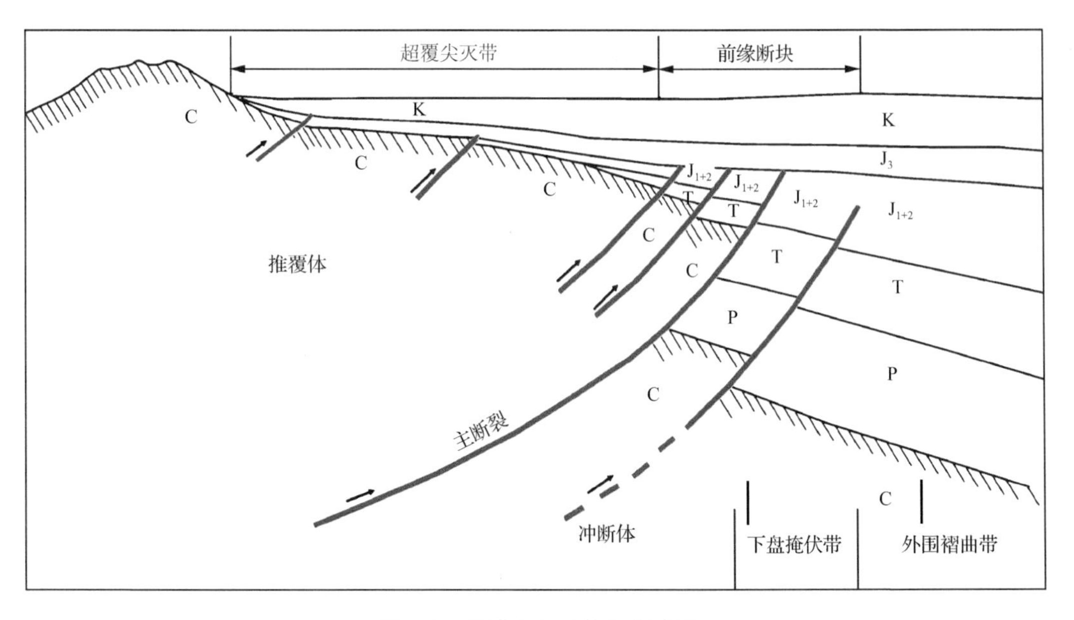

图 1-2　准噶尔盆地构造模式图

表 1-1 准噶尔盆地西北缘稠油油藏地层简况表

系	统	地层名称		层位符号	主要岩性
白垩系	下统	吐谷鲁群		K_1tg	灰绿色细砂岩与棕色、褐红色、灰绿色泥岩夹灰质砂岩，底部为灰绿色角砾岩
侏罗系	上统	齐古组		J_3q	紫红、褐色及少量灰绿、灰白色泥岩与砂岩互层
	中统	头屯河组		J_2t	杂色砂岩、泥岩夹砾岩、砂岩
		西山窑组		J_2x	灰白、灰绿色砂泥岩互层，夹炭质泥岩及煤线，底为砂砾岩
	下统	三工河组		J_1s	灰、灰绿色泥岩为主夹砂岩
		八道湾组		J_1b	灰绿、灰色砂岩、砾岩、泥岩与煤层，底为灰白色砾岩
三叠系	上统	白碱滩组		T_3b	上部为灰绿色砂岩与灰黑色泥岩互层，下部为灰绿、灰黑色泥岩，夹少量薄层砂岩
	中统	克拉玛依组	克上组	T_2k_2	灰绿色砂砾岩及灰绿色泥岩的不等厚互层
			克下组	T_2k_1	绿灰色、褐灰色砾岩、含砾不等粒砂岩与灰绿色、棕褐色泥岩不等厚互层
石炭系		石炭系		C	灰色、灰绿色、紫红色薄层状凝灰岩，凝灰色粉砂岩夹辉绿岩，薄层状灰黑色凝灰质泥岩，凝灰质粉砂岩夹硅质岩、砂岩，厚层状灰色、深灰色砂岩与凝灰岩互层，局部夹火山岩和生物灰岩

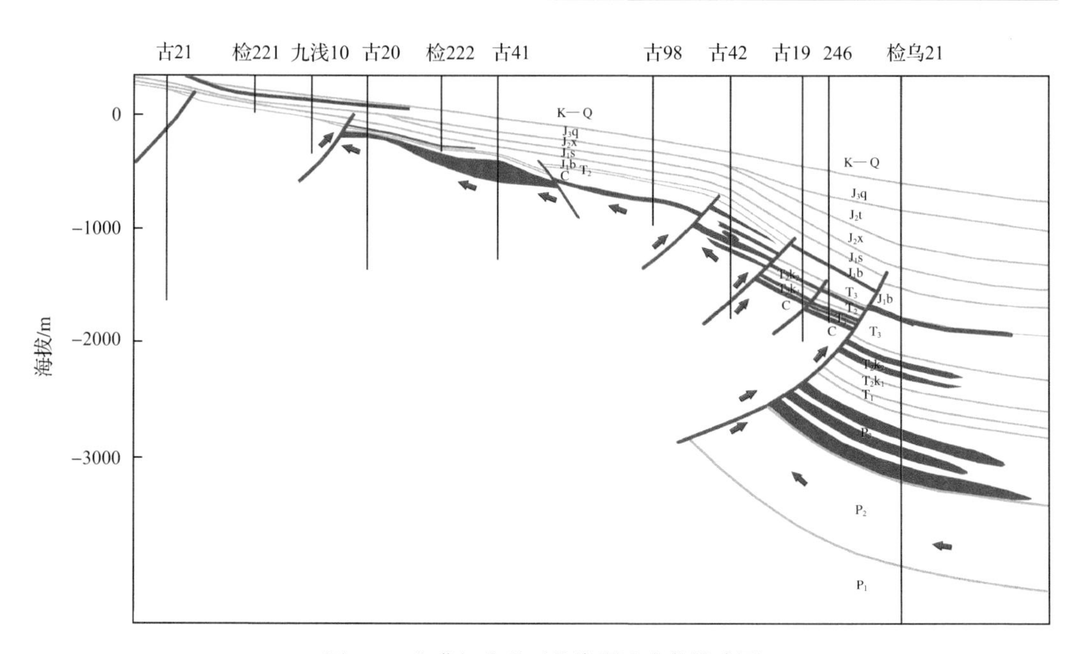

图 1-3 准噶尔盆地西北缘稠油成藏模式图

1.2 新疆浅层稠油油藏地质特征

1. 分布广，埋藏浅，资源丰富

准噶尔盆地西北缘从红山嘴到风城，已发现的稠油油藏埋深一般为160～600m。

截至2016年年底，新疆油区在准噶尔盆地西北缘和东部2大油区的6个油田（克拉玛依油田、红山嘴油田、百口泉油田、风城油田、三台油田、车排子油田）（图1-4）累计探明含油面积为330.1km^2，地质储量为3.7×10^8t，普通稠油油藏占44.8%，特稠油占31.6%，超稠油占23.6%。剖面上主要分布在三叠系克下组、克上组，侏罗系八道湾组、齐古组（图1-5）。

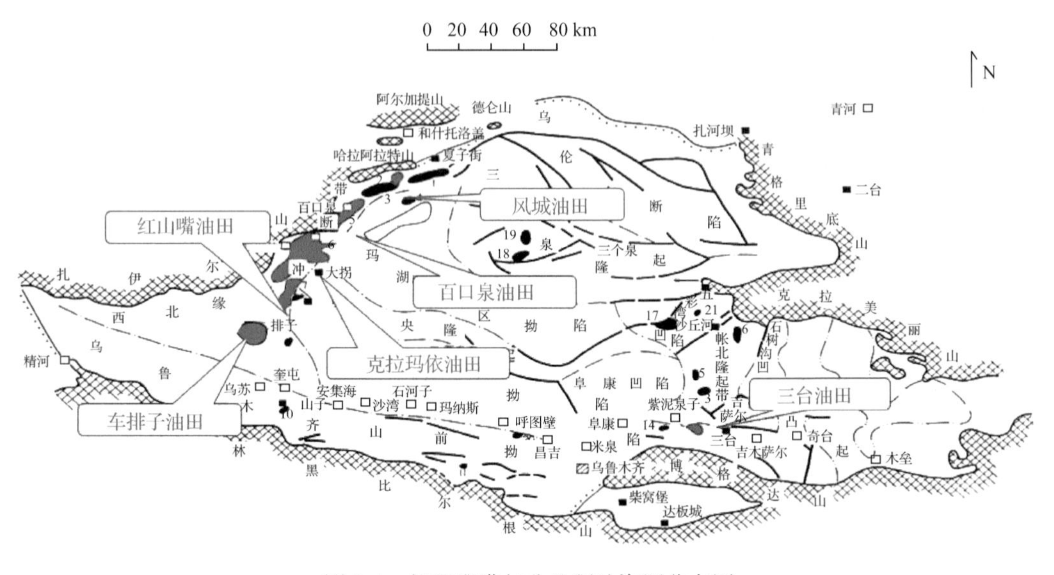

图1-4 新疆准噶尔盆地稠油资源分布图

2. 含油层位多，储层物性好

目前已发现的稠油油藏在中，三叠统克拉玛依组（T_2k）、下侏罗统八道湾组（J_1b）、上侏罗统齐古组（J_3q）、下白垩统吐谷鲁群（K_1tg）及石炭系火山岩中均有发育，层系多，规模较大。含油层岩性以砂岩为主，分选好，储层埋藏浅，欠压实，胶结疏松，储层物性好，油层孔隙度为25%～36%，空气渗透率为300～5000mD，属中—高渗储集层（表1-2）。

3. 各油藏主要沿超覆不整合面呈叠瓦状分布

在推覆体主部上覆地层超覆尖灭带上，油藏总是分布在砂层尖灭线的下倾部位，呈自北向南、由新到老逐级下降展布。油气多沿不整合面或断裂运移，并储存在与不整合面连通的砂层中，表现了油藏与不整合面的密切关系。按成因分析，西北缘稠油油藏主要有以下3种类型。

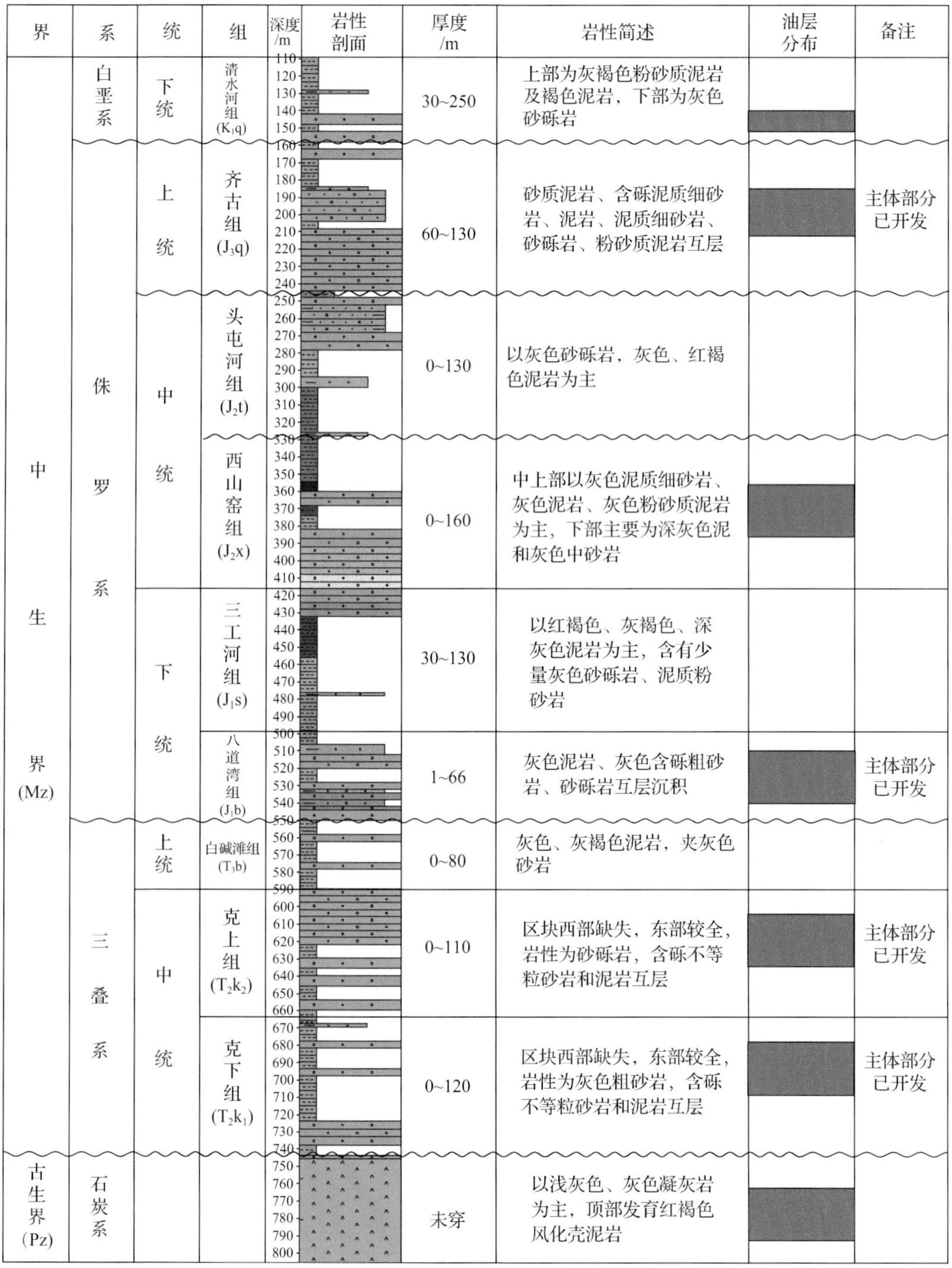

界	系	统	组	深度/m	岩性剖面	厚度/m	岩性简述	油层分布	备注
中生界(Mz)	白垩系	下统	清水河组(K_1q)	110, 120, 130, 140, 150		30~250	上部为灰褐色粉砂质泥岩及褐色泥岩，下部为灰色砂砾岩		
	侏罗系	上统	齐古组(J_3q)	160, 170, 180, 190, 200, 210, 220, 230, 240		60~130	砂质泥岩、含砾泥质细砂岩、泥岩、泥质细砂岩、砂砾岩、粉砂质泥岩互层		主体部分已开发
		中统	头屯河组(J_2t)	250, 260, 270, 280, 290, 300, 310, 320		0~130	以灰色砂砾岩，灰色、红褐色泥岩为主		
			西山窑组(J_2x)	330, 340, 350, 360, 370, 380, 390, 400, 410		0~160	中上部以灰色泥质细砂岩、灰色泥岩、灰色粉砂质泥岩为主，下部主要为深灰色泥和灰色中砂岩		
		下统	三工河组(J_1s)	420, 430, 440, 450, 460, 470, 480, 490		30~130	以红褐色、灰褐色、深灰色泥岩为主，含有少量灰色砂砾岩、泥质粉砂岩		
			八道湾组(J_1b)	500, 510, 520, 530, 540		1~66	灰色泥岩、灰色含砾粗砂岩、砂砾岩互层沉积		主体部分已开发
	三叠系	上统	白碱滩组(T_3b)	550, 560, 570, 580		0~80	灰色、灰褐色泥岩，夹灰色砂岩		
		中统	克上组(T_2k_2)	590, 600, 610, 620, 630, 640, 650, 660		0~110	区块西部缺失，东部较全，岩性为砂砾岩，含砾不等粒砂岩和泥岩互层		主体部分已开发
			克下组(T_2k_1)	670, 680, 690, 700, 710, 720, 730, 740		0~120	区块西部缺失，东部较全，岩性为灰色粗砂岩，含砾不等粒砂岩和泥岩互层		主体部分已开发
古生界(Pz)	石炭系			750, 760, 770, 780, 790, 800		未穿	以浅灰色、灰色凝灰岩为主，顶部发育红褐色风化壳泥岩		

图 1-5 西北缘地层综合柱状图

表 1-2 西北缘稠油油藏储层特征表

系	统	组	层位符号	平均埋深/m	平均沉积厚度/m	岩相岩性	油层孔隙度均值/%	油层渗透率均值/mD	储层评价	分布区域
侏罗系	上统	齐古组	J_3q	265	110	辫状河流相，岩性为砂砾岩、中细砂岩、细砂岩、砂质泥岩和泥岩，与下伏地层不整合接触	25～36	756～2334	高孔、高渗储集层	克拉玛依油田九区、六区、克浅10井区；红山嘴油田红浅1井区；风城油田重1、重29、重32井区
	下统	八道湾组	J_1b	450	52	辫状河流相，岩性为中细砂岩、含砾砂岩、小砾岩、砂质泥岩和泥岩，与下伏地层不整合接触	25～30	400～845	中孔隙、高渗透、非均质性强的较好储层	克拉玛依油田九区、六东区；红山嘴油田红一1、红一2、红一3区；百口泉油田百重7井区；风城油田重43井区
三叠系	中统	克拉玛依组	T_2k_2	360	85	辫状河流相，岩性为中粗砂岩、砂质小砾岩、砂质泥岩和泥岩，与下伏地层不整合接触	19～28.2	140～715	中孔隙、高渗透、非均质性强的较好储层	克拉玛依油田九区南、四$_2$区、六区、黑油山区；百口泉油田百重7井区
			T_2k_1	420	90	冲积扇，岩性为不等粒砾岩、不等粒小砾岩、中粗砂岩、细砂质、泥岩，与下伏地层不整合接触	19～23	180～962	中孔隙、高渗透、非均质性强的较好储层	克拉玛依油田四$_2$区、六区、黑油山区
石炭系		石炭系	C	500（未穿）	220	火山喷发相，岩性为火山岩、火山角砾岩、火山角砾凝灰岩	1.3	1.0	网状缝发育	克拉玛依油田九区南、四$_2$区（检131、检129井区）

(1) 地层超覆不整合型：油藏分布在不整合面之上。油气沿不整合面或断裂面运移至此，聚集在与不整合面连通的砂岩中而形成油藏。如风城油田吐谷鲁群、齐古组、八道湾组油藏，克拉玛依油田四$_2$区克下组、黑油山区克拉玛依组(T_2k)等油藏，均属此类。

(2) 断裂遮挡的地层超覆型：油藏多分布在断块内。在地层超覆背景下，地层上倾方向被断裂切割，形成断裂遮挡油藏。如克拉玛依油田的六、九区齐古组油藏，红山嘴油田红浅1井区齐古组、八道湾组、克上组油藏均属此类。

(3) 基岩裂缝控制性:裂缝密如蛛网,下倾方向与断裂面连通,油气经断裂面进入基岩裂缝,基岩顶面被泥质风化壳或上覆不渗透层遮挡而形成油藏。此类油藏多分布在推覆体主部,如克拉玛依油田九区南、四$_2$区石炭系油藏均属此类型。

4. 稠油属环烷基,具有“三高四低”的特点

西北缘稠油组分的重要特征是具有较高的分子量,较低的金属含量,常规物理性质可集中概括为“三高四低”,即黏度高,20℃时地面脱气油黏度1300～500000mPa·s;酸值高,平均为3.9mgKOH/g;胶质含量高,平均为16.8%;含蜡量低,平均为2.2%;含硫量低,一般小于0.5%;凝固点低,平均为−41～−16℃;沥青质含量低,平均为1.1%。

5. 稠油温度敏感性强

西北缘稠油黏度对温度的敏感性很强。以九浅7井的原油为例(图1-6),当温度由20℃上升到50℃时,原油黏度由7600mPa·s下降到600mPa·s,下降了92%;当温度上升到100℃时,黏度降低到44mPa·s,降低了99%。

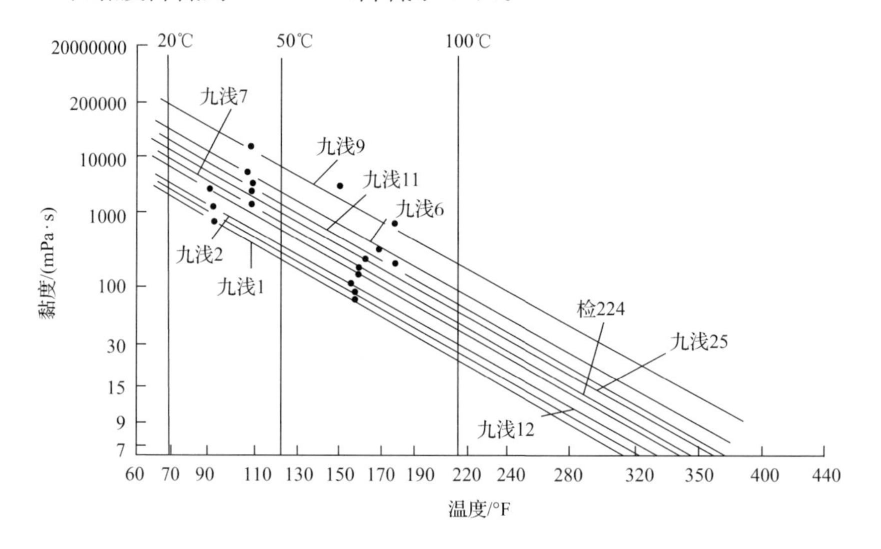

图1-6　九区齐古组黏度-温度曲线

$$T(℉)=\frac{9}{5}T(℃)+32$$

1.3　新疆浅层稠油油藏分类

1.3.1　浅层稠油分类指标

对西北缘已开发的各层块的地质条件与生产效果统计分析认为,影响稠油生产效果的主要因素依次为原油黏度、储层物性(油层厚度、渗透率、孔隙度)。以此为依据对西北

缘各稠油油藏进行重新分类。以黏度分类为第一指标，以岩性分类为第二指标，将新疆浅层稠油划分为砂岩普通稠油油藏、砂砾岩普通稠油油藏、砂岩特稠油油藏、砂砾岩特稠油油藏、砂岩超稠油、砂砾岩超稠油 6 种类型。

1. 按原油黏度分类

新疆浅层超稠油 20℃时的原油黏度为 50000～5000000mPa·s，50℃时的原油黏度为 2000～100000mPa·s，原油黏度对生产效果的影响很大。以九$_7$和九$_8$砂岩油藏为例，20℃时原油黏度小于 200000mPa·s(50℃时小于 5000 mPa·s)的井采用常规注蒸汽开采可以取得一定效果；50℃时原油黏度为 5000～20000mPa·s 的井必须采取适当措施才能有效开发；50℃时原油黏度大于 20000mPa·s 的井采用常规开发方式生产效果较差(图 1-7)，连续油层厚度较大时(＞15m)，采用蒸汽辅助重力泄油技术(steam assisted gravity drainage，SAGD)可进行有效开发。

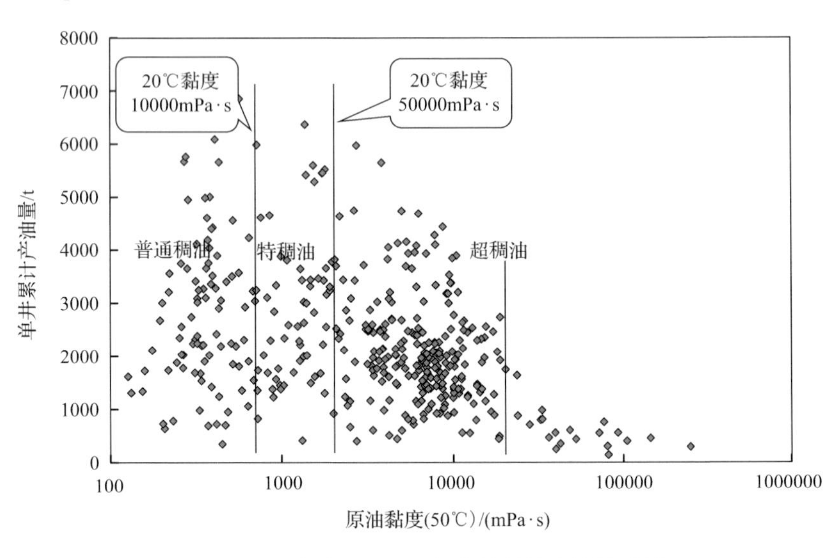

图 1-7 原油黏度(50℃)与单井累计产量关系图

新疆稠油黏度小于 150mPa·s 时，密度一般小于 0.9g/cm^3；黏度为 50000mPa·s 时，密度一般小于 0.95g/cm^3，刘文章(1998)分类标准的原油密度与黏度的对应关系，在新疆油田原油中没有很好的相关性。另外，不同油藏的密度与黏度的相关性也有差异(图 1-8)，因此原油密度不作为分类指标。

综合以上分析，保持刘文章(1998)原油黏度分类中对普通稠油和特稠油的划分标准，形成新疆准噶尔盆地浅层稠油黏度分类标准(表 1-3)。按照目前的开发难度将超稠油进一步细化成 4 个亚类：Ⅰ类适合常规注蒸汽开发，Ⅱ类可采用 SAGD 技术开发，Ⅲ类需要攻关试验，Ⅳ类目前暂不能有效开发。考虑超稠油 20℃黏度不能准确测试，主要以 50℃黏度进行分类，通过 20℃黏度与 50℃黏度回归关系，给出 20℃黏度参考值。

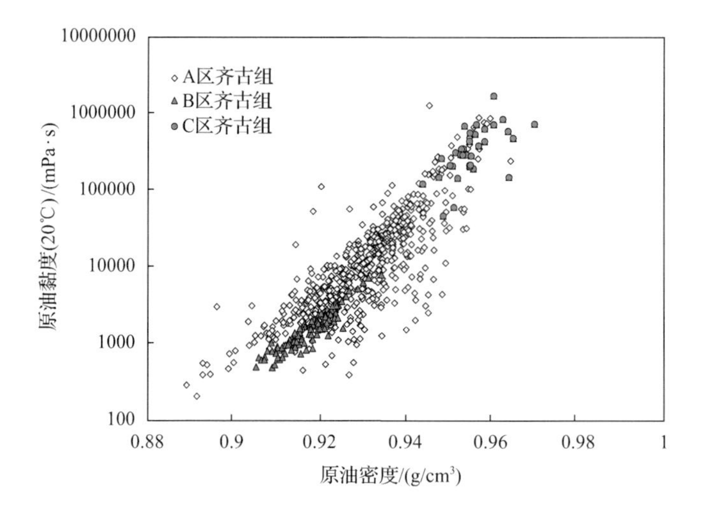

图 1-8 新疆浅层稠油密度与黏度关系图

表 1-3 新疆浅层稠油分类(黏度分类)

油藏类型		50℃原油黏度/(mPa·s)	20℃原油黏度/(mPa·s)
普通稠油		<700	<10000
特稠油		700～2000	10000～50000
超稠油	超稠油Ⅰ类	2000～20000	50000～1000000
	超稠油Ⅱ类	20000～50000	—
	超稠油Ⅲ类	50000～200000	—
	超稠油Ⅳ类	>200000	—

注:"—"表示黏度太大,无法准确表述。

2. 储层性质分类

按岩性和原油黏度对准噶尔盆地22个浅层稠油已开发层块进行分类统计,砂岩、砂砾岩油藏孔隙度、渗透率的分界线较为明显,分别为27%和800mD(图1-9)。岩性对生产效果影响很大,砂岩普通稠油层块生产效果好于砂砾岩普通稠油层块,砂岩特稠油层块生产效果好于砂砾岩特稠油层块;且砂砾岩特稠油层块生产效果很差,单井产油量达不到经

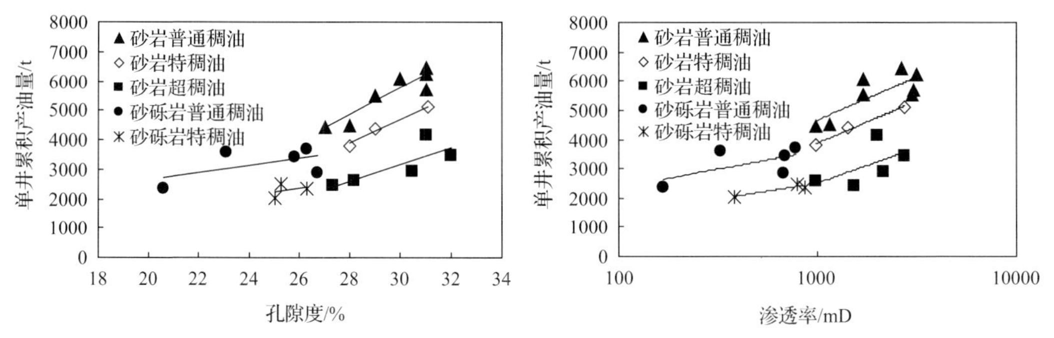

图 1-9 不同类型层块孔隙度、渗透率与单井累计产油量关系图

济开发下限(2800t)。储层岩性可以作为原油黏度分类的补充,并具有显著的分类特征。

按岩性、原油黏度与油层厚度,再次对22个浅层稠油已开发层块进行分类统计,虽然生产规律明显,但分类特征不显著(图1-10),因此油层厚度没有分类意义。按岩性、原油黏度与油层系数,对22个浅层稠油已开发层块进行分类统计,同样是生产规律明显,但分类特征不显著。

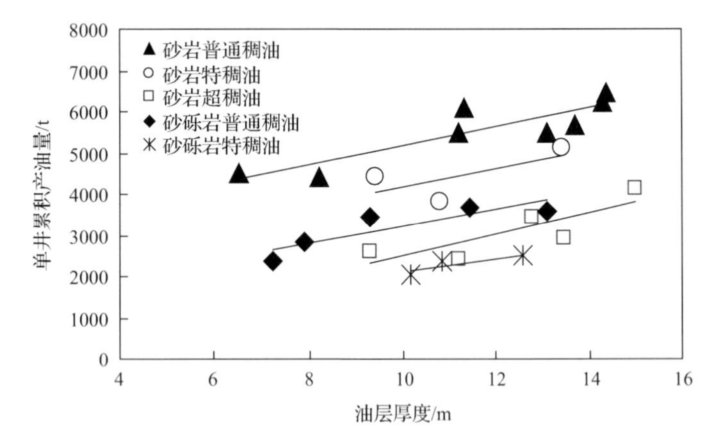

图1-10 不同类型层块油层厚度与单井累计产油关系图

基于以上分析,在原油黏度分类的基础上,以储层岩性为第二分类指标,将普通稠油、特稠油及超稠油三大类四亚类黏度再进行分类,细分为砂岩普通稠油层块、砂砾岩普通稠油层块、砂岩特稠油层块、砂砾岩特稠油层块、砂岩超稠油、砂砾岩超稠油等12种类型(表1-4)。

表1-4 新疆浅层稠油分类

油藏类型		第一指标		第二指标		
		原油黏度(20℃)/(mPa·s)	原油黏度(20℃)/(mPa·s)	储层岩性	孔隙度/%	渗透率/mD
普通稠油		<10000	<700	砂岩	27～36	>800
				砂砾岩	19～27	200～800
特稠油		10000～50000	700～2000	砂岩	27～36	>800
				砂砾岩	22～27	300～800
超稠油	超稠油Ⅰ类	50000～1000000	2000～20000	砂岩	27～36	>800
				砂砾岩	22～27	300～800
	超稠油Ⅱ类	—	20000～50000	砂岩	27～36	>800
				砂砾岩	22～27	300～800
	超稠油Ⅲ类	—	50000～200000	砂岩	27～36	>800
				砂砾岩	22～27	300～800
	超稠油Ⅳ类	—	>200000	砂岩	27～36	>800
				砂砾岩	22～27	300～800

1.3.2 浅层稠油分类结果及潜力

根据以上分类，对西北缘不同类型油藏的主要地质参数及储量进行统计(表1-5、表1-6)。目前已探明的储量中，普通稠油油藏占44.8%，特稠油占31.6%，超稠油占23.6%；砂岩油藏占60.9%，砂砾岩油藏占39.1%；砂岩、砂砾岩的普通稠油、特稠油储量基本已动用，超稠油储量动用程度较低。

表1-5　不同类型油藏主要地质参数

油藏类型	50℃原油黏度/(mPa·s)	油层孔隙度/%	渗透率/mD	典型层块
砂岩普通稠油	<10000	27～32	>800	九$_1$、九$_2$、九$_3$、九$_4$、九$_5$、J230、六$_1$、六浅1、四$_2$、克浅109(J_3q)
砂岩特稠油	10000～50000	27～32	>800	九$_6$、克浅10、红一4、红一5、九浅41(J_3q)
砂砾岩普通稠油	<10000	19～27	150～800	红一1,2,3(J_1b)、六东、四$_2$(T_2k_1)
砂砾岩特稠油	10000～50000	22～27	200～800	百重7(J_1b、T_2k)、九$_9$(J_1b)
砂岩超稠油	>50000	27～36	>800	九$_{7+8}$、六$_2$、风城、九浅41、九$_9$(J_3q)
砂砾岩超稠油	>50000	25～30	>500	红003(K_1q)

表1-6　稠油探明储量分类

油藏类型	面积/km^2	储量/10^4t	比例/%
砂岩普通稠油	67.86	9341.27	25.4
砂砾岩普通稠油	109.82	7094.34	19.4
砂岩特稠油	30.00	4367.45	11.9
砂砾岩特稠油	70.59	7242.19	19.7
砂岩超稠油	51.81	8663.17	23.6
合计	330.08	36708.42	100

油藏分类细化后，开发技术政策将由原来的普通稠油、特稠油、超稠油3个系列逐步完善形成由原油黏度(6类)与储层岩性(2类)组合后的12个系列。新技术政策系列的形成对稠油方案优化设计及稠油生产中优化注汽、降低生产成本方面有很好的借鉴指导作用。

1.4 开发技术历程和现状

1.4.1 新疆稠油热采开发历程

新疆浅层稠油开发总体经历了5个阶段：早期试验阶段、全面开发阶段、稳产调整阶段、老区稠油持续上产阶段、风城超稠油持续上产阶段。前4个阶段以开发普通稠油和特稠油为主，第 5 个阶段超稠油开发技术实现了重大突破。

(1) 第一阶段(1960～1985 年)，早期试验阶段。

1960 年在克拉玛依黑油山区进行了稠油火烧油层的矿场试验；1965 年在克拉玛依黑油山区进行了 3 井组蒸汽吞吐开采试验，取得了一定效果和认识；1983 年在九区九浅 1 井开展了注蒸汽吞吐试验，取得了第一轮平均日产油 19.7t 的好效果。

(2) 第二阶段(1986～1992 年)，全面开发阶段。

1985 年完成了《克拉玛依油田九区齐古组浅层稠油油藏注蒸汽开发方案》，开始了规模开发，主要采用蒸汽吞吐方式成功开发了六区、九区、红浅 1 井区、$四_2$ 区等稠油油藏。

(3) 第三阶段(1993～1998 年)，稳产调整阶段。

1991～1995 年，六区、九区按照 100m×140m 反九点井网陆续转入大规模蒸汽驱开发，但由于井距大、井网不合适等原因，汽驱效果不理想。

1996～1998 年，在$九_1$区、$九_2$区、$九_3$区、$九_6$区 4 个试验区蒸汽吞吐后转蒸汽驱试验取得较好效果的基础上，对$九_1$—$九_6$区和$六_1$区进行了加密调整，实施加密井 1324 口，汽驱开发效果得到明显改善，实现了汽驱开发多年稳产，提高采出程度达到 20%以上。

(4) 第四阶段(1999～2006 年)，老区稠油持续上产阶段。

1999 年后，稠油可开发资源不足的矛盾越来越突出，开始了滚动勘探与开发，探明和开发了克浅 10 井区、百重 7 井区、$九_9$区、六区等一批稠油油藏，实现真正意义上的勘探开发一体化，稠油开发规模不断扩大，产量规模不断增长，并通过组合吞吐、老区精细调整等技术不断挖掘老区潜力。

(5) 第五阶段(2007～2015 年)，风城超稠油持续上产阶段。

2007 年采用多层系直井和水平井方式对重 32 井区实施整体开发；2008 为探索风城超稠油有效开发技术，先后开辟了过热蒸汽试验区和 SAGD 试验区；2010～2013 年先后对重 32 井区、重 1 井区、重 18 井区进行工业化开发。在超稠油常规注汽开发和 SAGD 开发方面取得较好的效果，2014 年风城油田生产超稠油 248.3×10^4t，超稠油经济有效开发成为新疆油田稠油稳产上产的主力。

截至 2015 年，新疆油田稠油累计动用储量 36708.4×10^4t，累计产油 8452.35×10^4t，年产油 531.4×10^4t，占全油田产量 45.03%，总井数 20789 口，开井数 12644 口，井日产油 1.2t，油汽比 0.136，综合含水 86.2%，采出程度 22.8%，采油速度 1.43%，可采采出程度 77.9%。

目前，新疆油田稠油开发方式主要为蒸汽吞吐和蒸汽驱，蒸汽吞吐年产油 371.8×10^4t，含水率 88.1%，油气比 0.13；汽驱年产量 57.8×10^4t，含水率 93.7%，油汽比为 0.09，常规蒸汽吞吐和蒸汽驱已经进入中后期，需要进一步总结探索改善开发效果技术。

1.4.2 新疆热力开采技术现状

从世界范围来看，稠油开采技术可分为冷采和热采两类，一般来说，对于地下原油黏度大于 200mPa·s 的稠油。该类油藏开发的主要手段是热力采油，从加热油层以降低原油黏度的角度出发，开发方式可分为两类：一类是把过热蒸汽、湿蒸汽和热水等热流体注入油藏，相应的开发技术有蒸汽吞吐、蒸汽驱、SAGD等；另一类是通过油藏内燃烧产生热量以加热油层，称为火烧油层（或火驱）。应用最广的开发技术是蒸汽吞吐、蒸汽驱和SAGD技术，蒸汽吞吐又称周期注蒸汽激励（cyclic steam stimulation），简而言之，就是对稠油油井注进高温高压湿饱和蒸汽，将油层中一定范围内的原油加热降黏后回采出来，这种开采技术简单易行，因此是稠油开采中最常见的方法，采出程度可达20%左右。对于普通稠油油藏，一般都是先进行蒸汽吞吐然后再转为蒸汽驱；对于特超稠油，当连续油层厚度大于15m时采用SAGD开发方式。委内瑞拉、加拿大和苏丹等国的稠油冷采规模较大；国外蒸汽驱应用规模相对较小，大规模开发的两个主要稠油油田是美国克恩河油田和印度尼西亚杜里油田，吞吐后汽驱采收率达到50%；加拿大SAGD技术应用广泛，有30多个SAGD开发项目。

近30年来，新疆油田在稠油开发领域取得了丰硕的成果和经验，形成了具有国内先进水平的浅层稠油开发模式及工艺技术系列。20世纪80年代蒸汽吞吐实现了工业化配套开发，90年代后在九区蒸汽驱规模化开发，2005年后水平井蒸汽吞吐成为新疆油田公司稠油注蒸汽开发的主体技术，相关配套技术逐渐成熟。2008年后开展了超稠油高干度蒸汽驱吞吐、超稠油SAGD开发技术、超稠油蒸汽驱开发技术、普通稠油老区直井火驱开发技术、多介质复合注蒸汽技术的攻关研究，目前超稠油蒸汽吞吐和SAGD技术已经工业化应用，直井火驱技术已处于工业化试验阶段，多介质复合注蒸汽技术、多介质辅助SAGD技术正在进行室内攻关研究和现场试注试验阶段。

1. 蒸汽吞吐开发

1982～1983年年底，新疆油田稠油注蒸汽吞吐试验在克拉玛依油田九区取得成功，1984年开始规模应用。截至1992年，采用注蒸汽吞吐方式规模开发了九$_1$—九$_6$区、六$_1$区和红浅1井区侏罗系齐古和八道湾组油藏，动用地质储量9467×10^4t，累计产油777.8×10^4t，年产规模194.3×10^4t，年油汽比0.36，基本形成了浅层稠油蒸汽吞吐开发地质油藏工程和钻井、注采、地面工程配套技术，技术应用规模由初期的砂岩普通稠油扩大到砂岩特稠油油藏，为新疆油田稠油开发规模的进一步扩大奠定了坚实的技术基础。1993～2010年，吞吐继续动用地质储量11278.42×10^4t，累计产油3368.53×10^4t，累计油汽比0.23，采出程度21.1%，最高吞吐年产规模达到了335.7×10^4t，进一步完善了浅层稠油蒸汽吞吐开发配套技术，技术应用规模扩大到风城超稠油油藏，形成了一套适合新疆浅层稠油的开发筛选标准和技术规范。

在这期间，针对新疆油田剩余开发储量和待落实储量多为超稠油的特点，开辟了3个过热蒸汽吞吐试验区。2009年，重32井区试验22口井，单井平均日产油11.5t（是普通蒸汽井的2.5倍），平均含水降低了35%。2010年，在重检18井区扩大试验，部署44口井（其中水平井8口），吞吐初期也取得较好效果，为后期风城超稠油的规模动用提供了技术支撑。多介质复合蒸汽吞吐技术已在重18井区选择试验区，先期准备开展6口直井，2口水平井的吞吐试验，预计油汽比从目前高轮次吞吐后的0.08提高到0.15左右，采出程度提高5%左右。

2. 蒸汽驱开发技术

新疆油田蒸汽驱试验始于1987年，规模汽驱开发始于1991年，初期在九区普通稠油油藏采用100m×140m井距进行了规模汽驱，但效果不理想，主要是见效井少，含水率高、油汽比低。通过九$_2$区、九$_3$区、九$_6$区不同井距的汽驱试验，认为九区原井网井距偏大是影响汽驱效果的主要因素，因此1996年开始对九$_1$—九$_6$区和六$_1$区侏罗系齐古组油藏进行大规模加密，转换成70m×100m反九点汽驱井网，取得了较好的效果。截至2010年年底，全油田已规模汽驱九$_1$—九$_6$区、六$_1$区、克浅10井区、红浅1井区和检230井区等11个砂岩普通稠油和特稠油油藏，汽驱井组877个，累计动用地质储量6050×10^4t，累计注汽8838.5×10^4t，累计产油1306.4×10^4t，累计油汽比0.15，汽驱阶段平均采出程度21.59%，汽驱开发区吞吐＋汽驱平均采出程度40.96%，最高达到58%，与同类油藏吞吐相比，提高采收率10%～25%，年产量递减率从吞吐末期的24%降至11%，有效减缓了稠油产量递减率。2001年，汽驱产量达到最高峰，年产油达到90×10^4t，2010年递减至62.1×10^4t，汽驱开发面积达到20km^{2}以上，形成了全国最大的蒸汽驱开发基地。

2008年九$_8$区超稠油油藏开辟了70m×100m井距的9井组汽驱试验区，2009年在风城重32井区超稠油油藏开辟了50m×70m井距的9井组汽驱试验区，到2013年年底两个试验区均取得了较好效果。以上不同类型稠油油藏不同井距的汽驱开发与试验效果表明，当油藏油层厚度、渗透率等参数较好，井网井距和注采参数合理时，砂岩普通稠油、特稠油和超稠油藏吞吐后转汽驱开发是可行的，结合室内研究和现场蒸汽驱开发技术实践，确定了新疆浅层稠油油藏汽驱开发筛选标准和开发技术政策，为新疆油田稠油提高采收率打下了基础。

新疆油田的蒸汽驱技术下一步主要是发展多介质复合蒸汽驱技术，多介质蒸汽驱技术一方面可以降低能耗，提高油汽比和经济开发效益，另一方面可以拓宽目前蒸汽驱的油藏适用范围，为目前已处于高轮次吞吐阶段的老区稠油油藏提供接替开发方式，另外还可适用于目前已处于蒸汽驱后期的高采出程度稠油油藏，可进一步提高油汽比和采收率。该技术目前在J230区块进行初步试注试验，取得了初步效果，由于需要在蒸汽中添加非凝析气体、驱油剂和高温调剖剂，因此该技术主要面临两个方面的挑战：一是开发耐高温、高强度多介质调剖驱油体系；二是降低添加介质的生产成本，有效提高产出投入比。

3. 水平井开发技术

新疆稠油水平井开发始于1994年，采用斜井钻机在风城超稠油油藏钻了1口斜直水平井。1996～1998年在九区又完钻7口斜直水平井，平均垂深190m，最浅垂深170.6m，水平段长205～295m。通过蒸汽吞吐方式投产，九区水平井试验取得了较好效果，平均单井日产油达到了22.6t，是直井产量的3～5倍，油汽比0.62，取得了非常好的效果，同时也首次实现了水平井水平段温度的测试，解决了水平井吸汽及产液段的监测问题，但井口斜率较大，修井工艺不配套，没有得到规模使用。2005年利用直井钻机在九$_8$区完钻了4口水平井，最浅垂深160.8m，水平段长180～280m，各项指标达到设计要求，直井钻机钻高曲率疏松砂岩水平井技术取得突破，为新疆浅层稠油油藏水平井规模开发打下了坚实基础。从2006年开始水平井技术在新疆浅层稠油油藏中得到广泛应用，截至2010年共完钻稠油水平井545口，建产能112.22×10^4t，累计产油169.36×10^4t，油汽比0.32，平均单井日产油5.2t，水平井平均日产油量是周围同期直井日产油的1.4～6.8倍，使全油田稠油单井日产油提高了1.0t以上，为单井产量的提高做出贡献。2005～2010年的短暂5年时间内，水平井技术成为新疆油田稠油开发的主体技术之一，也是提高稠油单井产量的主要手段，通过该技术有效开发了红浅1井区、克浅109井区等一批薄层（油层厚度3～6m）稠油油藏，同时水平井吞吐技术在风城超稠油开发过程中得到规模应用，年产油量达到27.4×10^4t。

水平井吞吐技术下一步的发展方向：一是发展水平井均匀注汽技术，需要达到水平井段3级以上分段、可调整的均匀长效注汽工艺，提高水平段动用程度，进一步提高水平井吞吐采收率；二是发展直井-水平井、水平井-水平井组合蒸汽驱技术，受油层非均质性和水平井单点蒸汽突破特点的影响，水平井蒸汽驱技术难度更大，必须在驱油（泄油）控制机理、水平井均匀注汽、水平井调驱技术方面进行攻关研究，才能有效突破水平井蒸汽驱技术。

4. *超稠油双水平井SAGD开发技术*

针对风城超稠油油层厚度大，原油黏度高（20℃原油黏度大于10^6mPa·s）的特点，从2008年开始攻关研究和试验双水平井SAGD开发方式。依据“先易后难、先稀后稠”的原则，部署了4个先导试验区，2008年实施了重32井区、2009年实施了重37井区。2012～2014年实施了重1井、重18井SAGD试验区。2008～2009年在重32井区部署实施了SAGD井组4对（8口水平井）、观察井12口，总井数20口，动用含油面积0.2km^2，地质储量104×10^4t，已生产19～24月，阶段采注比0.092～1.05，阶段油汽比0.21～0.25，单井组累计平均日产油18.3～22t，平均20t，日产油量已达周围常规水平井初期日产水平的3倍以上，目前单井组平均日产油达到30t以上；重37井区共实施双水平井SAGD井组5对、双水平井SAGD+直井2对、单井SAGD水平井1口，实施观察井24口，共计41口，动用含油面积0.51km^2，地质储量187×10^4t。2009年12月开始循环预热，到2010年底重37井区SAGD水平井全部进入SAGD生产阶段，井组日产油6.2～27.9t，平均16.7t，效果较好，生产趋势与重32井区基本一致。SAGD技术已经在风城重32、重37、重1、重18等区块得到工业化应用，目前已达到100×10^4t的生产规模。

SAGD技术下一步的发展方向是能够提高油汽比、采油速度和最终采收率的多介质辅助SAGD技术，目前已经在溶剂辅助SAGD、N_2辅助SAGD、CO_2辅助SAGD、尿素辅助SAGD等方面开展了室内攻关研究，下一步计划实施N_2辅助SAGD的试注试验，进一步验证多介质辅助SAGD的开发效果，配套相关注采工艺技术。

5. 稠油老区火驱提高采收率技术

根据国内外火驱开发筛选标准及取得的新认识，2008 年选择红浅 1 井区八道湾组油藏开展火烧油层提高采收率先导试验。该油藏从 1990 年开始规模开发，经过了蒸汽吞吐和汽驱开发阶段，1997 年年底试验区阶段采出程度已达 28%，开发油层上返齐古组生产，八道湾组处于废弃状态。2009 年红浅 1 井区火驱技术先导试验区开始实施，共部署实施新井 35 口，利用老井 20 口，合计井网井 55 口。试验区于 2009 年 12 月 7 日点火，截至 2014 年年底已连续高温火烧 5 年，累计产油 7.23×10^4t，累计注空气 1.89×10^8m^3，月空气油比 2927m^3/m^3，火驱采出程度 17.0%，火驱采油速度为 3.3%，表明火驱油层提高采收率技术在地质油藏工程、钻井、采油、地面和安全环保方面是可行的，目前火驱技术在红浅 1 井区正在实施工业化扩大试验方案，预计“十三五”末年产油量达到 36×10^4t。

火驱技术的下一步发展方向：一是进一步完善注采和地面工程技术，降低注气成本和相关投资开发成本，提高开发效益；二是火驱开发对象向深层稠油、蒸汽驱后期稠油、超稠油等方面发展。深层稠油天然能量和水驱开采程度低（小于 20%），转火驱后可大幅度提高采收率；蒸汽驱后期油汽比低，经济效益差，通过火驱是火驱辅助技术有望进一步提高开发效益和采收率；不适合 SAGD 的超稠油油藏，汽驱油油汽比低，能耗大，通过小井距超稠油火驱技术有望大幅度提高开发效益和采收率。

第2章 稠油油藏流体与岩石的热物理性质

注蒸汽开采油藏与注水开采油藏，虽然注入的都是相同介质（水），但由于温度的变化，注入流体的物理性质完全不同，稠油油藏物性随温度不同而变化，油藏开采开发特点也与稀油油藏完全不同。本章主要介绍高温下的水（过热蒸汽）、稠油油藏物性及注蒸汽采油特点。热力采油主要是往油层中注入高温水蒸气，通过高温水蒸气把热量带入油层，加热油层，使地下稠油升温、降黏、加强流动性，最终采出。所以水蒸气、稠油和岩石的热物理特性是热采工作者必须深入学习的基础知识。

2.1 水蒸气热物理性质

1. 水的相态特性

水的相态包括固态、液态和气态。经过加热，水温逐渐上升，经历固态（冰）、液态（水）和气态（水蒸气）变化。在压力、温度变化时，相态变化见图2-1，其中气、液两相区间中间的 AB 曲线叫汽化曲线，固、液两相区中间的 AC 曲线叫融解线，固、气两相区间中间的 AD 曲线叫升华曲线。

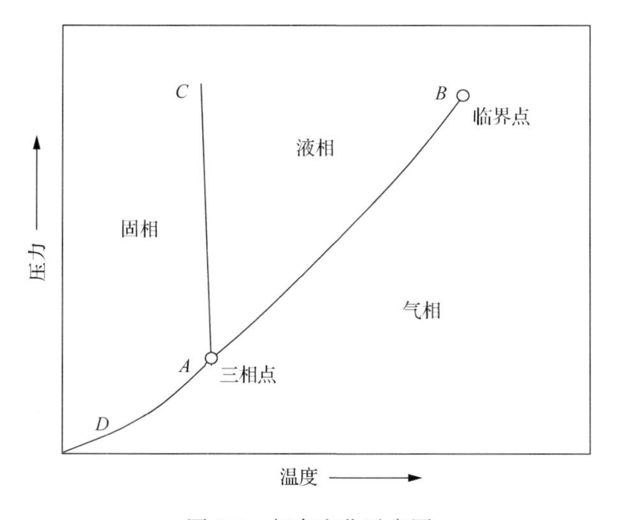

图2-1　相态变化示意图

图2-1中 A 点是三相点，表示固、液和气三相共存，水的三相点温度是0.01℃；B 点是临界点，在临界点及其以上区域气、液物性相同，无法区分是气体还是液体，临界点的温度与压力分别为临界温度、临界压力，水的临界温度是374.14℃，临界压力是22.09MPa。

水在液态与气态共存的平衡状态为饱和态，饱和态下的水和水蒸气的混合物又为湿饱和水蒸气，简称水蒸气。

2. 水蒸气的饱和压力、饱和温度

水在饱和态条件下的压力叫饱和压力，温度叫饱和温度：

$$T_s = 210.237P_s^{0.21} - 30 \tag{2-1}$$

式中，T_s 为饱和温度，℃；P_s 为饱和压力，MPa，要求 P_s >0.07MPa。

饱和温度随饱和压力的变化而变化，饱和温度与饱和压力的关系曲线见图 2-2。

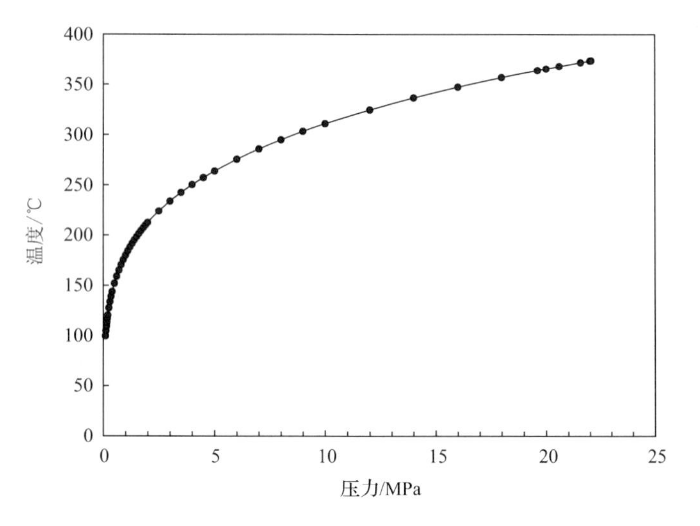

图 2-2　饱和温度与饱和压力变化图

由式(2-1)既可计算蒸汽的饱和压力及饱和温度，又可用于判别实测的压力及温度下的饱和状态是过热蒸汽、湿饱和蒸汽还是热水。

压力越低，单位压力条件下的饱和温度变化越大。饱和压力在 5MPa 以下时饱和温度上升较快，饱和压力为 5MPa 时的饱和温度是 264℃，0.1MPa 到 5MPa，压力上升 4.9MPa，温度上升约 164℃；饱和压力为 10MPa 时的饱和温度是 311℃，压力从 5MPa 到 10MPa，温度上升 47℃；饱和压力为 15MPa 时的饱和温度是 342℃，压力从 10MPa 到 15MPa，温度上升 31℃；饱和压力为 20MPa 时的饱和温度是 365.6℃，压力从 15MPa 到 20MPa，温度上升 23.6℃。

3. 水蒸气热焓特性

1) 水蒸气干度定义

湿蒸汽是汽相和液相的混合物，需要确定其相对含量。水蒸气的干度是指水蒸气中气相的质量占总质量的比例值，表达式如下：

$$X_s = \frac{m_g}{m_g + m_l} \times 100\% \tag{2-2}$$

式中，X_s 为蒸汽干度，%；m_g 为气相质量，kg；m_l 为液相质量，kg。

在饱和状态，水蒸气干度等于 0 时，为纯液体系统；干度等于 1 时，为纯气相体系，也叫干饱和蒸汽。

一般给定压力（或温度）和蒸汽干度，通过查水蒸气饱和性质表，可以计算得到水蒸气的有关热物理参数。

2）水蒸气潜热定义

水蒸气的潜热是指在饱和状态下，水蒸气从干度为 0，变化到干度为 1 所需要吸收的热量，即相同饱和压力和温度下干饱和蒸汽（干度为 1）的热焓与干度为 0 的热水的热焓之差。水蒸气的潜热是饱和压力的函数，压力越低，水蒸气潜热越大，压力上升，水蒸气潜热降低，在临界点水蒸气潜热下降为零。

3）水蒸气热焓定义

水蒸气的热焓代表了单位质量水蒸气所携带的热量大小。水蒸气的热焓是指在一定的饱和压力（温度）条件下，单位质量饱和水的热焓加一定干度条件下的水蒸气的热焓（潜热与蒸汽干度的乘积），热水、饱和水、蒸汽热焓计算表达式如下：

$$H_{wh} = C_w(T_h - T_r) \tag{2-3}$$

$$H_w = C_w(T_s - T_r) \tag{2-4}$$

$$H_s = X_s L_v + H_w \tag{2-5}$$

式中，H_{wh} 为热水热焓，kJ/kg；C_w 为水比热，约等于 4.190kJ/(kg·℃)；T_h 为热水的温度，℃；T_r 为基准温度，通常取 0℃；H_w 为饱和热水焓，kJ/kg；T_s 为饱和温度，℃；H_s 为蒸汽热焓，kJ/kg；L_v 为汽化潜热，kJ/kg；X_s 为蒸汽干度，%。

饱和水的热焓和汽化潜热有以下近似计算公式：

$$H_w = 4.095T + 8.765 \times 10^{-4} T^2, \qquad T < 240℃ \tag{2-6}$$

$$H_w = 302 + 1.3T + 7.315 \times 10^{-3} T^2, \qquad T \geqslant 240℃ \tag{2-7}$$

$$L_v = 273 \times (374.15 - T)^{0.38} \tag{2-8}$$

4）水蒸气热焓变化

在饱和态范围内，饱和压力（温度）一定时，水蒸气水相热焓一定，水蒸气热焓随蒸汽干度的变化而改变。

在压力一定的条件下，水蒸气吸收热量，热焓增加，但温度并不增加。在吸热时，水蒸气只是蒸汽干度增加；在放热时，水蒸气干度降低，热焓下降。

由图 2-3 可以看出，随着压力的增加，液体焓（显热焓）不断增加，蒸汽焓（潜热）不断减低，干度大于 0.5 时，随着压力的增大，湿饱和蒸汽的总热焓反而降低，不利于注蒸汽开发技术，因此在稠油热采开发过程（尤其是蒸汽驱和 SAGD 技术）中不适合应用较高的压力。

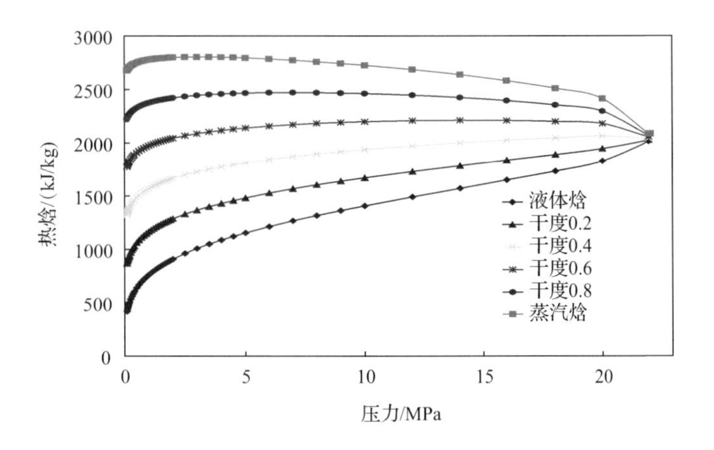

图 2-3　水蒸气热焓变化图

4. 水蒸气比容变化

1）水蒸气比容定义

比容代表单位质量流体所占体积大小，水蒸气比容是指在一定饱和压力（温度）下，一定质量的液相与气相混合物所占体积的大小与蒸汽干度有关，表达式为

$$V_s = V_w + X_s(V_g - V_w) \tag{2-9}$$

式中，V_s 为水蒸气比容，m^3/kg；V_w 为液相比容，m^3/kg；V_g 为气相比容，m^3/kg；X_s 为蒸汽干度，小数。

在饱和压力下，液相（饱和水）的比容随压力升高而增加，但变化不大，压力从 0.1MPa 升高到 20MPa，压力增加近 200 倍，液相比容从 0.001043m^3/kg 提高到 0.002038m^3/kg，比容增加不到 2 倍。

在饱和压力下，气相（饱和气）比容随压力升高而减少，变化很大，压力从 0.1MPa 升高到 20MPa，压力增加近 200 倍，气相比容从 1.694m^3/kg 降低到 0.005870m^3/kg，比容下降约 288 倍。

2）水蒸气比容变化率

不同压力、不同干度条件下，水蒸气比容变化率见图 2-4，图中数据表明，水蒸气的比容远远大于水蒸气液相比容，而且在干度一定时，压力越低，水蒸气比容越大。

当蒸汽干度为 0.6，压力为 2MPa 时，水蒸气比容是液相比容的 51 倍；压力增加到 6MPa 时，水蒸气比容下降为液体比容的 15 倍。

所以在低压条件下注入一定质量的水蒸气，稠油热采的蒸汽体积较大，对应的热采波及范围较广，这也是汽驱技术采用低压操作的原因之一。

5. 水蒸气黏度

水蒸气的黏度是气、液混合物的黏度，由于温度为 100～370℃，饱和水的黏度为 0.08～0.28mPa·s（表 2-1），表 2-1 是美国热采工程常用数据。蒸汽的黏度只有 0.01～0.02mPa·s，混合物的黏度应当低于 0.28mPa·s，黏度较低。与黏度大于 100mPa·s 的稠油相比，油水黏度比较大，所以热采过程中汽窜时有发生。在汽驱后期如何控制水蒸气指进，提高汽驱波及体积，提高采收率也是热采开发应当面对的问题之一。

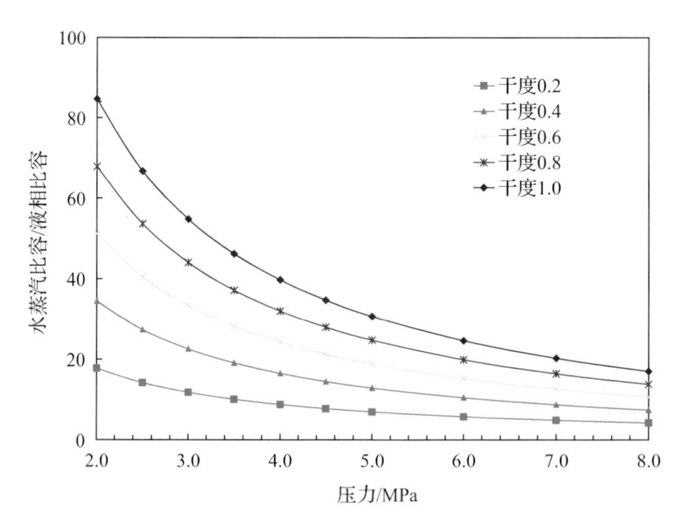

图 2-4　水蒸气比容变化图

表 2-1　饱和水及蒸汽的黏度（美国热采工程常用）

温度/℉	温度/℃	绝对压力		水的黏度/(mPa·s)	蒸汽黏度/(mPa·s)
		psi	MPa		
32	0	14.7	0.1	1.38	—
100	37.8	14.7	0.1	0.68	—
200	93.3	14.7	0.1	0.30	—
212	100	14.7	0.1	0.28	0.012
300	148.9	67	0.46	0.19	0.014
400	204.4	247	1.7	0.14	0.016
500	260	680	4.69	0.11	0.018
600	315.6	1543	10.64	0.09	0.020
700	371.1	3100	21.37	0.08	0.022
705.4	374.1	3206.2	22.11	0.07	0.022

注：1psi=6.89476×10³Pa。

低黏度是蒸汽容易窜流的重要原因，湿蒸汽的黏度可由式(2-10)计算：

$$\mu_{ws} = x\mu_s + (1-x)\mu_w \tag{2-10}$$

式中，μ_{ws} 为湿蒸汽黏度，mPa·s；μ_s 为饱和蒸汽黏度，mPa·s；x 为蒸汽干度，小数；μ_w 为饱和水黏度，mPa·s。

饱和水和饱和蒸汽的黏度可由以下近似关系式计算：

$$\mu_w = \frac{1743 - 1.8T}{47.7T + 759} \tag{2-11}$$

$$\mu_s = (88.37 + 0.36T) \times 10^{-4} \tag{2-12}$$

式中，T 为温度，K。

6. 水蒸气的导热系数

水的导热系数比蒸汽的导热系数大 10 倍。饱和水和饱和蒸汽的导热系数由下式计算：

$$\begin{aligned}\lambda_w =& 3.51153 - 0.0443602T + 2.41233 \times 10^{-4} T^2 - 6.05099 \times 10^{-7} T^3 \\ &+ 7.22766 \times 10^{-10} T^4 - 3.37136 \times 10^{-13} T^6\end{aligned} \tag{2-13}$$

$$\begin{aligned}\lambda_s =& -2.35787 + 0.0297429T - 1.46888 \times 10^{-4} T^2 + 3.57767 \times 10^{-7} T^3 \\ &- 4.29764 \times 10^{-10} T^4 + 2.04511 \times 10^{-13} T^5\end{aligned} \tag{2-14}$$

式中，λ_w 为饱和水的导热系数，W/(m·K)；λ_s 为饱和蒸汽的导热系数，W/(m·K)；T 为温度，K。

7. 过热水蒸气

随着超稠油开发所占比重越来越大，以及提高稠油开发效益的需要，现场对过热蒸汽注入的需要越来越大，因此需要对过热蒸汽的性质进行深入了解。

与湿蒸汽和饱和蒸汽相比，过热蒸汽有“三高”特点：温度高、热焓高、比容高。即在相同压力下，过热蒸汽的热焓值和比容都要高，且随着过热度的增加，过热蒸汽的热焓值和比容逐渐增大。注过热蒸汽除了具有注普通蒸汽热采的优点外，更具有强化采油的作用，主要表现为：过热蒸汽的强化蒸馏作用、过热蒸汽和原油的水热裂解反应。

对饱和蒸汽继续定压加热，蒸汽温度将升高，比体积增大，这时的蒸汽称为过热蒸汽，其温度超过饱和温度之值称为过热度，即 $\Delta T = T - T_s$，过热过程中吸收的热量称为过热量 q_{sup}，$q_{sup} = \int_{T_s}^{T} c_p \mathrm{d}T$，其中 c_p 为过热蒸汽的定压比热容，是温度和压力的函数。

1) 过热蒸汽密度

根据过热蒸汽的性质，其热传导率较低，在输送过程中沿程热损失较少。而过热蒸汽为单相流体，其注入系统的压降也较少，与湿蒸汽比较，其密度较低，在井筒的垂直段其产生的重力压强较湿蒸汽低，因此注过热蒸汽的井口压力比注湿蒸汽的井口压力高。

过热蒸汽的密度可通过查数据表和解析计算得到。表 2-2 给出了常用温度、压力范围的过热蒸汽的密度值，表 2-3 给出了 5 种在我国应用最广的计算公式。

2) 过热蒸汽比容

过热蒸汽可视为理想气体，理论上其比容是密度的导数，图 2-5 绘制了压力为 0.6～8MPa，温度为 180～600℃条件下的比容。

表 2-2　过热蒸汽密度表

温度/℃	密度/(kg/m³)							
	0.5MPa	1.0MPa	3.0MPa	5.0MPa	7.0MPa	10MPa	14MPa	20MPa
160	2.6110	—	—	—	—	—	—	—
200	2.3629	4.8567	—	—	—	—	—	—
240	2.1534	4.3958	14.667	—	—	—	—	—
300	1.9135	3.8760	12.3213	22.0653	—	—	—	—
350	1.7541	3.5398	11.0460	19.2530	28.3768	44.6030	75.5858	—
400	1.6202	3.2616	10.0675	17.3010	25.0501	37.8644	58.0270	100.4823
450	1.5058	3.0266	9.2764	15.8053	22.6552	33.6247	49.8256	78.7402
500	1.4067	2.8249	8.6133	14.5921	20.7900	30.5157	44.4247	67.7048
600	1.2438	2.4938	7.5529	12.7162	19.9823	26.0892	37.4367	55.0660

表 2-3　常用的过热蒸汽密度表达式

序号	$\rho=f(P,T)$	适用范围
1(电力技术通信)	$\rho=\dfrac{18.56P}{0.01T-5.608\times10^{-2}P+1.66}$	1～14.7MPa 400～500℃
2(抚顺石油学院)	$\rho=\dfrac{19.44P}{0.01T-0.151P+2.1627}$	0.6～2MPa 250～400℃
3(抚顺石油学院)	$\rho=\dfrac{18.88P}{0.01T-0.22045P+2.10977}$	0.8～1.5MPa 160～250℃
4(辽宁计量学会)	$\rho=\dfrac{1}{\dfrac{126.562\times10^{-3}}{P}-9.7\times10^{-3}+1.32\times10^{-6}T}$	0.1～24MPa 120～600℃
5(苏联)	$\rho=\dfrac{1}{\dfrac{126.281\times10^{-3}}{P}-\dfrac{1}{0.9T-110}}$	1～17MPa 320～540℃

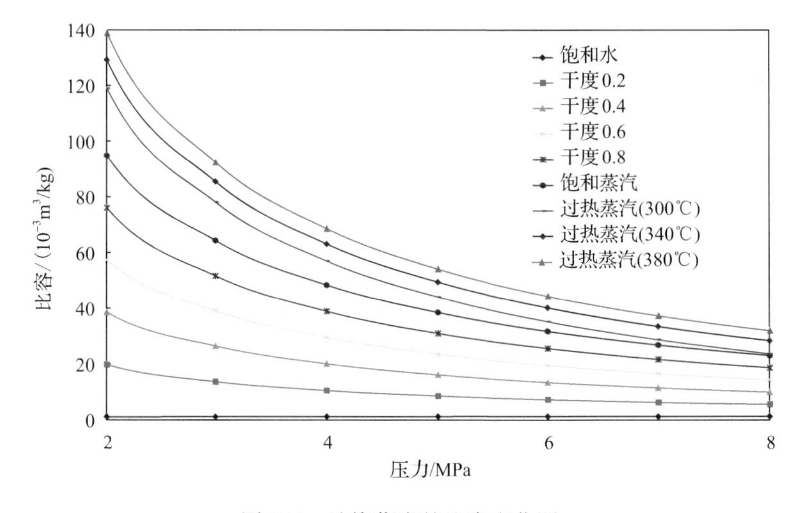

图 2-5　过热蒸汽的比容变化图

由图 2-5 可以看出，4MPa 时过热蒸汽的比容大于饱和蒸汽和湿蒸汽，300℃过热蒸汽比容为 0.057m^3/kg，饱和蒸汽比容为 0.048m^3/kg，干度 50%的蒸汽比容为 0.030m^3/kg。

3）过热蒸汽的热焓值

过热蒸汽吞吐时，蒸汽的热焓比普通蒸汽的热焓要大，因此加热半径内的温度较高。过热蒸汽降黏作用、热膨胀作用、解堵作用要高于普通蒸汽。油水流度比的降低有利于提高波及体积。在注汽量相同的情况下，过热蒸汽加热半径更大，蒸馏率更高，驱油效率更好，增产效果更显著，更符合超稠油开采的需要。

在饱和蒸汽范围内，饱和压力（温度）一定时，水蒸气的热焓值随着干度的增加而增加。过热蒸汽的干度为 1，同一温度条件下，热焓值随着压力的增加而减小；同一压力条件下，随着过热度的增加而增加（表 2-4）。过热蒸汽的热焓大于饱和蒸汽和湿蒸汽，在 4MPa 条件下，过热度为 50℃ 时，过热蒸汽的热焓为 2956kJ/kg，饱和蒸汽的热焓为 2800kJ/kg，干度为 90%的湿蒸汽的热焓为 2628kJ/kg，分别高 5.57%和 12.4%（图 2-6）。

表 2-4 过热蒸汽的热焓值表

压力 /MPa	热焓值/(kJ/kg)								
	125℃	200℃	250℃	300℃	400℃	500℃	600℃	700℃	800℃
0.1	2726.1	2874.3	2973.6	3073.7	3277.7	3487.9	3704.7	3928.5	4159
0.5	—	2854.4	2959.8	3063	3271	3484	3702	3926	4157
1	—	2826.9	2941.5	3050	3263	3478	3698	3923	4155
2.5	—	—	2879	3007	3239	3462	3686	3915	4149
5	—	—	—	2923	3195	3434	3666	3900	4137
7.5	—	—	—	2813	3147	3404	3646	3885	4126
10	—	—	—	—	3095	3374	3625	3870	4114
12.5	—	—	—	—	3038	3342	3604	3855	4103
15	—	—	—	—	2974	3309	3583	3839	4091
17.5	—	—	—	—	2901	3275	3561	3824	4080
20	—	—	—	—	2816	3240	3538	3808	4068

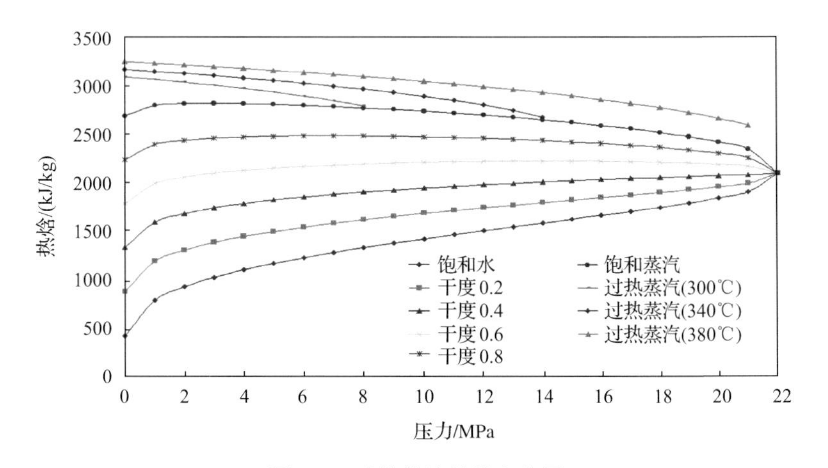

图 2-6 过热蒸汽热焓变化图

2.2　原油的热物理特性

1. 稠油黏度的温度敏感性

1）黏温关系式

热采工程计算中常用的黏温关系式有 Walther 黏温关系式：

$$\lg\lg(\nu + 0.8) = -n\lg(T/T_1) + \lg\lg(\nu_1 + 0.8) \quad (2\text{-}15)$$

式中，$\nu=\mu/\rho$，为运动黏度，cSt[①]；μ 为动力黏度，mPa·s；T 为绝对温度，K；ρ 为密度，g/cm^3；n 为常数。

一般通过实验测量两个以上黏温数据，可以计算得到常数 n。

2）黏温关系曲线

根据美国材料试验学会（American Society for Testing and Materials，ASTM）的标准黏温曲线坐标纸（图 2-7），可以绘制稠油黏温曲线，且牛顿流体的运动黏度与温度的关系曲线在 ASTM 坐标中基本呈直线关系。

由于稠油密度较高，在一定的温度下密度变化较小，在工程上可认为稠油的动力黏度与温度的关系曲线在 ASTM 坐标中也呈直线关系。

不同油田稠油的黏温曲线在 ASTM 坐标中，近似于平行线，所以在油田开发初期只有一个黏温点时，可以参考其他已知油田的黏温曲线，通过划平行线的方法，确定该油田的黏温关系。

如图 2-7 所示，在高黏度区：一般温度升高 10℃，原油黏度将下降近 50%。

3）稠油黏度估算

对于黏度不太高的普通稠油，可以通过下式估算脱气原油黏度：

$$\mu = 10^{x-1} \quad (2\text{-}16)$$

$$x = T^{-1.163} e^{6.982-0.04658\rho_{API}} \quad (2\text{-}17)$$

式中，μ 为原油黏度，mPa·s；T 为温度，℉；ρ_{API} 为 API 重度，$\rho_{API}=141.5/\rho_o-131.5$，其中 ρ_o 为原油相对密度。

4）含气稠油黏度计算

对于油藏条件下的含气稠油，一般可以通过下式计算油藏条件下的含气原油黏度 μ_o：

$$\mu_o = A\mu^B \quad (2\text{-}18)$$

式中，μ 为地层温度下脱气原油黏度，mPa·s；A 和 B 分别为经验系数，$A=10.7\times(5.615R_s+100)^{-0.515}$，$B=5.44\times(5.615R_s+150)^{-0.338}$，其中 R_s 为溶解油气比（标准立方米气/立方米油），Nm^3/m^3。

---

① $1St=10^{-4}m^2/s$。

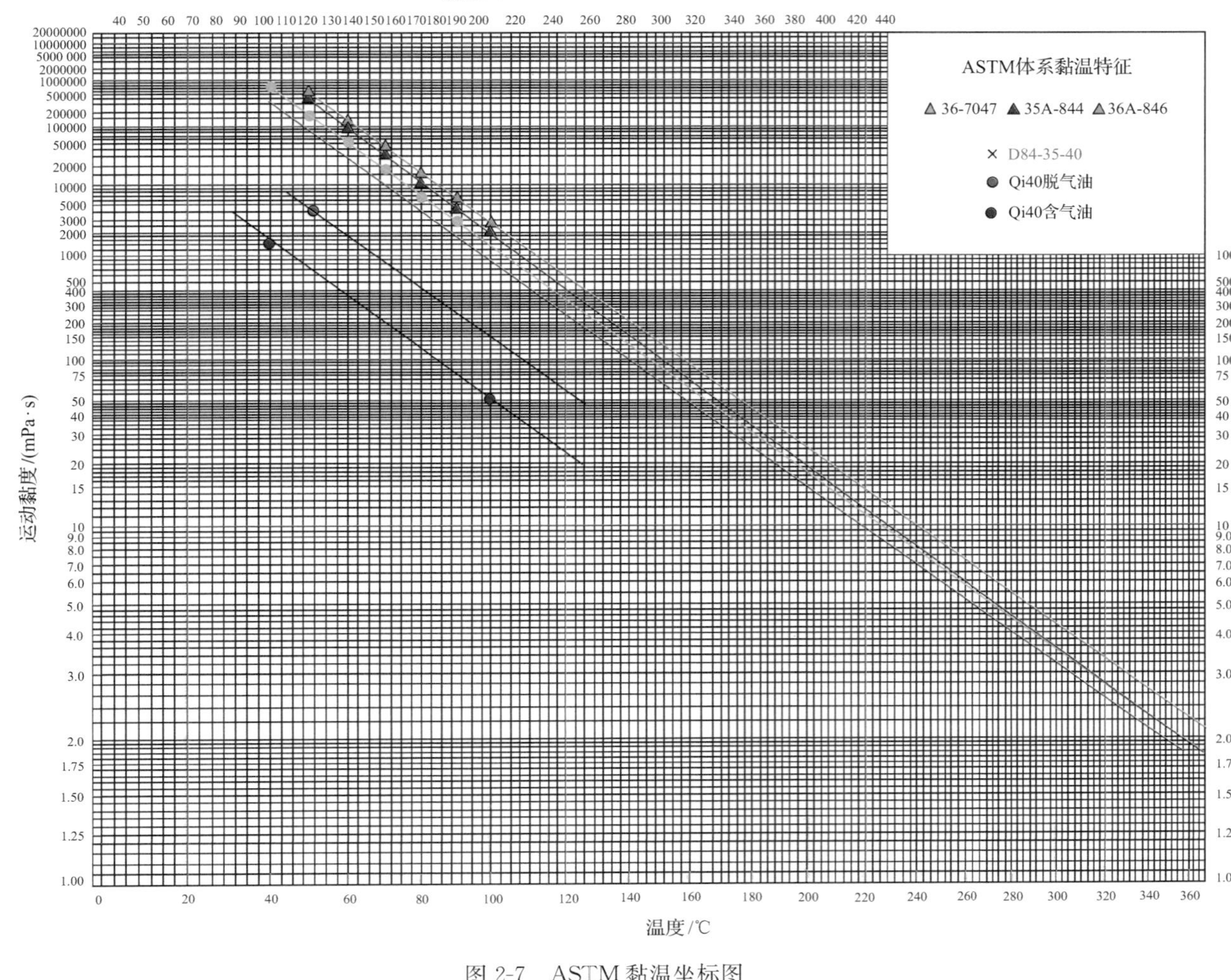

图 2-7　ASTM 黏温坐标图

对于油气比不高的稠油油藏，在数值模拟时一般可以不考虑溶解气的气相组分，而只用含气稠油的黏度数据进行模拟计算。对于有气顶的、高油气比的油藏，数值模拟时一定要考虑稠油相、溶解气相。

5）含水原油黏度计算

含水原油黏度通常采用 Hatschek 关系式计算：

$$\mu_o = \mu_{ow}(1 - 3\sqrt{f_w}) \tag{2-19}$$

式中，μ_o 为脱气原油黏度，mPa·s；μ_{ow} 为含有乳化水的原油黏度，mPa·s；f_w 为原油含水率，f_w 值小于 0.12 时该公式适用。

新疆石油管理局对乳化状原油的黏度变化规律进行研究。油包水型乳状液的黏度为

$$\mu_{ow} = \mu_o e^{kf_w} \tag{2-20}$$

对于水包油型乳状液的黏度，则用如下的计算公式，其表达式为

$$\mu_{ow} = \mu_w e^{kf_w} \tag{2-21}$$

式中，k 为状态指数，对于油包水型乳状液，由不同原油而定，对于水包油型，一般取 $k=7$；μ_w 为水的黏度。

2. 稠油密度及热膨胀系数

稠油密度较大，一般稠油密度大于 0.9g/cm³，特-超稠油密度可能大于 1.0 g/cm³。稠油密度随温度变化，不同温度压力下原油密度计算公式为

$$\rho_o = \rho_{or}[1 + C_{op}(P - P_r) - C_{ot}(T - T_r)] \tag{2-22}$$

式中，ρ_o 为原油密度，g/cm³；ρ_{or} 为参考温度压力下的相对原油密度，g/cm³；P 为压力，MPa；P_r 为参考压力，MPa；C_{op} 为原油压缩系数，MPa^{-1}；C_{ot} 为原油热膨胀系数，$℃^{-1}$；T 为温度，K；T_r 为参考温度，K。

稠油的热膨胀系数指稠油体积随温度的变化率，定义如下：

$$C_{ot} = \frac{dV_o}{V_o dT} = -\frac{d\rho_o}{\rho_o dT} \tag{2-23}$$

式中，V_o 为原油体积，cm³；T 为温度，K。

热膨胀系数需要通过实验测定体积或密度随温度的变化率来确定。在没有合适的原油体积热膨胀系数数据的情况下，可以考虑借用参考值 $9\times10^{-4}℃^{-1}$。

在稠油热采过程中，随着热量的注入，油层温度逐渐升高，原油、水及岩石的体积膨胀将产生不可忽视的驱油作用。其中原油的热膨胀系数最大，可以达到 $10^{-3}℃^{-1}$，相当于水的膨胀系数的 3 倍，相当于岩石的膨胀系数的近 10 倍。

3. 稠油比热和导热系数

稠油比热定义：单位质量的稠油，温度升高 1℃所需要的热量。稠油比热可以利用如

下的近似公式计算：

$$C_o = (1.6848 + 0.00339T)/\sqrt{\rho_o} \tag{2-24}$$

式中，C_o为稠油比热，kJ/(kg·℃)；T为温度，K；ρ_o为原油相对密度。一般稠油比热是水的比热的一半，大约为2kJ/(kg·℃)左右。

原油的导热系数通常采用以下公式计算：

$$\lambda_o = 0.0984 + 0.109(1 - T/T_b) \tag{2-25}$$

式中，λ_o为原油导热系数，W/(m·K)；T为温度，K；T_b为原油沸点，K。

2.3 油藏岩石的热物理性质

在稠油热采的油藏模拟计算及其开发方案设计中，因为考虑油藏的能量守恒问题，以及油藏中的吸热、导热、散热问题，所以要研究油藏中开发层系、顶底盖层的热容、导热系数、扩散系数和膨胀系数等热参数值。对于一个大型的稠油油藏，需要通过室内物理试验方法来测定油藏的热参数值。对于小型油藏，初期可以借用一些经验公式来计算油藏的热物性参数。

1. 岩石的比热和热容

岩石的比容反映了岩石储存热量的能力，但热容与比热是两个不同的概念。岩石的比热是指单位质量的岩石温度升高1℃所吸收的热量；岩石的热容是指单位体积的岩石温度升高1℃所吸收的热量，也称体积热容。热采工程计算中常用热容，热容和比热的关系如下：

$$M = \rho C_r \tag{2-26}$$

式中，M为热容，J/(cm³·℃)；C_r为比热，J/(g·℃)。

随着温度的升高，岩石的比热增大。可采用以下近似公式估算不同温度下岩石的比热。

砂岩：

$$C_r = 0.813 + 9.797 \times 10^{-4} T \tag{2-27}$$

页岩：

$$C_r = 0.771 + 1.055 \times 10^{-3} T \tag{2-28}$$

式(2-27)和式(2-28)中，C_r为岩石比热，J/(g·K)；T为温度，K。

对于饱和流体的岩石，其热容可以用下式计算：

$$M = \phi S_o \rho_o C_o + \phi S_w \rho_w C_w + (1-\phi)\rho_r C_r \tag{2-29}$$

式中，M为热容，J/(cm³·℃)；ϕ为孔隙度，小数；S为流体饱和度，小数；C为比热，J/(g·℃)；下标o为油相，w为水相，r为岩石相。M的大致范围为2.3～2.8 J/(cm³·℃)。

2. 岩石的导热系数

导热系数反映了岩石传导热量的能力，油藏岩石的导热系数主要取决于油藏岩石矿物成分及油水在油藏孔隙中的分布。在具有相同或相似岩石相的油藏体系中，油藏孔隙度和含水饱和度、含油饱和度是影响热量传递的重要因素。

碎屑岩石的导热系数与岩石颗粒矿物成分、胶结类型、储层孔隙度、流体饱和度、流体类型、油藏温度及压力等因素有关。

1) 胶结砂岩的导热系数

张义堂(2006)经过大量的试验研究，提出了根据岩石密度、孔隙度、渗透率及油层电阻率确定干燥岩石导热系数的计算关系式：

$$\lambda_d = 0.588\rho_d - 5.538\phi + 0.917K^{0.10} + 0.0225F - 0.054 \tag{2-30}$$

式中，ρ_d为干燥岩石的密度，g/cm^3；λ_d为干燥岩石的导热系数，W/(m·℃)；ϕ 为孔隙度，小数；K 为岩石渗透率，$10^{-3}\mu m^2$；F 为地层电阻率系数。不难看出，孔隙度对导热系数的影响最大，且孔隙度越大导热系数越小。

对于完全饱和一种液体的胶结砂岩，Anand 等(1973)推荐由下式计算岩石的导热系数：

$$\frac{\lambda_s}{\lambda_d} = 1.00 + 0.30\left(\frac{\lambda_l}{\lambda_a} - 1.00\right)^{0.33} + 4.57\left(\frac{\phi}{1-\phi}\frac{\lambda_l}{\lambda_d}\right)^{0.48m}\left(\frac{\rho_s}{\rho_d}\right)^{-4.30} \tag{2-31}$$

式中，λ_s为饱和液体岩石的导热系数，W/(m·℃)；λ_l为饱和液体的导热系数，W/(m·℃)；λ_a为空气的导热系数，W/(m·℃)；m 为阿奇(Aichie)胶结系数；ϕ 为孔隙度，小数；ρ_s为饱和液体岩石的密度，g/cm^3。

在有两种液体或液体与气体饱和的情况下，润湿相的导热系数对岩石的导热系数具有决定性的影响。对于亲水岩石，饱和液体的导热系数可取水的导热系数；对于含气岩石，饱和液体的导热系数可采用干燥岩石的导热系数。

随着温度的升高，岩石的导热系数将下降，Anand 等(1973)推荐可通过对室温导热系数的修正式来确定：

$$\begin{aligned}\lambda_T = {} & \lambda_{am} - 1.278\times10^{-3}(T - 293.33)(0.578\lambda_{am} - 0.80)\\ & \times[\lambda_{am}(1.8T\times10^{-3}) - 0.55\lambda_{am} + 1.228]\end{aligned} \tag{2-32}$$

式中，λ_T为 温度为 T 时的岩石导热系数，W/(m·K)；λ_{am}为室温时的岩石导热系数，W/(m·K)；T 为绝对温度，K。压力对岩石导热系数影响极小，可忽略。

国际上推荐采用 Tikhomirov 公式来计算饱和液体胶结砂岩的导热系数：

$$\lambda_s = \frac{11.007e^{0.6(\rho_r+S_l)}}{(T+273.15)^{0.55}} \tag{2-33}$$

式中，λ_s为岩石导热系数，W/(m·℃)；T 为温度，℃；ρ_r为干燥岩石密度，g/cm^3；S_l为液体饱和度。

2）非胶结砂岩的导热系数

测定非胶结砂岩的导热系数很困难，张义堂(2006)的研究结果表明，对导热系数起决定性影响因素的是水饱和度及孔隙度。油饱和度对导热系数影响很小，可以忽略。油砂的导热系数计算公式为

$$\lambda_{sw} = 1.272 - 2.249\phi + 1.73S_w^{0.5} \tag{2-34}$$

式中，λ_{sw}为油砂导热系数，W/(m·℃)；ϕ 为孔隙度，小数；S_w为水饱和度。

对于高石英含量砂岩的导热系数可由下式计算；

$$\lambda_{sw} = 1.272 - 2.249\phi + 0.363\lambda_m S_w^{0.5} \tag{2-35}$$

或者，

$$\lambda_{sw} = 7.70Q + 2.86(1 - Q) \tag{2-36}$$

式(2-35)和式(2-36)中，λ_{sw}为非胶结砂岩导热系数，W/(m·℃)；ϕ 为孔隙度，小数；S_w为水饱和度；Q 为 岩石骨架中石英的含量。

非胶结砂岩的导热系数与温度的关系为

$$\lambda_T = \lambda_{am} - 2.30 \times 10^{-3}(T - 51.67)(\lambda_m - 1.419) \tag{2-37}$$

式中，T 为温度，K。

与胶结砂岩一样，压力对非胶结砂岩的导热系数影响很小，可以忽略。

3. 岩石的热扩散系数

油藏岩石的热扩散系数反映岩石的热特性，是其导热系数与热容之比，表示岩石在加热或冷却时各部分温度趋于一致的能力。它的物理意义是单位时间内热扩散的面积，单位为 m²/h。当传导传递热量时，热前缘在岩石中的传播速度受岩石的热扩散系数控制。岩石的热扩散系数的表达式为

$$a = \frac{\lambda}{\rho C} = \frac{\lambda}{M} \tag{2-38}$$

式中，a 为热扩散系数，m²/h；λ 为导热系数，3.6W/(m·℃)；C 为岩石比热，kJ/(kg·℃)。

随着温度的升高，岩石的热容增大，而导热系数降低，因而大多数岩石的热扩散系数随温度升高而降低，孔隙性岩石的热扩散系数为 0.0037m²/h。根据 1958 年 Somerton 发表的文章，表 2-5 列出了不同饱和状态的岩样热物理参数的一般值。

4. 岩石的热膨胀系数

岩石的热膨胀系数是指在恒定压力条件下，温度每升高 1℃时岩石体积的变化率。一般说来，岩石的热膨胀系数远小于油藏流体的热膨胀系数。砂岩的热膨胀系数一般为 9.7×10^{-5}℃$^{-1}$。表 2-6 是几种不同岩石类型的膨胀系数参考值。

表 2-5 岩石密度、比热、导热系数和热扩散系数表

饱和状态	岩石名称	密度 /(g/cm^3)	比热 /[kJ/(kg·℃)]	导热系数 /[W/(m·℃)]	热扩散系数 /(10^{-3}m^2/h)
干岩样	砂岩	2.08	0.766	0.877	1.97
	粉砂岩	1.92	0.854	0.685	1.50
	页岩	2.32	0.804	1.043	2.00
	灰岩	2.19	0.846	1.701	3.29
	细砂	1.63	0.766	0.626	1.80
	粗砂	1.75	0.766	0.557	5.66
饱和水岩样	砂岩	2.27	1.055	2.754	4.13
	粉砂岩	2.11	1.156	2.612	3.84
	页岩	2.39	0.888	1.687	2.85
	灰岩	2.39	1.114	3.547	4.79
	细砂	2.02	1.419	2.751	3.45
	粗砂	2.08	1.319	3.071	4.01

表 2-6 岩石的热膨胀系数

岩石类型	平均体积膨胀系数/10^5℃$^{-1}$
花岗岩和流纹岩	7.2±3.6
安石岩和闪长岩	7.2±1.8
玄武岩、辉长岩和辉绿岩	5.22±0.9
砂岩	9.72±1.8
石英岩	10.62
石灰岩	7.2±3.6
大理岩	7.2±3.6

稠油油藏注蒸汽开采机理和生产规律

稠油油藏注蒸汽开采效果与注蒸汽开采机理有着密切联系，不同注蒸汽开发方式中主要驱油机理有所不同，注蒸汽各种机理对采油量贡献也有所不同。稠油油藏注蒸汽开发过程中储层物性会发生变化，影响储层流体流动性，甚至影响油井后期开采效果。注蒸汽开发效果受多种因素影响，蒸汽吞吐和蒸汽驱虽然注入介质相同，但是开采机理和影响因素不同，生产规律也不相同。

3.1 注蒸汽开发采油机理

注高温蒸汽可以显著降低稠油的黏度，增加岩石孔隙的亲水性，岩石和流体的热膨胀促进原油产出，原油中轻烃蒸馏会提高驱油效率，部分轻烃气化会增加油层弹性能量，对于稠油热降黏作用最大，其次是蒸馏作用，不同作用机理对开采效率的贡献可从图 3-1 看出。对于稀油，由于轻质组分含量的增加，蒸汽蒸馏作用的比例大幅度上升。图 3-2 是我国部分水驱油藏和汽驱采收率的统计对比曲线，可以看出油层原油黏度为 100mPa·s 的油藏的水驱采收率低于 20%，而同样黏度的油藏的汽驱采收率要明显高于水驱采收率 20%以上，具有明显优势。但对于地下原油黏度为 100mPa·s 左右的油藏，选择利用天然能量开采、注水开发还是注蒸汽开采，这与油藏的深度、油层有效厚度、油层净总厚度比、渗透率大小、非均质性、边底水活跃程度、是否陆上油田及蒸汽的生产成本等因素有着密切的关系，其开采方式的筛选既要考虑开发指标，又要考虑经济效益。

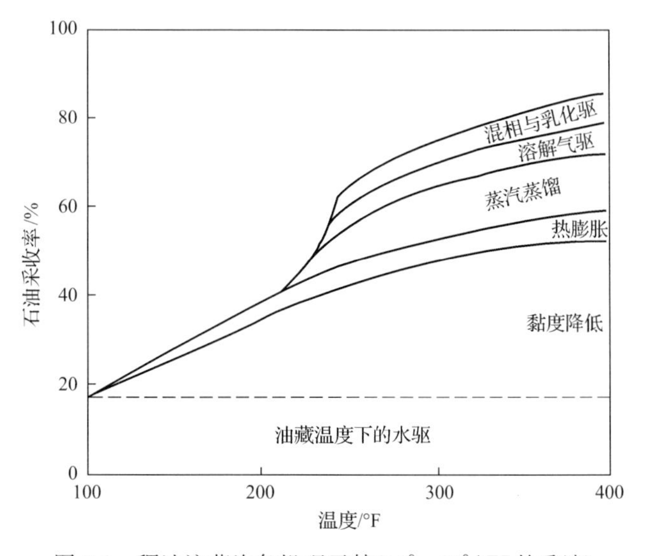

图 3-1 稠油注蒸汽各机理贡献（10°～20°API 的重油）

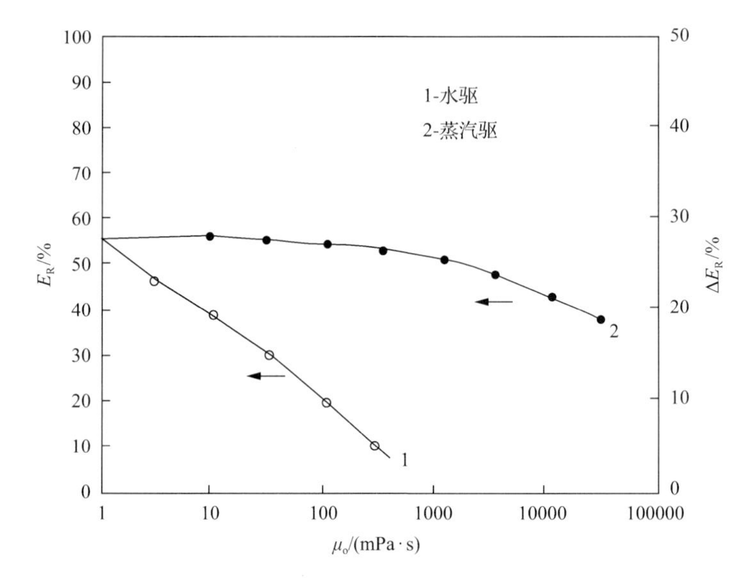

图 3-2　国内水驱和蒸汽驱采收率与地层原油黏度关系

关于注蒸汽驱油机理，许多学者已进行了大量的室内模拟实验研究。结果表明注蒸汽驱油机理有：①温度升高，原油黏度降低；②热膨胀作用；③蒸汽的蒸馏作用；④脱气作用；⑤油的混相驱作用；⑥相对渗透率及毛细管力的变化；⑦溶解气驱作用；⑧重力分离作用；⑨乳化驱替作用等。根据前面对注蒸汽开采技术的过程描述，当蒸汽注入油层后在油层中形成不同的驱替带，每个区带中都同时有多个采油机理在不同程度地起作用。不同类型的原油，其主导作用的驱油机理不同。油层厚度、蒸汽干度、注入蒸汽温度等在很大程度上影响注蒸汽驱油的机理作用。对于厚油层、高渗透率稠油油藏，重力分离作用是很重要的作用机理。

1. 降黏作用

高黏度重质油在油层孔隙介质中流动极其困难，主要原因是黏度高，黏滞力大，导致流动阻力大。其渗流特征和低黏度原油不完全一样，不符合达西渗流规律。

在向油层注入高温蒸汽过程中，随着油层温度的升高，原油黏度大幅度下降。尽管水的黏度同时也随温度的升高而下降，但水黏度的降低程度与油相比小得多(图 3-3)，其结果大大改善了水油流度比：

$$M=\frac{\mu_o K_w}{\mu_w K_o} \tag{3-1}$$

式中，K_w、K_o分别为水和油的有效渗透率。

原油的黏度被加热降黏后，驱油效率及波及体积都得到提高。即便是热水驱，其原油采收率也较常规水驱高，因为较高温度下的稠油的性质变更接近轻油。

原油黏度随着温度的变化具有反向性，即当温度再次降低时，油的黏度会恢复到其原始黏度。原油黏度随温度变化的这一可逆性可用来解释蒸汽驱过程中油墙的形成原因，

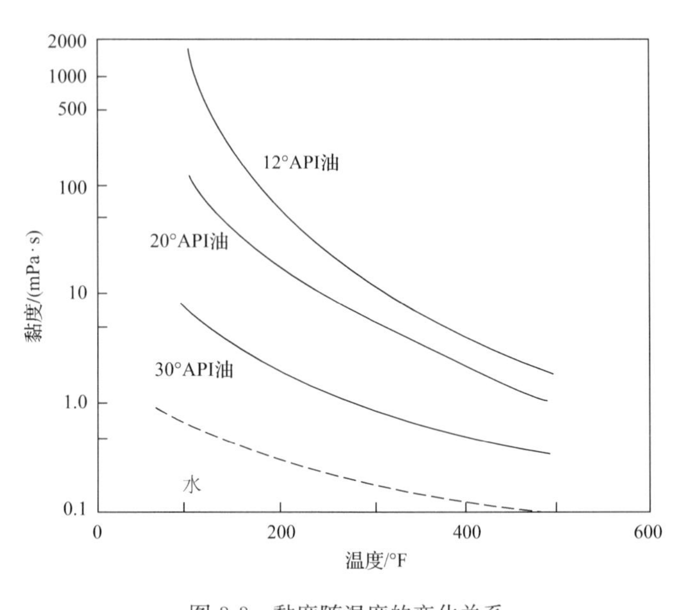

图 3-3　黏度随温度的变化关系

当蒸汽前沿向前移动时，前沿前面的温度突然升高，油的黏度也迅速下降，从而很容易将油从高温区推到温度相对低的区域，在低温区油的黏度再次回升，流动性随即变差，从而导致油的大量聚集而形成油墙。蒸汽驱过程中生产井热突破前的高产油速度和低水油比特征，正是这一油墙引起的。

高黏度原油在油层自然温度下流动，因其特殊的流变性质，流向井底的流量在压力差（油层压力与井底压力差）大于一定的极限值时才形成流动，这个极限值称为启动压力，与原油的极限剪切应力及油层渗透率有关。且在多油层条件下每个小层的启动压力也不一样，高渗透层及黏度相对较低的油层的这种压力差要低一些。但在提高油层温度后原油黏度大幅度下降，启动压力差大大减小甚至消失。因此在高温下，代表油层渗流能力的流动系数 $K_o h/\mu_o$ 发生了相当大的变化，不仅黏度 μ_o 大幅度下降，而且有效厚度 h 中进入产油状态的实际动用厚度也增加了。此外，在温度升高后，油的相对渗透率也增加，即 K_{ro} 增加。这样 $K_{ro}h/\mu_o$ 值在高温度下大大地增加，导致油井产量大幅度增加。

2. 热膨胀作用

热膨胀也是蒸汽驱采油过程中的一个重要机理。原油、水及岩石的体积热膨胀系数数量级分别为 10^{-3}℃$^{-1}$、10^{-4}℃$^{-1}$、10^{-5}℃$^{-1}$。这就是说原油的体积热膨胀系数相当于水的 10 倍，岩石的 100 倍。当温度增加 200℃时，原油体积将增加 20%，这是油层加热过程中一种重要的驱油作用。这一机理可采出 5%～10%的石油储量，其大小取决于原油类型、原始含油饱和度及受热带的温度。随着温度的升高，油发生膨胀，饱和度增大，且变得更具流动性。油的膨胀量取决于其组成，轻质油的热膨胀率大于重质油的热膨胀率，因此热膨胀作用在开采轻油中起的作用比开采稠油时更大。

3. 蒸汽的蒸馏作用

蒸汽的蒸馏作用是蒸汽带中的重要驱油机理，它降低了油藏流体的沸点。油藏中油水混合物的总蒸汽压 P_t 等于这两种液体的蒸汽压之和(P_o+P_w)。当总蒸汽压等于或超过系统压力时，混合物将沸腾(图 3-4)，任一分压增大都能达到系统压力。汽相中油的分压降低了水的沸点，因为这一分压加到了饱和蒸汽压中，从而使其压力等于或超过了系统压力。蒸汽的蒸馏作用也引起油-水、油-岩石的界面张力大幅度下降，从而使一些半封闭的油被剥蚀，增加了驱油效率(图 3-5)。

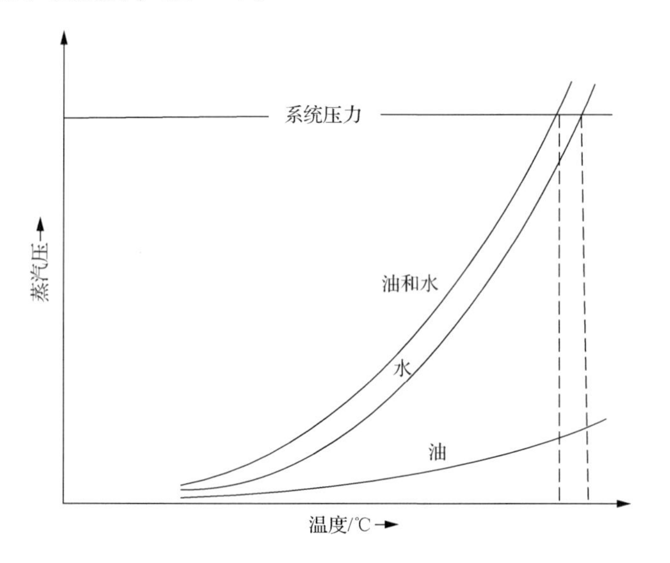

图 3-4　蒸汽压与温度的关系

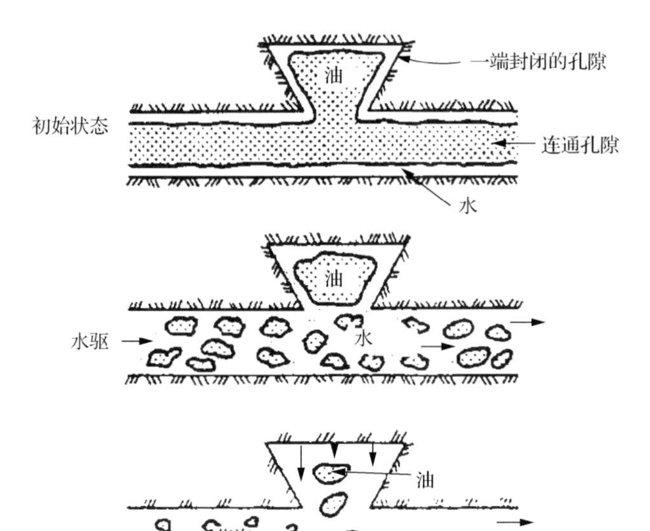

图 3-5　水湿系统中蒸汽驱的“剥蚀”效应

表 3-1 给出的是 5 种原油和 1 种不含中、轻质馏分油的原油在岩心中的蒸汽驱实验结果。从实验结果很容易看出蒸汽与中轻质油的混合蒸馏作用。不含中、轻质馏分的油，蒸汽驱的驱油效率是 65.7%；而用六中区、齐 40、杜 66、白 92 和杜 32 块原油所进行的蒸汽驱，其驱油效率分别达到 81.9%、81.7%、82.2%、79.8%和 73.1%，可见蒸汽与中轻质油的混合蒸馏作用十分显著。

表 3-1　稠油的蒸汽驱实验结果

序号	原油	60℃油黏度/(mPa·s)	驱油效率/%		
			60℃水驱	200℃水驱	200℃蒸汽驱
1	六中区	21.1	66.9	72.0	81.9
2	齐 40	1751	64.0	69.7	81.7
3	杜 66	1447	60.8	69.4	82.2
4	白 92	227.1	66.8	71.7	79.8
5	杜 32	33200	58.3	67.7	73.1
6	无中、轻质馏分油	100000	53.4	62.6	65.7

4. 蒸汽的脱油作用

在蒸汽前缘的后面发生蒸汽脱油作用，作为气体运载体的水蒸气，它选择性地从孔隙介质的流体中脱出轻质馏分油，但这种作用比蒸汽蒸馏作用小得多。Willman 等(1961)在砂岩岩心中进行热水驱后用氮气模拟水蒸气进行汽驱，能够增加采收率 3.0%。

5. 油的混相驱作用

蒸汽蒸馏出的大部分轻质馏分经过蒸汽带及热水带运移至冷凝带和蒸汽一起凝结。在蒸汽前缘的热水带形成的轻质油与就地原油混合，其密度及黏度会降低。在蒸汽前沿向生产井推进过程中，轻质馏分不断地被抽提出来并聚集形成轻油带，产生溶剂抽替驱油作用，这种轻油带逐渐增大，起到油相的混相驱油效应。据 Willman 等(1961)的实验，这种混相驱油作用可以提高重质原油采收率 3%～5%。单管驱油物理模拟实验结果如表 3-2 和表 3-3 所示。表 3-2 给出的是蒸汽驱各种驱油机理作用的定量比较。

表 3-2　实际蒸汽驱采收率与无溶剂抽提作用采收率(Willman et al.,1961)

分类	热降黏的采收率/%	蒸馏作用增加的采收率/%	油混相驱的采收率/%	前三项预计采收率/%	实际蒸汽驱采收率/%	无解释的采收率/%
无蒸馏馏分油	54.8	—	3.0	57.8	59.0	1.2
25%蒸馏馏分油	54.8	10.5	3.0	68.3	76.0	7.7
50%蒸馏馏分油	58.0	19.5	3.0	80.5	83.9	3.4

注：蒸馏作用增加的采收率＝馏出轻油百分数×[100－(热降黏的采收率＋混相驱的采收率)]。

为了验证压力较低的蒸汽驱油机理实验结果和现场高压蒸汽驱的结果是否相同，Willman 等(1961)又针对两种原油分别在两种蒸汽压力下进行对比实验，结果如表 3-3 所示。两种原油的高压蒸汽驱采收率都比较高。在 371℃高温下，原油 D(26.7℃时黏度为 3500mPa·s，0.948g/cm³)和原油 B(26.7℃时黏度 6500mPa·s，0.978g/cm³)的轻质馏分分别是 72.6%和 33.0%；在 164℃蒸汽温度下的轻质馏分分别为 55.0%和 16.0%。高压及低压两种蒸汽驱的采收率都高于包括降黏、油混相及蒸汽蒸馏三种机理作用之和，其二者的差值为溶剂作用。在热水带发生的溶剂抽提或轻油混相驱作用，可进一步降低热水驱的残余油饱和度及重质油馏分。

表 3-3　蒸汽驱采收率各机理作用评价

油品种类	条件	热降黏采收率/%	油混相驱作用增加采收率/%	蒸馏作用增加采收率/%	预计采收率/%	实际蒸汽驱采收率/%	溶剂抽替作用增加采收率/%
原油 D	5.44MPa，371℃	71.0	3.0	18.9	92.9	97.6	4.7
	0.57MPa，164℃	68.7	3.0	15.6	87.3	91.9	4.6
原油 B	5.44MPa，371℃	68.7	3.0	9.3	81.0	84.0	3.0
	0.57MPa，164℃	66.0	3.0	4.9	73.9	77.6	3.7

注：预计采收率＝热降黏采收率＋油混相驱作用增加采收率＋蒸馏作用增加采收率。

6. 高温对相对渗透率的影响

在注蒸汽及热水过程中，具有亲油性的高岭石矿物、碳酸盐矿物及其他黏土矿物从骨架颗粒表面被冲走或冲散，造成岩石表面油膜剥离，颗粒表面光滑，孔隙半径增加，岩石吸附能力减弱，从而使极性物质吸附，使岩石表面向亲水、强亲水方向转化。油层温度升高后，对油的相对渗透率显著增加，对水的相对渗透率变化不明显；束缚水饱和度增加，残余油饱和度降低，驱油效率及采收率提高(图 3-6)。

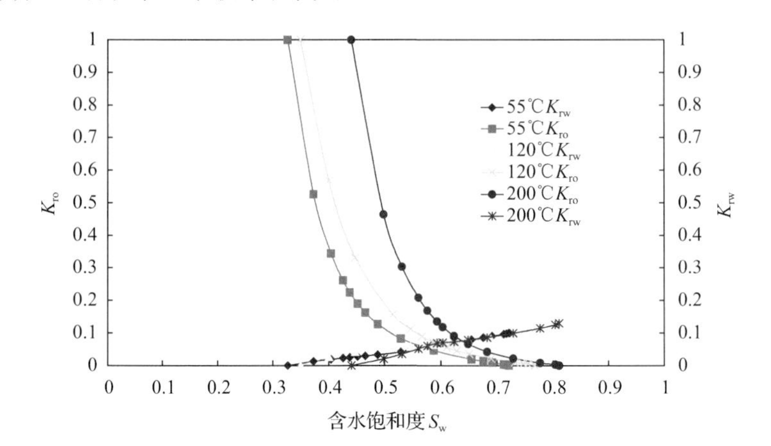

图 3-6　温度对油水相对渗透率的影响

K_{rw}为水相渗透率；K_{ro}为油相渗透率；S_w 为水饱和度

7. 溶解气驱作用

蒸汽驱过程中的溶解气驱作用机理发生在热水带和冷水带，它是把热能转变为驱油机械能的过程。随着蒸汽前沿温度的升高，溶解气从油中脱出，气体溶解量减少。这些脱出的气体发生膨胀成为驱油的动力，并因此增加了油的采出量。

蒸汽驱期间，含 CO_2 物质的地层的高温反应或含 CO_2 油本身都产生 CO_2。这些气体将以溶解气相同的驱替机理采出一些油。因此当蒸汽驱中产生大量 CO_2 时，它能成为一种非常重要的驱油机理。Willman 等(1961)的实验证明了这种气驱作用，对无馏出轻油的原油在 166℃热水驱替后，当水油比达到 1000∶1 时，采收率为 54%，然后保持岩心温度不变，交替注入同样温度的氮气及热水段塞，注入氮气的目的是模拟岩心中产出油、水和气三相流体。从这种已经水洗过的岩心中交替注入氮气-热水段塞后又增加了 3%的采收率，这种增加值就是气驱作用的结果。

8. 乳化液驱油作用

在实验室研究和油田实际生产时，蒸汽驱的产出液都能观察到乳化液。有些研究者认为这些乳化液仅在岩心出口或井筒中形成，但也有学者认为它是在岩心的孔隙中或油层中形成。在蒸汽的前沿，油的蒸馏馏分可能发生凝析并形成油滴悬浮于水中，即形成水包油乳化液；也可能把凝析水乳化在油中，即形成油包水乳化液。无论哪种情况，驱替中所发生的这些乳化要在地下形成，都需要在一定的蒸汽速度和蒸汽凝析释放能量激化。

虽然乳化液的黏度与油水及形成的乳化液类型有关，但它的黏度一般要比油或水的黏度大，也就是说蒸汽驱过程中在地层就地形成的乳化液能够增加汽驱过程中的油层压力，并在一定程度上堵塞疏松砂岩的高渗透层或蒸汽窜流通道，迫使蒸汽进入低渗透层，降低蒸汽的指进，改善热水驱区带的采油状况，提高蒸汽驱采收率。

9. 水热改质作用

水蒸气注入油层后，原油的物理性质发生变化，反应后饱和烃与芳香烃增加，胶质、沥青质含量降低，原油中的碳原子含量降低，氢原子含量明显增加，硫原子含量减小，表明发生了明显的水热裂解反应。当使用过热蒸汽开采稠油，过热度为 100℃时过热蒸汽与原油发生高温水热裂解，使原油黏度有所下降。随着含水量的增加，反应后原油黏度先减小后增加，当含水量为 30%时原油黏度最小。

3.2 注蒸汽开发储层物性变化规律

稠油油藏注蒸汽开发过程中，油水关系及油层孔隙度、渗透率、饱和度、地层压力等关系已发生很大变化。大量的开发取心资料和化验资料分析表明，新疆稠油油藏注蒸汽开发前后储层岩性特征、原油物性发生变化，研究稠油油藏蒸汽吞吐储层变化机理及物性变化规律，可为稠油热采过程制定改善储层渗流条件治理措施和提高油藏采收率对策提供科学依据。

1. 储层变化特征

1）储层孔渗的变化

九区齐古组油藏注蒸汽前后储层物性的变化主要表现为孔隙度变化不大，但其渗透率有显著变化。注蒸汽前后储层孔隙度变化不大，增大 1.10%；渗透率变化明显，增大 366%（表 3-4）。利用注蒸汽开发前后取心井化验分析资料绘制渗透率与粒度中值交会图版（图 3-7），发现储层渗透率的变化与储层岩性颗粒的大小有关。从检 230 井区齐古组油藏注蒸汽开发早期和开发后期平均粒径与渗透率交会图可以看出，平均粒径在 0.15mm 以下时，注蒸汽前后储层渗透率略有降低，粒径越细，渗透率降低幅度越大；平均粒径在 0.15mm 以上时，注蒸汽前后储层渗透率增大，粒径越粗，渗透率增大幅度越大。在长期水洗过程中高渗透率的大孔粗喉型储层渗透能力变得越来越好，而低渗透率的细孔细喉型储层与之相比渗透能力变化较小，在局部区域甚至由于矿物颗粒迁移和架桥堵塞现象，渗透能力变差。

表 3-4　注蒸汽前后油藏储层孔渗、孔隙结构、黏土矿物含量变化统计表

项目	孔隙度/%	渗透率/mD	中值压力/MPa	排驱压力/MPa	非饱和孔隙体积/%	中值半径/μm	平均毛细管半径/μm	(I/S)/%	K/%	I/%	C/%
注蒸汽前	23.56	89.96	1.65	0.24	25.01	2.30	6.33	23.0	27.6	16.6	13.5
注蒸汽后	26.03	419.49	0.5	0.05	9.67	4.43	9.03	40.0	33.2	12.2	14.6
增减幅度/%	10.48↑	366.31↑	69.70↓	79.17↓	61.34↓	92.61↑	42.65↑	73.91↑	20.29↑	26.51↓	8.15↑

注：I 为伊利石；S 为蒙皂石；K 为高岭石；C 为绿泥石。

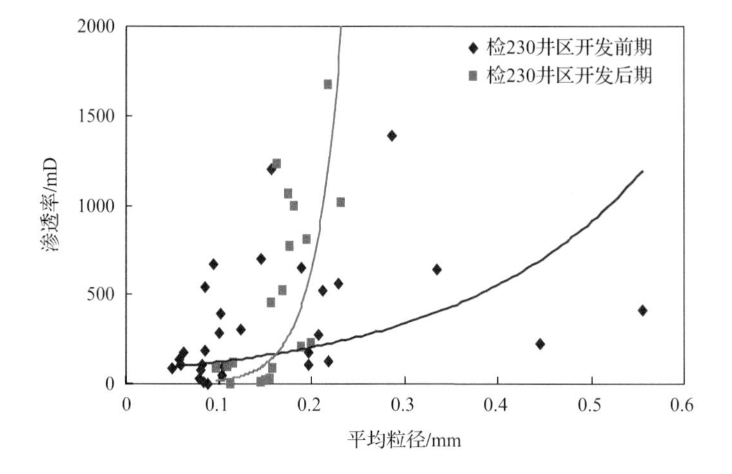

图 3-7　注蒸汽前、后期平均粒径与渗透率交会图

2）储层孔隙结构的变化

注蒸汽前后储层孔隙结构的变化主要表现为：中值压力（P_{50}）、排驱压力（P_d）、非饱和孔隙体积（S_{min}）降低，中值半径、平均毛细管半径大幅度增加（表 3-4）。中值压力、排驱压力、非饱和孔隙体积分别降低了 69.70%、79.17%和 61.34%；中值半径、平均毛细管半径分别增加 92.61%、42.65%（图 3-8、图 3-9）。

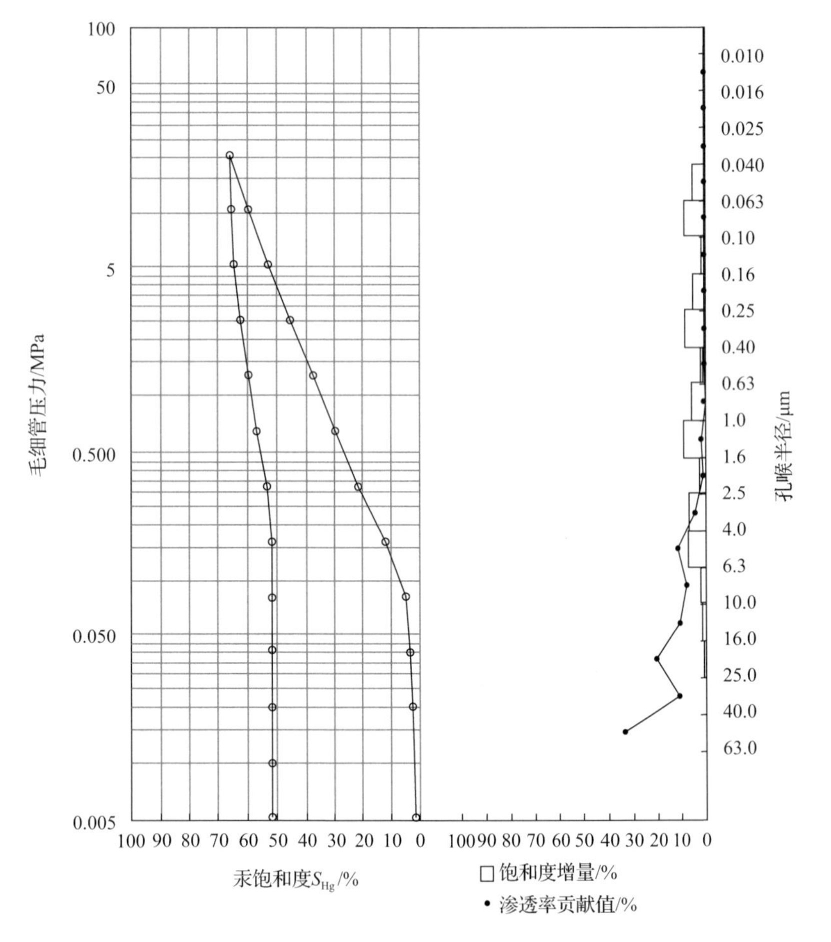

图 3-8 96372 井，J_3q 开发早期 150.04m 毛细管压力曲线及孔喉分布频率贡献图

细砂岩 ϕ：27.38%；K：63.48mD；P_d：0.2MPa；P_{50}：4.28MPa；S_{min}：33.25%

储层孔隙结构变化的原因是长期水洗，岩石颗粒表面的泥质、细粒物质被带走，颗粒表面变得清洁，粒间填隙物的减少扩大了孔隙、喉道的半径，整个岩石的孔隙网络体系的连通状况得到极大改善（图 3-10～图 3-13）。

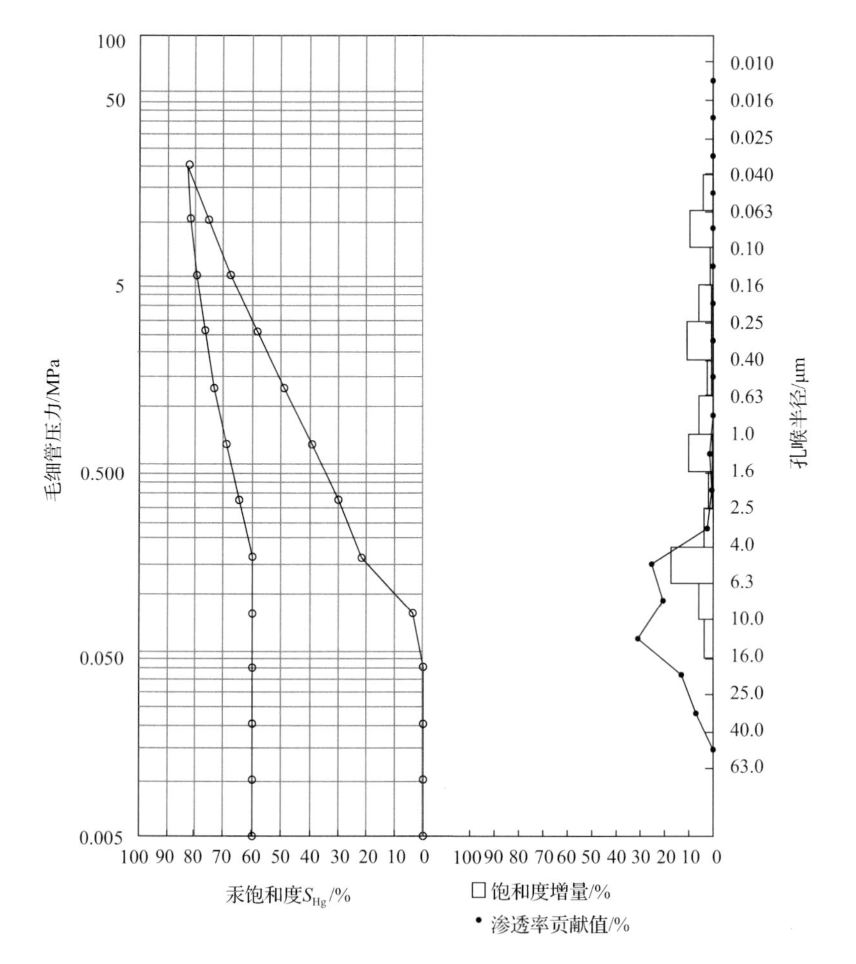

图 3-9　96988 井，J_3q 开发后期 204.82m 毛细管压力曲线及孔喉分布频率贡献图

中细砂岩 ϕ 为 23.0%；K 为 56.9mD；P_d 为 0.08MPa；P_{50} 为 1.43MPa；S_{min}（最小湿相饱和度）为 17.67%

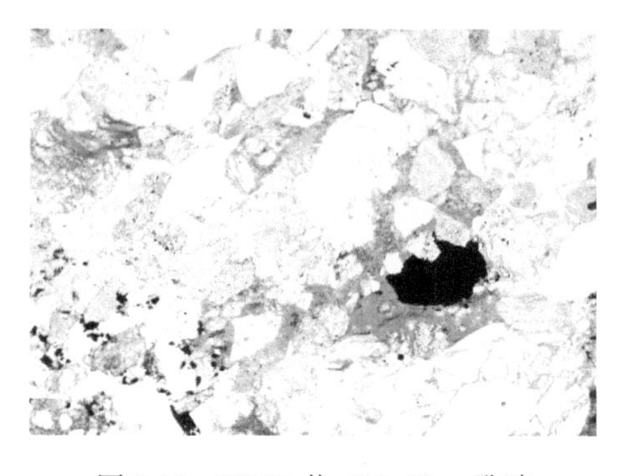

图 3-10　96195 井，230.32m，孔隙类型铸体照片

粒间孔 55%＋收缩孔 40%＋原生粒间孔 5%

图 3-11　96988 井，211.04m，孔隙类型铸体照片

后期原生粒间孔 98%＋剩余粒间孔 2%

图 3-12　96195 井,230.32m,孔隙类型铸体照片
粒间孔 55%+收缩孔 40%+原生粒间孔 5%

图 3-13　96988 井,211.04m,孔隙类型铸体照片
后期原生粒间孔 98%+剩余粒间孔 2%

3) 储层黏土矿物变化

黏土矿物成因类型可分为陆缘成因和自生成因两类。一般认为,粒间同沉积的泥质为陆缘成因,而以粒间孔洞充填、包裹颗粒的黏土膜产状出现的结晶程度较好的黏土为自生成因。九区的自生黏土矿物主要为高岭石。注入蒸汽温度为 300~400℃,到达井底温度约为 200℃。在蒸汽波及区域温度的升高对黏土矿物有一定的影响,主要表现在高岭石在 100~120℃由于脱吸附水而存在一定的吸热现象,但较高温度的注入蒸汽对高岭石的晶间结构没有破坏;其次,岩屑中的凝灰物质在沉积过程中及成岩早期阶段经水化作用,可生成极少量的蒙皂石。因此黏土矿物在注蒸汽前后成分变化不大(表 3-4)。

4) 储层地层水变化

研究区连续测试单井地层水分析资料统计结果表明(表 3-5),2000~2008 年,地层水性质的变化幅度较大,变化趋势较为明显;地层水中的 Cl^-、K^+ 和 Na^+ 离子及地层水的矿化度、阴离子总和、阳离子总和均呈现比较明显的增大趋势,而 Ca^{2+} 增大的幅度相对较小;地层水中的 HCO_3^-、Mg^{2+}、CO_3^{2-}、SO_4^{2-} 总体变化趋势不大。

表 3-5　地层水分析资料统计表　(单位:mg/L)

测试年份	CO_3^{2-}	HCO_3^-	Cl^-	SO_4^{2-}	Ca^{2+}	Mg^{2+}	K^++Na^+	矿化度	阳离子总和	阴离子总和
2000	97.8	651.7	1304.8	155.3	37.7	15.1	1151.6	3065.9	1204.4	2209.7
2001	52.1	539.0	860.6	116.6	38.3	22.3	859.3	2263.2	919.9	1568.3
2002	68.7	842.6	793.0	136.3	35.6	11.8	988.0	3021.0	1035.3	1840.5
2003	87.5	616.6	1243.2	153.0	37.4	11.5	1089.9	3371.8	1138.8	2100.3
2004	76.6	741.8	1779.0	131.5	43.4	11.3	1473.9	3769.0	1528.5	2728.9
2005	95.1	607.1	1656.9	131.3	38.7	12.1	1397.6	3781.1	1448.4	2490.4
2006	94.6	593.1	1655.8	56.5	47.0	15.8	1339.2	3543.4	1401.9	2400.0
2007	71.1	625.9	1534.3	119.9	38.1	7.7	1253.4	3288.5	1299.2	2351.2
2008	55.6	521.3	1691.8	120.6	43.8	15.1	1326.3	3479.9	1385.2	2389.2

5) 储层润湿性

从注蒸汽前后油藏岩石润湿性变化统计结果来看,注蒸汽前后油藏研究区储层润湿性发生了一定的变化，由中性、中亲水向亲水、强亲水方向变化。其中九$_6$区齐古组储集层的润湿类型由开发早期的中亲水为主变为开发后期的强亲水为主。检 230 井区齐古组储集层的润湿类型由开发早期的以中性为主变为开发后期的以中性、亲水为主(表 3-6)。

表 3-6　注蒸汽前后油藏岩石润湿性变化统计表　　(单位:块数)

区块	早期				后期			
	亲水			中性	亲水			中性
	强	中	弱		强	中	弱	
九$_6$区 J_3q	—	1	6	—	3	4	—	5
检 230 井区 J_3q	—	—	—	12	—	1	1	2

2. 注蒸汽前后储层物性变化机理

浅层稠油油藏注蒸汽开发前后储层在物性、储集空间、孔隙结构等方面发生较大的变化。究其原因，储集层物性及孔隙结构变化的主要机理是：微粒运移；黏土矿物产状变化；胶质沉淀堵塞；矿物颗粒转化。

1) 微粒运移

(1) 填隙物的脱落、迁移与溶解。

注蒸汽前后储层岩矿特征的变化主要表现为填隙物总量呈减小的趋势，主要原因是长期的注蒸汽开发使骨架颗粒之间的填隙物，诸如泥质、高岭石等随水洗而被带走。沿粒缘分布的泥质遇水膨胀脱落，形成细小微粒，极易随地层流体流动；粒间分布的不规则粒状的高岭石受到外来高速流体(蒸汽)的冲刷，极易迁移，形成许多微小高岭石残体(图 3-14)。粒间的高岭石溶蚀现象也比较普遍，形成许多微小高岭石溶孔(图 3-15)；其次，长期的水洗可能造成填隙物发生溶蚀和溶解作用，研究区较易发生溶蚀、溶解作用的矿物主要为方解石($CaCO_3$)(图 3-16、图 3-17)。碳酸盐的溶解与溶液的 pH 有很大关系，随着溶液 pH 降低，地层中的碳酸盐矿物极易发生溶解作用：

$$CaCO_3 + H_2CO_3 \longrightarrow 2HCO_3^-(\text{水}) + Ca^{2+}(\text{水}) \quad (3\text{-}2)$$

图 3-14　T95011 井，J_3q，374.12m 粒间发生迁移的高岭石残体

图 3-15　注蒸汽后高岭石的迁移与晶间孔

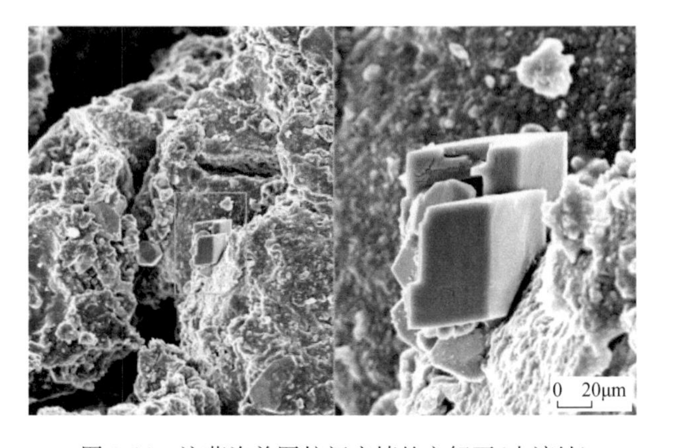

图 3-16　注蒸汽前图粒间充填的方解石(未溶蚀)

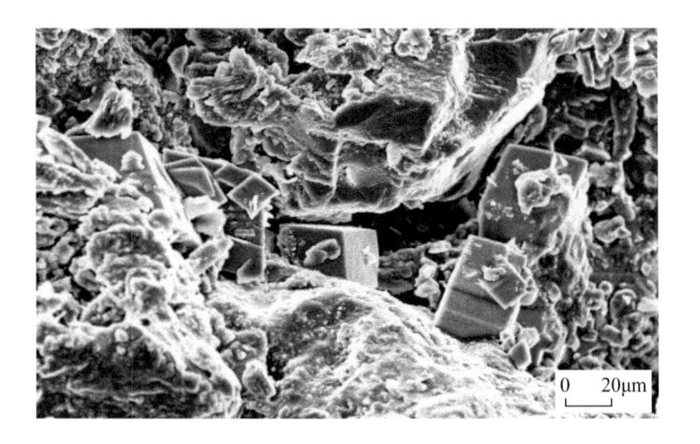

图 3-17　注蒸汽后粒间充填的方解石(溶蚀)

由实验分析可知，注蒸汽后期泥质含量、高岭石含量均有所降低，填隙物脱落、迁移与溶解，从而造成注蒸汽前后储层填隙物总量呈减小的趋势（表 3-7）。

表 3-7　注蒸汽前后油藏填隙物变化统计表　　（单位：%）

早期		后期		降低幅度
杂基	胶结物	杂基	胶结物	
4.86	3.1	2.29	2.86	35.3

（2）颗粒溶解。

研究区齐古组油藏储层中长石含量一般在 20%以上，同时岩屑中主要以半塑性、塑性的凝灰岩等火山岩为主，有大量的易溶成分存在，极易发生溶蚀和溶解作用，形成大量的微粒，这些微粒的迁移是造成储层物性变化的重要原因。结合铸体薄片、阴极发光、扫描电镜等技术综合分析，可以非常清楚地看到储集层淋滤孔隙和各类溶孔非常发育，扩大粒间孔隙分布普遍，港湾状和锯齿状颗粒边缘常见。

长石的溶解作用随着流体中所含有的 CO_2 浓度的增加而增加，研究区长石碎屑的溶蚀作用十分普遍，且溶蚀强烈（图 3-18、图 3-19）：

$$3KAlSiO_8 + 2H_2CO_3(水) + 12H_2O \longrightarrow KAl_3SiO_2(OH)_2 + 2K^+(水) + 6H_4SiO_4(水) + 2HCO_3^- \tag{3-3}$$

$$KAl_3SiO_2(OH)_2 + 2H_2CO_3(水) + H_2O \longrightarrow 3Al_2Si_2O_5(OH)_4 + 2K^+(水) + 2HCO_3^- \tag{3-4}$$

图 3-18　96509 井，181.4m，长石碎屑（溶蚀）

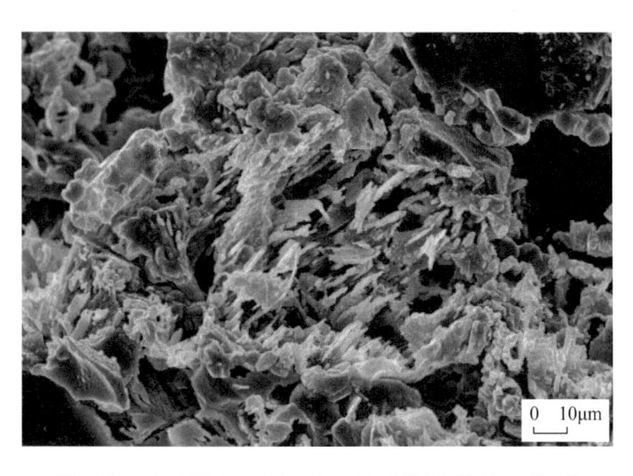

图 3-19　96517 井，167.78m，长石碎屑（溶蚀，×873）

2）黏土矿物产状变化

黏土矿物的分布、产状和富集状态对储层物性的影响最大。膨胀性黏土矿物（蒙皂石、伊/蒙混层）遇水发生膨胀会堵塞孔隙喉道；高岭石的混杂状分布及粒间孔隙充填对储层物性的影响较大；伊利石以片状、丝缕状分布为主，特别在中粗砂岩中易于破碎，形成晶间孔隙而增大迂曲度，降低流体渗流能力；绿泥石以粒表、衬垫分布形式存在，使喉道缩小。

3）胶质沉淀堵塞

稠油油藏在注入大量高温流体的热采过程中，由于油藏内介质条件发生变化，容易引起沥青质在地层中沉积，大多以胶质沥青的团粒、细小微粒的形式存在，极易堵塞孔喉或引起岩石润湿性反转，致使储层孔渗性能严重变差。对比注蒸汽前后实验样品，荧光镜下发现注蒸汽后期胶质沥青大量出现，大多以团粒状、凝块状充填于孔隙喉道处，对储层物性有较大伤害（图 3-20、图 3-21）。

图 3-20　检 522 井，499.85m，初始切片

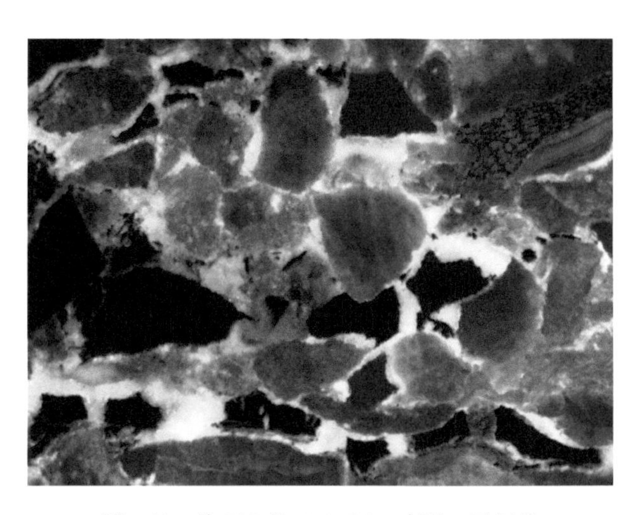

图 3-21　检 522 井，499.85m，高温 5 天切片

4）矿物颗粒转化

地层水中的阳离子易与岩石颗粒进行离子交换。钙镁离子浓度的增加易加速岩石矿物颗粒的转化（一般规律：岩屑—蒙皂石—伊利石，长石—高岭石—绿泥石），转化过程中易生成一些黏土微粒，这些黏土微粒在运移过程中易堵塞孔喉，造成渗透率下降。Ca^{2+} 离子浓度的增大与钙质胶结物的溶解有关。$K^{+}+Na^{+}$ 浓度的增大有利于黏土矿物的转化，主要因为地层水中的 K^{+} 极易吸附，在蒙皂石转化为伊利石的过程中必须要有 K^{+} 的参与。

3.3　注蒸汽开发效果影响因素分析

稠油注蒸汽开发主要受油层参数（厚度、渗透率等）、原油物性（黏度、含气量等）及注采参数（注汽干度、压力、温度等）的影响，其中黏度、有效厚度、渗透率、注汽干度、注汽压力、边底水是影响开发效果的关键因素。

3.3.1　影响蒸汽吞吐开发效果的因素分析

1. 地质因素

1）原油黏度

原油黏度是识别稠油的主要标志，也是影响稠油生产效果的主要因素。

稠油油藏的原油黏度的变化范围较宽，50～100000mPa·s 不等，实际蒸汽吞吐资料表明，在相同厚度条件下，随着原油黏度的增加，生产效果逐渐变差。主要原因是虽然原油黏度随温度增高而下降，但在同样大的注蒸汽加热半径条件下，原始油层原油黏度越低，形成的泄油半径越大，数倍于加热半径，供油量较大。而原油黏度越高，形成的泄油半径越小。

对不同原油黏度的稠油进行蒸汽吞吐开采模拟计算（图 3-22），在同样的油层参数及注汽量等工艺参数条件下，黏度越低，吞吐效果越好。当黏度增大时，峰值产量及累计周期产量都降低，增产期也缩短，黏度越高，吞吐效果越差。

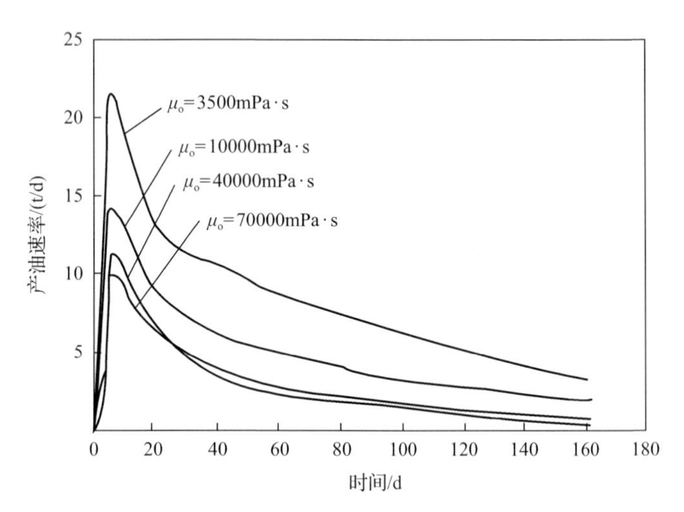

图 3-22　原油黏度对蒸汽吞吐效果的影响

2）有效厚度

有效厚度是供给油井充足油量和充分利用热能的保证，因此有效厚度是除原油黏度外又一影响蒸汽吞吐效果的敏感地质参数。周期采油量和油汽比随着有效厚度的增大而增大。当黏度相差不大时，有效厚度小的油层吞吐效果远比有效厚度大的油层吞吐效果差。

由图 3-23 的模拟计算结果可以看出，油层厚度对蒸汽吞吐效果的影响较大，有效厚度越大，单井控制地质储量越大，蒸汽吞吐的产能就越高。同时油层单层厚度越大，则整体热损失越小，热利用率越高，周期生产时间越长，油汽比越高，开发效果越好。深油层的油层压力高，产能比浅油层更高。

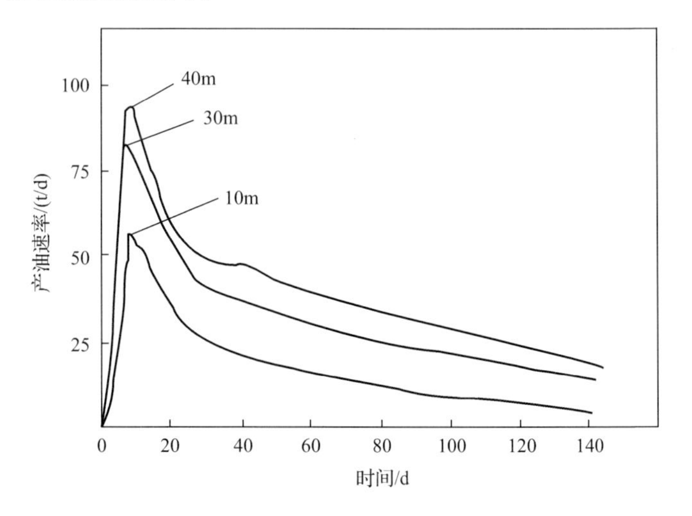

图 3-23　油层厚度对蒸汽吞吐效果的影响

3）油层系数

油层系数是指油层有效厚度与油层顶底界沉积厚度的比值，反映了油层中非油层夹层的多少。油层系数越小，生产效果越差。由此可见，稠油热采的油藏不仅要求有一定的油层有效厚度，而且所选择的开发层系的油层系数不应太低，一般应大于 0.5。

4）含油饱和度

原始含油饱和度、孔隙度及含油量（$\phi \cdot S_o$）均反映油层单位体积含油量的多少，其值越高，注蒸汽产油量和驱油效率也就越高。含油饱和度对稠油蒸汽吞吐开发效果影响较大，随着含油饱和度的增加，加热可流动的原油量增加，因此周期产油量和油汽比增加。

对不同含油饱和度的稠油进行蒸汽吞吐开采模拟计算，研究影响规律如图 3-24 所示。在蒸汽吞吐开始时的油层含油饱和度，即在起始时的含油饱和度对蒸汽吞吐的效果有影响。原油饱和度降低时增产效果变差，尤其是峰值产量大减。这不仅是由于可动油量减少，水相渗透率增加，产出水量增多，而且水的比热较原油大一倍，加热半径相对减小。

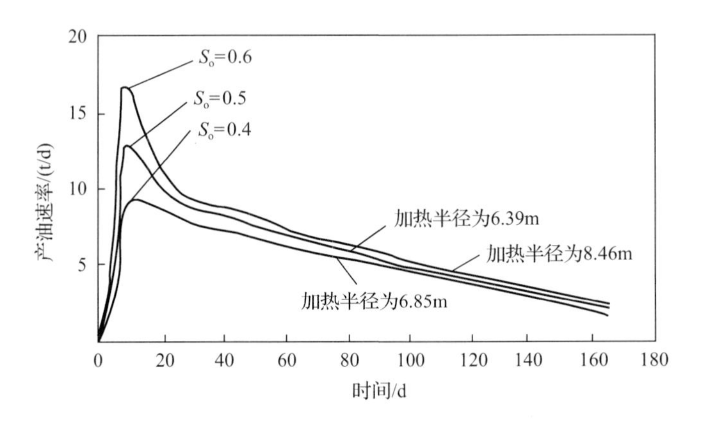

图 3-24　含油饱和度变化对蒸汽吞吐效果的影响

筛选注蒸汽采油的油层条件时需确定经济上有利的含油饱和度下限值，对于蒸汽吞吐，该极限值应大于 0.5。进行蒸汽吞吐及蒸汽驱采油的采收率取决于可动油量，在注汽工艺参数已确定的条件下，注蒸汽剩余油饱和度基本是固定的，与初始含油饱和度关系不大。

5）边底水

某些有边水的稠油油藏在蒸汽吞吐过程中，随着油层压力的下降，边水向开发区推进驱油。在前几轮吞吐周期内，边水推进在一定程度上补充了压力，是驱动能力之一，有增产作用。但一旦边水推进到生产油井，含水率迅速增加，油井水淹，干扰了转汽驱开采，影响产油量。油层条件下油水黏度比的大小不同，其正、负效应也有所不同，但总的来看弊大于利，而且极不利于以后的蒸汽驱开采，因此应控制边水推进。

当有底水层时，注入油层的蒸汽优先进入底水层，在底水层形成高温度带，消耗了大量热能，而进入含油层的蒸汽量较小，加热带变小，这是造成蒸汽吞吐效果变差的主要原因。当在含油层段下部或顶部某段距离有水层时，应当在完井时将水层可靠地封闭，在注蒸汽开发过程中避免打开含水层。和无底水层的吞吐效果相比，有底水层的吞吐效果非常差，为避免底水影响，底水上方需要有3～4m的避射厚度。

2. 操作参数

1）提高注汽干度

对于埋藏较深的稠油油藏，深井注汽的井筒热损失较大，井底蒸汽干度将降低。大量现场生产实践表明，保证井底蒸汽干度在较高水平非常重要，蒸汽干度是影响蒸汽吞吐及蒸汽驱开采效果的首要因素。

周期产油量、油汽比都随蒸汽干度的增加而增加，这是因为水蒸气具有很高的汽化潜热和很大的比容，高干度的蒸汽热焓高、比容大，注入地层后体积大、温度高，从而可以更加有效地加热原油，降低原油黏度，增加其流动性。

2）压力（注汽压力）

注汽压力的高低是影响蒸汽吞吐及蒸汽驱开发效果的一个重要因素，注汽压力过高或过低都会使油藏达不到预期效果。注汽压力过低，流体不能流动，采出量小；注汽压力过高会使地层出现裂缝，进而使蒸汽沿裂缝过早地窜进，开发效果变差。如果存在底层水，在较高的注入速度和注入量下，也易通过裂缝与地层水沟通，引起油井出水。因此油藏蒸汽吞吐过程要选择合理的注汽压力，才能取得较好的油藏采出量。在保证一定的注汽速度的情况下，注汽压力原则上不能超过油层破裂压力。

为防止油井过早发生汽窜干扰，蒸汽吞吐初期注汽速度和强度不宜过高，中后期可视地层亏空情况再逐步提高注汽速度和强度，对于适合进行蒸汽吞吐的浅层稠油油藏，则需要更为严格地控制这一界限。

一般来讲，对于原油黏度小于20000mPa·s、采用先吞吐后汽驱的稠油油藏，注汽压力应控制在地层的破裂压力之下；对于原油黏度大于20000mPa·s、只采用蒸汽吞吐的稠油油藏，因在破裂压力以内注汽能力有限，开发效果差，则可采用高于破裂压力的注汽来提高地层的吸汽能力，以改善注汽开发效果。

3）注汽量

蒸汽是稠油热采产量的来源，因此在相同的地质条件下，注汽量越大，注入油层的热量就越多，地层原油黏度降低幅度和油层受热半径也就越大，采出油量也越多。随着生产周期的增长，每米射开厚度的采油量随每米射开厚度的注汽量增加而增大的关系更为明显。同时实际生产资料表明，注汽量也不是越大越好，当每米注汽量达到一定值后，每米采油量不再增加或增加很小。

蒸汽吞吐周期注入量的大小对蒸汽吞吐开发效果及经济效益有极大的影响。合理周期注汽量大小主要与油层厚度和原油黏度有关。油层厚度大，则周期注汽量应大一些，薄油层的每米油层的注汽量应比厚油层略大一些；原油黏度越高，周期注汽量应越大。另外周期注汽量应随着周期数的增加而增加。

4）焖井时间

焖井是蒸汽吞吐才有的一个重要环节。焖井的作用是使注入近井地带油层的蒸汽尽可能扩展，有效地加热油层及原油。焖井时间的长短影响蒸汽携带的热量在油藏中交换的好坏。如果焖井时间太短，热量没有充分加热油层，近井地带的温度和压力还很高，在这种情况下开井生产会造成回采水率高，采收率低，除此之外还会造成防喷期过长及严重的闪蒸现象，损失大量的热量。如果焖井时间太长，尽管实现了蒸汽与油层充分的热交换，但向顶底盖层的热损失也随之增加，热利用率降低。因此存在一个最佳的焖井时间，一般为 2～5d 为宜。

3.3.2　影响蒸汽驱开发效果的因素分析

1. 地质因素

1）原油黏度

在同样的温度下，黏度越高，原油在地下的流动性越差。对于蒸汽驱开发的油藏，黏度越低，开采效果越好。当黏度增加时，采出程度和油汽比都会减少。黏度对蒸汽驱效果影响较大，主要原因是黏度越低，原油的流动性越好，开采效果越好。

分析原油黏度及油层厚度对汽驱效果的影响（图 3-25），随着原油黏度的增加，不同油层厚度（h）的采收率均下降，当 50℃原油黏度小于 10000mPa·s 时，砂岩油藏已具备蒸汽驱技术工业化应用条件。

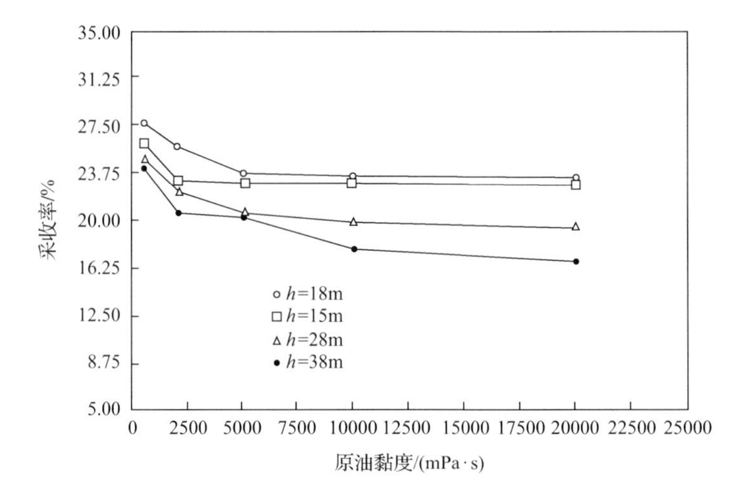

图 3-25　原油黏度及油层厚度对汽驱效果的影响

2）有效厚度

油层厚度不仅直接影响油井采油量的多少，还会影响蒸汽驱的采收率、累计油汽比和热效率。有效厚度降低，汽驱采收率降低，累计油汽比降低，热效率降低。油层顶底界的热损失与油层厚度、注汽时间密切相关。随着油层厚度的增加，采出程度和油汽比逐渐增加，油层厚度对蒸汽驱效果影响较大，油层越厚，单井控制地质储量越大，蒸汽驱的产能就越高；随着油层厚度的减小，注汽时间增长，热损失逐渐增大。但油层过厚时汽驱效果不理想，因为在这种情况下油层中的蒸汽超覆及井筒中的汽水分离加剧，使蒸汽的热利用率变低。

3）含油饱和度

含油饱和度越大，蒸汽驱产量越高，油汽比也越高。随着含油饱和度的增加，采出程度和油汽比都逐渐增大，主要原因是随着含油饱和度的增加，加热可流动的原油量增加，因此开采效果好。

4）储层非均质性

油层纵向和平面的非均质对蒸汽驱产生较大的影响，尤其是油层中具有或因高压注汽引起高渗透率带时，对蒸汽驱生产极为不利，是造成油层纵向和平面动用程度低的主要原因。

对于储层非均质性油藏，由于各层间渗透率存在较大差异，注入蒸汽沿高渗透层突进，中低渗透层波及程度低，造成蒸汽波及系数较低，蒸汽超覆突进，蒸汽指进现象严重，在注汽过程中易发生汽窜及井间干扰。同时热损失大，油井周围储量动用不均衡，井组受效不均，对蒸汽驱开发效果产生很大的影响。另外注入油层的蒸汽受重力分离作用往往向油层顶部超覆，注汽时间越长，油层厚度越大，这种影响越大，易在顶部汽窜，加大非均质性影响。

5）边底水

受重力分异作用，油藏中的自由水一般以底水和边水两种形态存在，形成底水或边水油藏。边底水油藏的蒸汽驱对浅层油藏（＜400m）和深层油藏（＞800m）生产效果都有较大的影响。对于边水油藏，水体小于油体 5 倍的油藏，可以进行常规蒸汽驱，而水体大于油体 5 倍的油藏，则要采取排水措施。对于底水油藏，水层厚度小于油层厚度的油藏，避射一定油层厚度即可，而对于水层厚度大于油层厚度的油藏，不仅需要避射，还要有一定的排水措施。

2. 操作参数

1）注汽速度

蒸汽驱注汽速度即单位油层厚度的周期注汽量是影响开发效果的重要因素。注汽速度过高，蒸汽在地层中推进速度过快，只能驱扫流度较大的部位，造成采注比失衡，且使蒸汽过快地窜入生产井，蒸汽波及程度低，影响蒸汽驱开发效果。注汽速度过低，则蒸汽携带的热量会大量地散失到上下盖层及井筒，造成热效率低，井底蒸汽干度相对较低，蒸汽驱开发效果较差。

因此对于蒸汽驱开发阶段，要针对油藏具体情况选择适当的注汽速度，保证注入的蒸汽在井底具有一定的干度，向油层提供足够的热量，同时采出井能够在合理的采注比条件下生产，才能使蒸汽驱开发取得最佳效果。

由图 3-26 可看出，随着注汽速率的增加，蒸汽驱的采收率一直在增加。在研究的油藏条件下，注汽速率小于 2.0 $m^3/(d \cdot m \cdot ha)$时，采收率对注入速率非常敏感，随着注入速率的增加，采收率几乎呈直线上升；当注入速率大于 2.0 $m^3/(d \cdot m \cdot ha)$时，采收率对注入速率就不太敏感了。这里的注汽速率是对油层净厚度而言，如果用油层总厚度，注汽速率大于 1.6 $m^3/(d \cdot m \cdot ha)$即可。

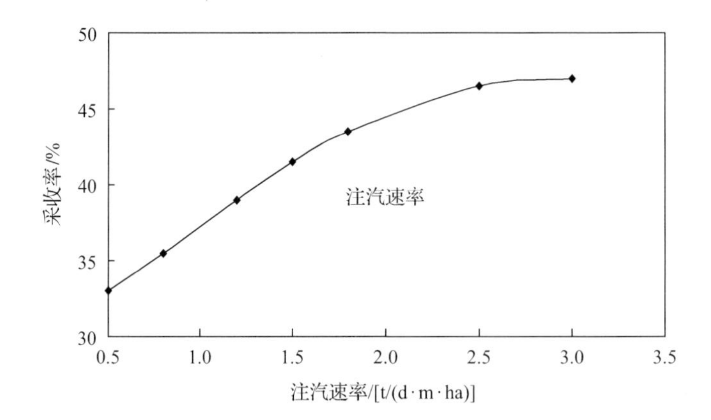

图 3-26　注汽速率对蒸汽驱开发效果的影响

2）蒸汽干度

随着蒸汽干度的增加，产油量、油汽比和汽驱采出程度逐渐增加，这是因为蒸汽干度越高，汽化潜热就越大，只有当向油层中补充的汽化热焓量大于油层的散热量时蒸汽带才能向前扩展。蒸汽驱的效果主要取决于蒸汽带在纵向及平面上的扩展体积大小，干度高的蒸汽焓高、比容大，注入地层后体积大、温度高，从而可以提高注蒸汽开发稠油油藏的效果。

相同数量的蒸汽，蒸汽干度越高，所含热量也越多，蒸汽驱采收率越高，开发效果也越好，反之亦然。

由图 3-27 可看出：当蒸汽干度小于 0.2 时，采收率随蒸汽干度的增加而增加，但总体开发效果很差，基本为水驱效果；当干度为 0.2～0.4 时，采收率对蒸汽干度非常敏感，采收率随干度的增加直线上升，这实际上是由水驱向蒸汽驱的过渡阶段；当蒸汽干度大于

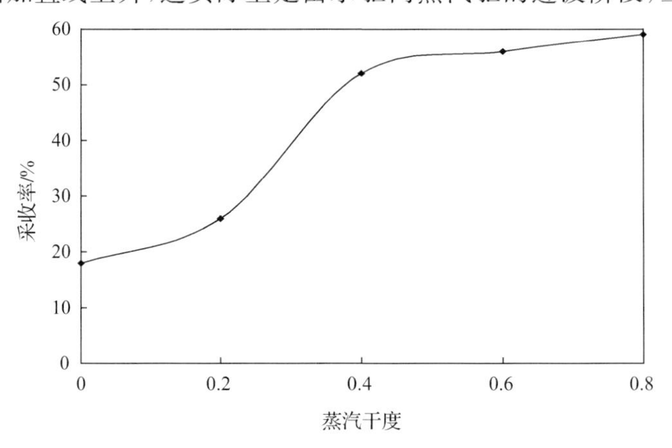

图 3-27　蒸汽干度对蒸汽驱开发效果的影响

0.4 时，采收率对蒸汽干度基本上又不敏感了，且都能取得较好的效果。

3）注汽压力

注蒸汽开发中注入的蒸汽为饱和蒸汽，因此注汽压力与温度有一定的关系，且对蒸汽驱开发有较大的影响。注汽压力越高，等量蒸汽中所含的热量也越高。但由于蒸汽温度高，必然导致注汽压力升高，会出现以下情况影响蒸汽驱开发。

（1）当注汽压力超过地层破裂压力时，会使地层产生裂缝，造成蒸汽沿裂缝通道过早突破，影响蒸汽驱开发的效果。

（2）注汽压力过高，对套管、井口、封隔器容易造成损害，且对注汽速度较难控制，从而影响蒸汽驱的开发效果。

（3）在注汽量和注汽干度一定的情况下，注汽压力越高，注入温度越高，向外传递的热量就越多，热损失率也就越大，蒸汽干度就越小。

（4）注入蒸汽压力高，汽化潜热小，蒸汽比容小，地下体积小，不利于形成有效蒸汽驱，一般要求稳定蒸汽驱阶段油藏操作压力不超过 4MPa。

因此，汽驱阶段注汽压力应控制在一定压力之下，否则将会导致热利用效率低、油井过早蒸汽窜流等问题。在保证蒸汽能够注入地层的情况下，注汽压力应尽可能的小。

4）采注比

采注比是指采出的油、汽、水三相体积与注入蒸汽量的体积之比，由于蒸汽驱驱油的重要机理是在地层中形成蒸汽腔，这就要求采出量必须大于注入量。

随着采注比的增加，采出程度先逐渐增加后逐渐下降；采注比较小时，虽然油层压力回升，生产井液面很高，但产油量降低，产液、产油指数降低，损失应有的产油量，汽驱效果变差。在采注比达到一定值后能够使建立起的蒸汽带正常地向前扩展、推进，且油层的加热效率高，热损失量少，由注汽井向生产井形成降压驱动，压力降低程度增大，生产井产液指数增大。

由图 3-28 可以看出，随着采注比的增加，蒸汽驱采收率也在增加，当采注比小于 1.0 时，蒸汽驱采收率非常低，基本为水驱效果，且对采注比不敏感；当采注比为 1.0～1.2 时，

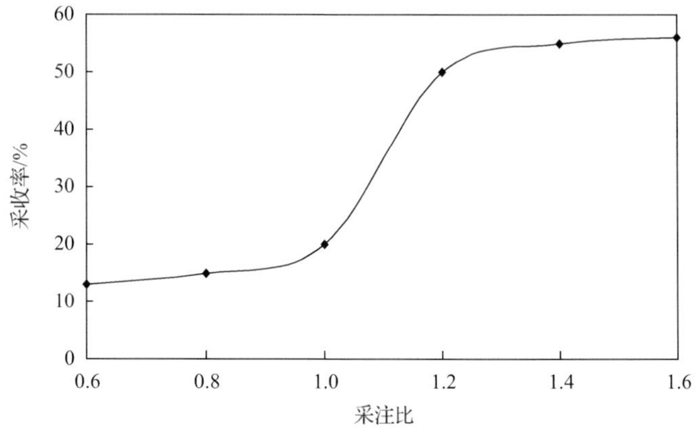

图 3-28　采注比对蒸汽驱开发效果的影响

蒸汽驱采收率对采注比非常敏感，几乎是突变过程，这实际上是从水驱向蒸汽驱的过渡阶段；当采注比大于 1.2 时，蒸汽驱可取得较好的效果，且对采注比不敏感。

但实际生产中采注比过大容易造成蒸汽突破，形成汽窜现象，工艺上很难达到良好的开发效果。因注入蒸汽量以冷水当量计算，因此要保证注采平衡或采出大于注入，一般采注比大于 1，维持在 1.2～1.3 能取得较好的效果。

3.4　不同稠油油藏生产规律

1. 直井吞吐生产特征

蒸汽吞吐开采机理决定了蒸汽吞吐开采呈现衰减趋势。稠油开采在蒸汽吞吐阶段主要为弹性驱动，因此油井生产基本上没有稳定期，投产初期达到峰值产量，后随生产时间的延长地层压力和油层温度下降，地层原油黏度增大而导致产量下降。无论是周期内或周期间，由于油层压力下降、井筒附近油层温度、含水饱和度、渗流条件发生变化，生产井液量、产油量、油汽比、含水率则随生产时间的延长而递减。油藏类型不同、生产历史不同，递减规律则有所差异。新疆不同类型浅层稠油油藏的吞吐特征主要表现在如下 4 点。

1）周期产量与油汽比逐轮降低

由于蒸汽吞吐加热半径有限，随吞吐轮次的增加导致油井井底附近含水饱和度和油水渗透阻力加大，地层压力下降，蒸汽吞吐周期产油量和周期油汽比具有以下变化规律。

（1）周期平均日产油量随蒸汽吞吐轮次的增加而逐渐下降，与生产时间呈指数递减关系，其递减速度与注汽强度、原油黏度、油层厚度等因素有关，且与原油黏度关系最为密切。原油黏度低，初期周期产油量和平均单井日产油量高，但递减速度快。

（2）随蒸汽吞吐轮次的增加，周期内单井日产油量随时间递减具有变缓的趋势。

（3）周期油汽比随生产周期数（生产时间）的增加基本呈直线下降，第 2～4 周期反映更为明显。

（4）蒸汽吞吐周期油汽比值大小与原油黏度关系明显，且随原油黏度的增加而逐渐减小，且当注入蒸汽体积小于 10%孔隙体积时更为显著，注入蒸汽体积大于 10%倍时，由于存水率剧增，热损失和渗流阻力增大，蒸汽吞吐整体效果降低，原油黏度对油汽比的影响也就相应地变得不明显了。

从新疆不同类型稠油油藏吞吐生产特征来看，周期产量和油汽比逐轮降低（图 3-29）。砂岩普通稠油和特稠油因储层物性好、产能较高、油汽比高，产油量递减小；砂砾岩普通稠油和特稠油因储层物性差、产能低，油汽比低，递减大；超稠油的趋势有所差异，产量低，递减慢，油汽比低，且第 2、3 周期的产量和油汽比高于第 1 周期，从第 4 周期开始递减。这是由于稠油油藏原油黏度较大，初期产量较低，但随着蒸汽吞吐作用效果，原油黏度降低，初期产量达到峰值产量，而后随着生产时间增长，地层压力和油层温度下降，呈现蒸汽吞吐周期产量的递减规律。

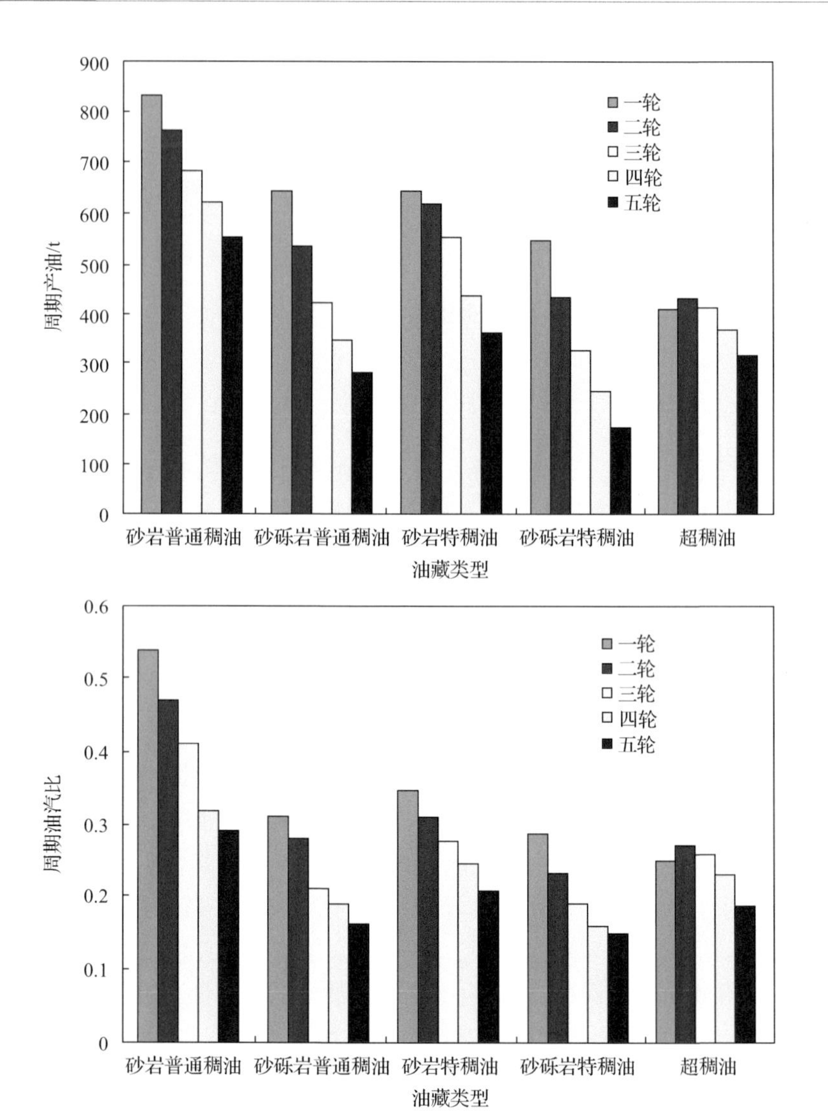

图 3-29　不同类型油藏前 5 个周期产油量及油汽比构成图

2）含水与采注比逐轮上升

稠油与稀油的开采方式不同，因此油井含水变化规律也不一样，稠油注蒸汽开采油井的含水大多呈现为初期含水高，自喷期转入抽油后含水下降快，而后下降变缓，直至趋于稳定。蒸汽吞吐含水率一般随吞吐周期的增加而增加（图 3-30），含水率则明显受原油黏度及油藏条件的影响，周期含水率一般随黏度的增加而增大。

不同类型油藏含水与采注比逐轮上升，原油黏度、储层物性对采注比的影响较为明显，黏度高、物性差的油藏初期含水高、采注比较低，砂岩普通稠油采注比很高，吞吐第一周期就达到 1 以上，地层能量消耗快，而砂砾岩油藏和原油黏度较高的特、超稠油油藏初期采注比较低，一般在 0.8 左右，原油黏度越高，采注比越低，造成地层存水较多，影响后期生产效果。

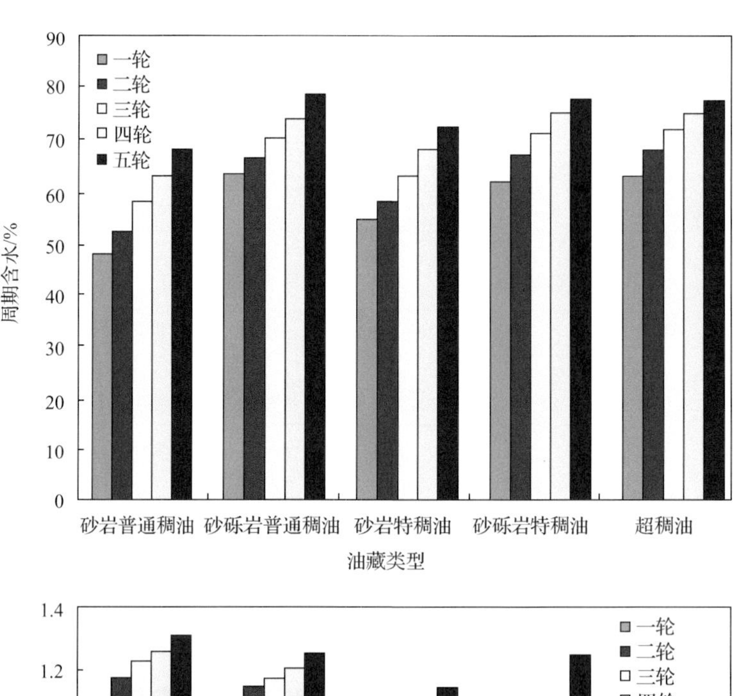

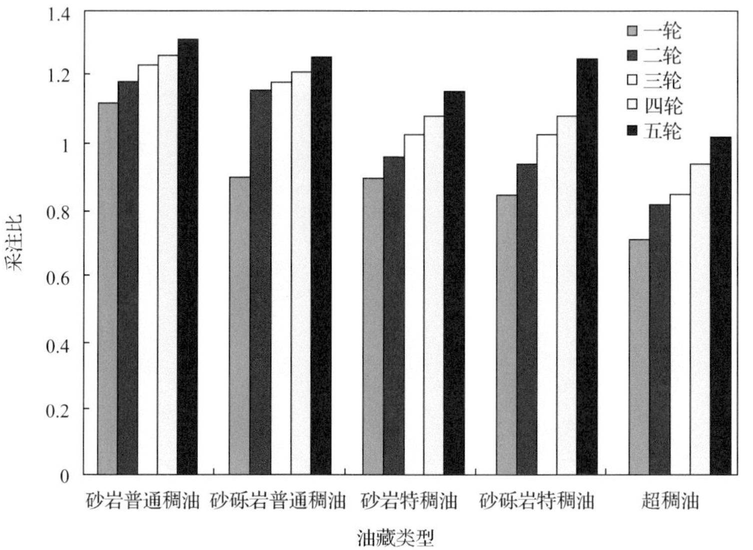

图 3-30　不同类型油藏前 5 个周期含水及采注比构成图

3）吞吐日产油呈指数递减

稠油开采在蒸汽吞吐阶段主要依靠注入蒸汽降黏和降压弹性驱动，因此油井生产基本上没有稳产期，投产初期达到峰值产量，后随生产时间的延长，地层压力和油层温度下降，地层原油黏度增大，产量下降。日产油量与时间呈指数递减关系，表达式可写为 $\lg \overline{Q}_o = A + Bt$，其递减速度大小与注汽强度、原油黏度、油层厚度等因素有关。

不同类型油藏吞吐平均日产油呈指数递减关系，其中砂岩普通稠油递减最小，砂砾岩特稠油递减最大（图 3-31）。

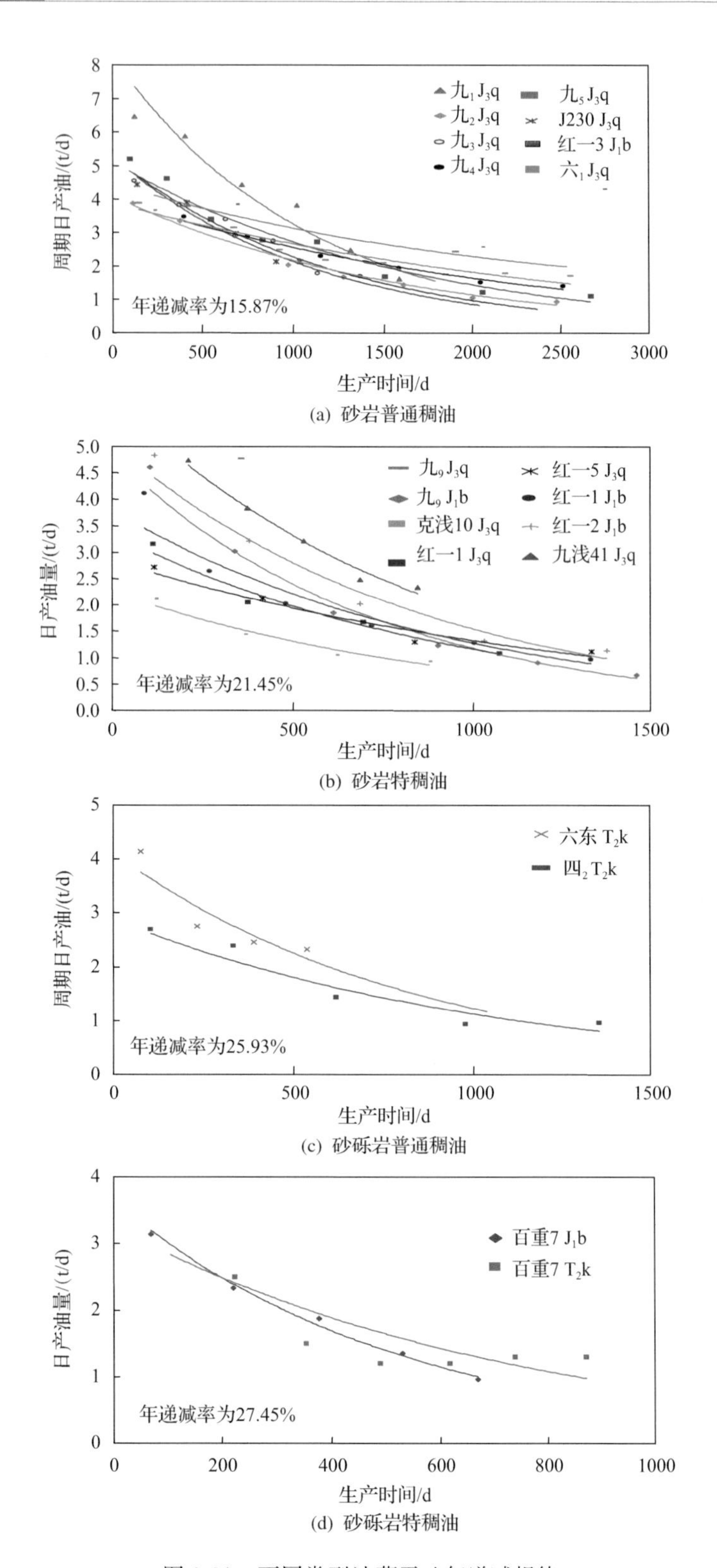

图 3-31 不同类型油藏吞吐年递减规律

4）汽窜干扰较为严重

注蒸汽造成汽窜井多表现为产液增加，含水量上升，出液温度上升，最后产出蒸汽。蒸汽干扰的特征是产液量上升，部分井产油量也有所增加，但有一些井产油量不增加，含水上升。注汽井停注后，油井恢复正常生产，含水率也随之下降。

受汽窜干扰的油井周期产油量虽高于注汽吞吐的油井，但由于注蒸汽吞吐井损失了一部分蒸汽和波及体积，产油量相应地有所降低，二者周期产油量的平均值要低于全区平均单井周期产油量，第3周期后则表现得更加明显。因此就蒸汽吞吐而言，注汽强度不宜过大，由于蒸汽吞吐造成的汽窜对以后汽驱的生产效果影响更加严重，在浅层稠油注蒸汽开采中防止汽窜是极其重要的。新疆油田多数区块吞吐阶段注汽压力较高，普遍超过了地层破裂压力(表3-8)，汽窜干扰较为严重，对生产效果造成较大的影响。

表3-8　新疆油田主体区块吞吐注汽压力统计表

区块	层位	埋深/m	储层岩性	原油黏度/(mPa·s)	地层压力/MPa	地层破裂压力/MPa	注汽压力/MPa	统计井数	注汽压力/破裂压力	汽窜状况	对生产的影响
百重7井区	T_2k_2	570	砂岩	3500	6.3	10.06	11.8	41	1.2	汽窜严重	很大
克浅109	J_3q	350	砂岩	3800	3.28	6.86	7.5	15	1.09	汽窜5井次	较小
九$_6$区	J_3q	394	砂岩	506	3.95	7.73	7.5	10	0.97	无明显汽窜	较小
	J_1b	440	含砾砂岩	4900(50℃)	5.06	8.63	8.5	21	0.98	汽窜4井次	较小
	J_3q_3	315	砂岩	23610	3.32	6.18	7.3	6	1.18	汽窜5井次	有一定影响
九$_8$区	$J_3q_2^{2-1}$	145	砂岩	4500(50℃)	1.52	2.84	4.5	18	1.58	汽窜发生12井次，且地面冒汽	很大
	$J_3q_2^{2-2}$	155	砂岩	8600(50℃)	1.56	3.04	4.8	8	1.58	汽窜发生12井次，且地面冒汽	很大
重32	$J_3q_2^{2-3}$	167	砂岩	13320(50℃)	1.63	3.28	6.2	6	1.89	汽窜12井次，且地面冒汽	很大
	J_3q_3	255	砂岩	11444(50℃)	2.4	4.5	5.3～6.8	25	1.33	汽窜5井次	有影响

2. 直井汽驱生产特征

在油层注采连通状况较好的情况下，汽驱见效时间的早晚主要与蒸汽吞吐期间形成加热半径的大小、注采井距、地层原油黏度、渗透率及注汽速度等因素有关。所谓汽驱见效，是指注汽井的注汽使生产井的生产动态发生明显的转机。

对于水驱油田，注水见效的生产特征大致可归纳为“三升一降”，即地层压力上升，产液量上升，产油量上升及气油比下降；汽驱见效的生产特征则表现为“四升一降”，即压力上升(动液面上升)，产液量上升，产油量上升，温度上升(井口温度明显高于井底温度)，产出水氯离子含量下降。

新疆油田汽驱井距多数为70m，井网一般为反九点。油藏类型主要为砂岩普通稠油、特稠油，还有少量的砂砾岩普通稠油、特稠油。汽驱生产特征表现如下。

1) 砂岩普通稠油、特稠油油藏汽驱取得明显效果

主要表现为井组产量上升、油汽比提高，含水下降。九$_1$—九$_5$ 区齐古组初期的 100m×140m 井距偏大，见效井少，排液量小，采注比低；采用 70m×100m 井距后，采注比达到 1.2～1.5，单井年产量由 550t 上升到 750t，含水由 88%下降到 83%，油汽比提高到 0.25，采油速度提高到 2%左右(图 3-32)。对汽驱而言，除油藏满足条件外，合理井距(70m×100m)是取得较好效果的一个重要条件。

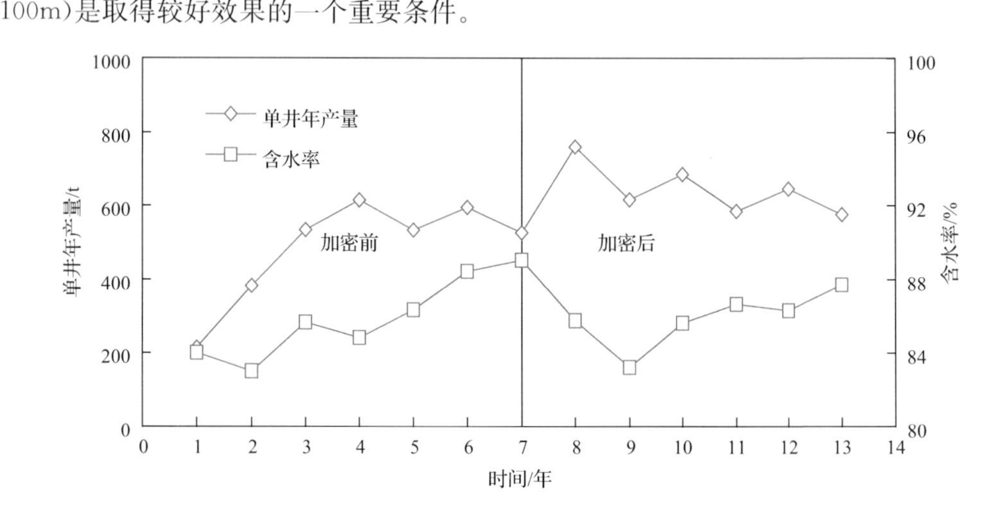

图 3-32 九$_1$—九$_5$ 区加密前后蒸汽驱开发对比曲线

从油品来看，黏度较高的九$_6$ 区、克浅 10 井区(特稠油)汽驱也取得良好的效果(表 3-9)，现阶段汽驱采出程度分别提高 30.9%和 14.8%，说明蒸汽驱可以突破以往认为的(20℃) $\mu_0 \leqslant 10000$mPa·s (普通稠油)的界限，在渗透率和有效厚度较好的条件下，汽驱黏度下限可以放宽。

表 3-9 砂岩典型区块汽驱效果表

区块	层位	井距/m	油层厚度/m	黏度(20℃)/(mPa·s)	渗透率/mD	采出程度/%	油汽比	含水率/%	采注比	油品
九$_1$—九$_5$	J_3q	70×100	15	5000	1780	19.1	0.17	83	1.4	普通稠油
九$_6$	J_3q	70×100	13.6	28100	2761	30.9	0.13	87	1.21	特稠油
克浅 10	J_3q	70×100	9.2	19200	1420	14.8	0.12	90	1.3	

2）砂砾岩稠油油藏汽驱效果不理想

主要表现为产量低，含水高，油汽比低，见效井少，汽窜严重。红-3区、六东区和百重7井区砂砾岩稠油汽驱开发效果均不好，主要原因是砂砾岩油藏储层物性相对较差，纵向上非均质性严重、横向连通性差，且存在部分高渗透段，造成蒸汽沿高渗透层突破，汽驱动用程度低，采收率提高的幅度有限(表3-10)。

表3-10　砂砾岩典型区块汽驱效果表

区块	层位	井距/m	油层厚度/m	黏度(20℃)/(mPa·s)	渗透率/mD	汽驱采出程度/%	油汽比	含水/%	采注比	油品
红一3区	J_1b	100×140	11.4	4962	784	7.2	0.14	88	1.12	普通稠油
六东区	T_2k_1	100×140	13.1	4894	670	7.3	0.09	89	0.84	
百重7井区	T_2k_2	80×113	10.8	21000	669	1.6	0.06	92	0.77	特稠油

3）汽驱中后期生产效果逐渐变差，改善难度大

汽驱中后期汽窜、水淹、水窜较严重，造成含水较高，汽驱不见效井占20%左右，仍占有一定比例。

平面上，油藏温度较汽驱前上升，但压力上升缓慢(表3-11)，且呈区域性分布。在见效井、水淹、水窜井附近，温度、压力较高(温度一般为70～120℃，压力为1.2～1.8MPa)，低产井附近温度、压力较低(温度一般为25～35℃，压力为0.16～0.21MPa)。纵向上，油层动用程度不均匀，油层中、上部动用程度高，下部动用程度低，由96143井吸汽剖面与96126井产液剖面可知，蒸汽驱过程蒸汽超覆现象严重(图3-33、图3-34)。

表3-11　九$_6$区汽驱压力、温度变化表

分项	转驱后								目前
	半年	一年	二年	三年	四年	五年	六年	七年	
温度/℃	52	58	63	71.6	78.1	79.2	83.4	82.2	82.0
压力/MPa	0.34	0.34	0.32	0.34	0.33	0.39	0.45	0.49	0.41

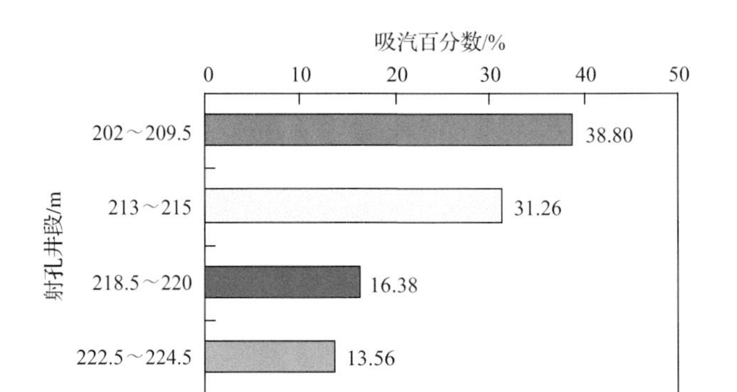

图3-33　96143井吸汽剖面

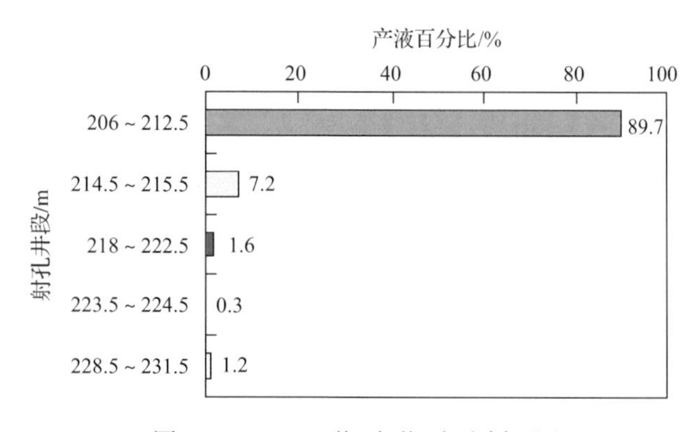

图 3-34　96126 井（老井）产液剖面图

3. 水平井吞吐生产特征

水平井蒸汽吞吐具有周期生产时间长、产油量高、油汽比高等特征。由于水平井增加了井筒与油藏之间的接触面积，能够增大注汽能力与生产能力，因此与直井相比，水平井的产油量通常是直井的几倍，且油汽比也高得多。稠油油藏由于油层吸汽能力差、流动能力小，利用水平井注蒸汽开采不仅可以提高油层的吸汽能力，而且可以加速井筒到油藏之间的热传递，提高波及系数、增加原油的生产能力。

水平井吞吐主要有如下开采特征。

（1）水平井吸汽能力强，注汽速度高。水平井具有注汽速度高、注汽压差小，吸汽指数大的特点。在注入井口压力大致相同时，水平井注汽速度是直井的 2～2.5 倍，水平井注汽压差为直井的 0.4～0.8，吸汽指数是直井的 3～5 倍，由于水平井段长，与油层接触面积大，且处于油层的有利部位，因而可以改善吸汽条件，提高注汽速度，减少地面和井筒热损失率。

（2）水平井产液（油）能力强，采液（油）指数高。水平井与油层接触面积大，供液能力强，注入热量可充分加热沿水平井段周围的油层，故热利用率高，渗流能力得到改善。因此水平井采液指数很高。

（3）水平井生产井口产液温度高，高温采油期长，周期油汽比高。

（4）水平井吞吐生产排水期短，稳定含水率较高，回采水率高。

水平井正常吞吐采油阶段排水期比直井短，一般 10d 左右含水率即降到 30%的稳定值，而直井生产 20～30d 才降到稳定值。水平井稳定含水值比直井高，这与单位水平井段注汽强度小，注入蒸汽和凝析热水推进不远有关。水平井周期回采水率比直井高。另外不同油品水平井吞吐生产特征也有所不同。

1）不同油品水平井周期产油、油汽比及采注比差异较大

油藏类型不同，水平井吞吐生产特征也有所不同。砂岩普通稠油水平井吞吐初期可获得较高的产油量和油汽比，是特稠油水平井的 2 倍以上；砂岩超稠油水平井的周期产量较低，第 2、3 周期产油和油汽比高于第 1 周期（图 3-35、图 3-36）。普通稠油水平井采注比高，采油速度高，但造成能量消耗快，产量递减快；超稠油水平井采注比低，地层存水高，影响下轮效果（图 3-37）。

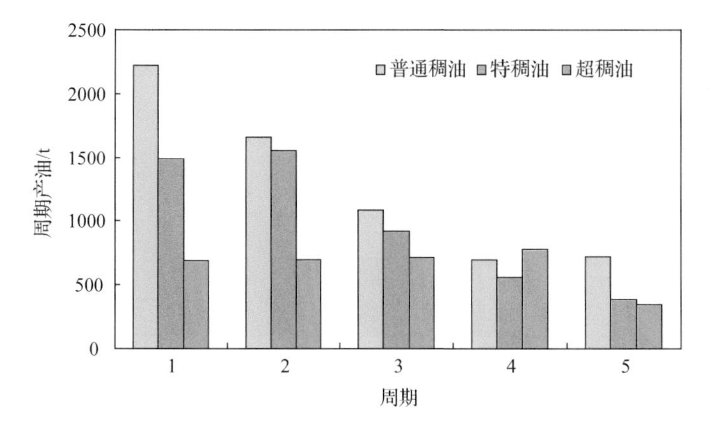

图 3-35　不同油品水平井周期产油量对比图

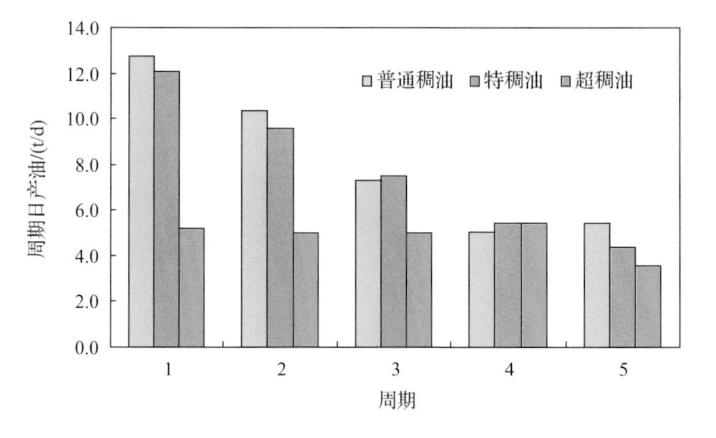

图 3-36　不同油品水平井周期日产油对比图

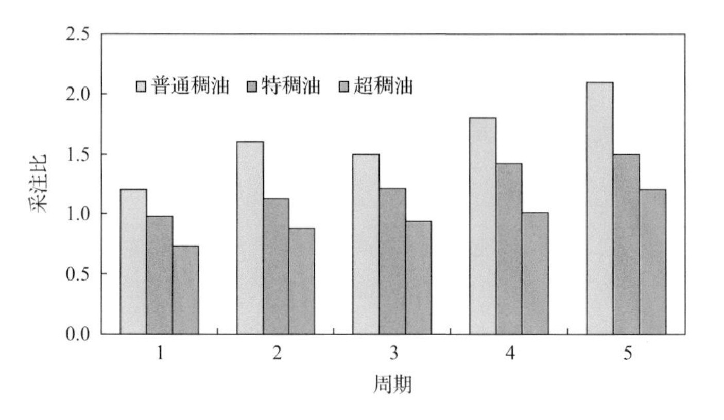

图 3-37　不同油品水平井采注比对比图

2）不同油品水平井周期日产油均符合指数递减

周期日产油量随蒸汽吞吐轮次的增加而逐渐下降，与生产时间呈指数递减关系，其递减速度与注汽强度、原油黏度、油层厚度等因素有关，且与原油黏度关系最为密切。原油黏度低，初期周期产油量和平均单井日产油量高，但递减速度快。随着蒸汽吞吐轮次的增加，周期内单井日产油量随时间递减具有变缓的趋势。普通稠油和特稠油水平井初期日产油高，但递减较快；超稠油水平井初期产量较低，递减较慢(图 3-38～图 3-40)。

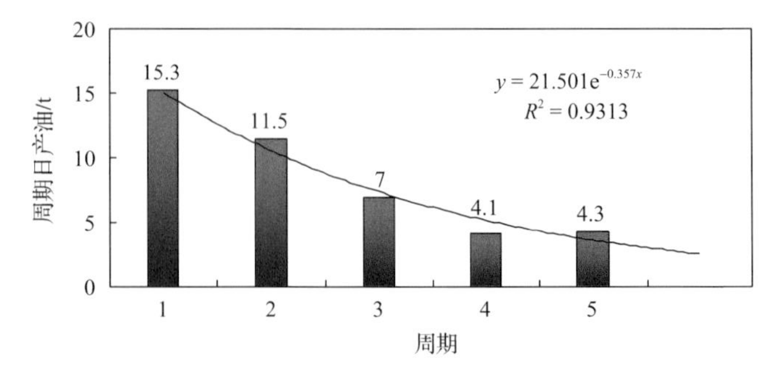

图 3-38　普通稠油水平井吞吐日产油递减曲线

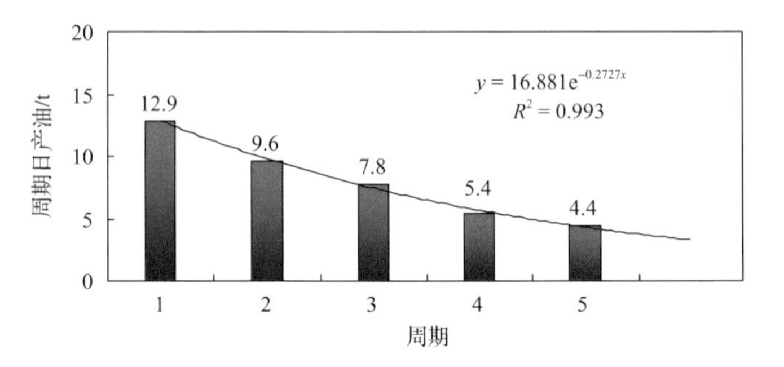

图 3-39　特稠油水平井吞吐日产油递减曲线

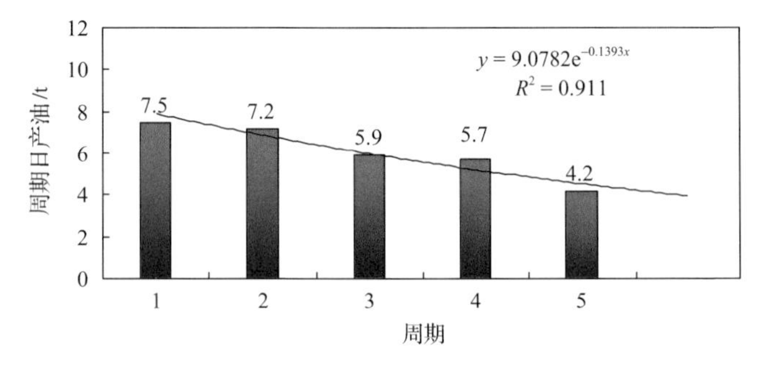

图 3-40　超稠油水平井吞吐日产油递减曲线

新疆稠油油藏注蒸汽开发方式研究 第4章

蒸汽吞吐和蒸汽驱开采方法是新疆稠油开发的重要方式，由于稠油油藏的复杂性和热采方式经济风险性，稠油油藏工程设计、采油工程设计、地面工程设计、由先导试验到商业性规模开发都与常规油藏注水开发的传统模式有较大区别，所以需要建立适合稠油注蒸汽开采的合理开发程序及开发方式。本章总结了近年来新疆稠油油藏的开发设计程序和规范，提出不同类型浅层稠油油藏开发技术界限，为稠油经济有效开发提供相关技术支持。

4.1 稠油热采开发设计

1. 地质研究

新疆稠油油藏类型很多，地质条件复杂，陆相沉积的油层非均质性严重。蒸汽吞吐风险性较小，进行蒸汽驱开发效果差异很大，因此精细的地质研究对热采技术尤其是蒸汽驱技术的成功实施意义重大。新区发现稠油后，通过地质研究主要弄清以下问题。

(1) 油藏构造形态、断层展布、油层空间分布特征。

(2) 储层物性，如孔隙度、渗透率、饱和度参数及非均质性；岩性、胶结状况、粒度分析、黏土含量(特别是水敏性矿物成分含量)等。

(3) 油层盖层、底层，油层厚度，层内隔夹层分布及所起的隔挡作用。

(4) 原油的密度、黏度关系、流变特征和组成。

(5) 油水关系、水体大小、能量。

(6) 油藏富集区块。

(7) 地质储量。

2. 筛选评价

不同类型油藏在开发方案设计之前需按其特点筛选出适宜的开发方式，而后再进行热采可行性研究及先导试验，在取得必要的试验资料后再进行正式的热采开发方案设计，以提高其开发效果及经济效益。在上述油藏地质研究的基础上，筛选评价重点工作如下。

(1) 按照蒸汽吞吐(或蒸汽驱)的油藏筛选标准，对照油藏地质参数，初步评价该油藏能否进行有效的注蒸汽开发。重点对油藏埋深、油层厚度(净毛比)、原油黏度、孔隙度与含油饱和度，以及油层渗透率参数进行对照比较，是否适合目前的热采技术经济界限。对油藏有边底水的油藏需要给以足够重视。

（2）选取有代表性的探井或新钻的取心资料井，进行单井蒸汽吞吐试油试验，评价储层条件和产能。

（3）扩大油藏筛选评价范围和蒸汽吞吐试验规模。在补打评价井后按热采筛选标准选择优先开发区，进行油藏评价，扩大单井吞吐试油试采范围。

3. 先导性试验设计

通过筛选评价获得油藏认识结果后，要对典型油藏进行热采可行性研究。确定采用何种模式（蒸汽吞吐、蒸汽吞吐＋蒸汽驱、水平井热采及其他模式），并预测其热采开发的技术经济效果，选择合适区块开辟先导试验区。先导试验（pilot project）是油田正式全面投入开发之前进行的试验性方案，因为稠油热采较常规开发方式复杂，有一定的风险，任何较大型的稠油油田在正式投入开发前都要进行先导试验。在取得先导试验结果并与模拟计算结果对比分析得到结论性优化设计依据后，再进行正式的开发方案设计。先导性试验区应选在工业开发方案的典型地区，其试验结果能直接指导工业性开发，同时因为先导试验区具有一定的规模，能够试验合理的井网形式及井距。先导试验区和工业开发区的主要部分的油藏特征、原油性质及注入参数等要素应基本一致，以便用试验结果预测工业开发区的动态。

为了确保试验取得较好的经济效益并达到先进的技术水平，先导试验区方案应利用热采数值模拟和物理模拟技术，以注蒸汽开采阶段为重点，进行下列内容的研究。

（1）确定有代表性的油藏地质模型及各种油藏地质参数，作为模拟研究的依据。

（2）实际测定一些油藏关键参数，以便研究热采过程中油层物理变化。主要参数有：不同温度下黏度、高温油汽水三相渗透率曲线、不同温度水驱的驱油效率、不同温度蒸汽驱驱油效率、热水驱下储层水敏性。

（3）蒸汽吞吐注汽工艺参数优选包括 4 个方面：利用单井蒸汽吞吐资料进行历史拟合；不同蒸汽干度条件下的蒸汽吞吐效果；不同注入压力、注入速度下的蒸汽吞吐效果；不同周期注汽量或注汽强度对吞吐效果的影响。

（4）不同井网、井距条件下蒸汽吞吐效果预测。

（5）油层射开井段对蒸汽吞吐效果的影响，尤其是有底水的油藏要确定避射厚度。

（6）在实际可行及最佳注汽工艺参数下的多周期吞吐采油动态预测（各周期产油量、产水量、油汽比、日产油量、水量、回采水率、存水率，采出程度等）。

（7）不同井网、井距条件下蒸汽驱效果预测。

（8）油层射开井段对蒸汽驱效果影响。

（9）蒸汽吞吐转入蒸汽驱开采最佳时机的选择。

（10）蒸汽驱注汽工艺参数优选（蒸汽干度、注汽速度、注汽压力、采注比）。

（11）生产井井底流压或举液能力对开发效果影响。

（12）蒸汽吞吐及蒸汽驱开采过程中，计算各种井筒隔热方案条件下的传热参数，如采用隔热油管及耐热封隔器等工艺条件。模拟计算相关传热参数，包括井筒热损失、套管最高温度、井底蒸汽干度及压力等。

（13）油藏注采动态监测系统及地面注采计量系统设计要求。

(14) 采油工艺方案：设计原则和依据、储层保护、钻井完井要求、采油方式、注入工艺和参数优化设计、增产增注技术和其他配套技术。地面注汽、生产、油水处理系统工程方案。

(15) 钻井工程方案编制要充分了解油藏特征和试验对钻井工程的要求，设计基本内容包括：钻井基本情况分析、地层压力预测、井身结构要求、井控设计、钻井工艺要求、HSE(health safety environment)要求等。

(16) 地面工程方案的设计必须以经济效益为中心、以油藏工程方案为依据，应用先进、适用的配套技术，按照“高效、低耗、安全、环保”的原则对试验项目的地面工程方案进行综合优化。

(17) 整个试验区注蒸汽热采的基建投资、产量及经济指标分析。

先导试验实施过程中，根据矿场生产和监测资料，开展相应动态分析研究评价开发效果。生产过程中及时调控注采动态，试验各种改善汽驱后期效果的方法和新技术，以求最大限度地改善汽驱效果。

4. 工业化开发方案设计

对先导试验区进行系统评价和经济分析，先导试验区取得成功后，在已有的足够多的试验资料的基础上编制整个油藏的正式开发方案，逐步扩大开发区，进行大规模工业化开发。

设计内容主要包括：油藏地质研究（区块地质、油藏地质特征、流体性质、储量评价），油藏工程研究（建立地质模型、开采方式研究、总体部署、蒸汽吞吐动态预测、蒸汽驱动态预测及综合研究），工艺设计，开发指标及经济指标计算，开发方案优选等。开发方案设计内容及流程如图 4-1 所示。

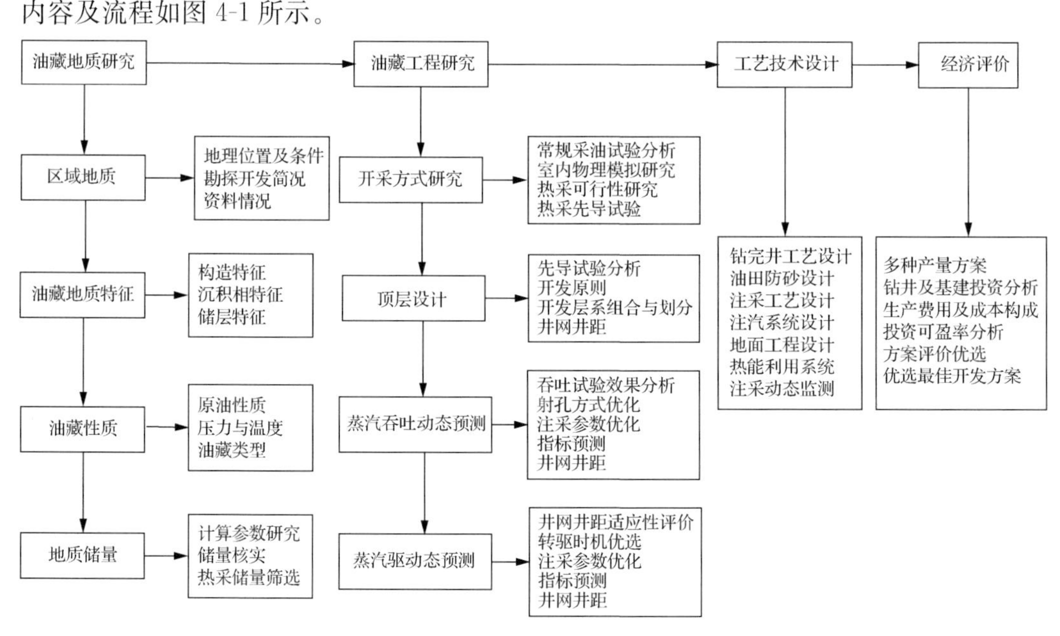

图 4-1　开发方案设计内容及流程

4.2 热采油藏常用油藏工程方法

4.2.1 热采油藏工程公式

1. 加热半径

对于不同类型的稠油油藏，如何提高采收率是井网调整的设计问题。热采井网调整最主要的任务是确定加热半径，如果不能准确地计算出加热半径，热采井网设计就无法进行。由于以蒸汽吞吐为主要开发方式的油藏是单井注、单井采，因此井网形式对开采效果的影响较小；井距的选择应主要根据注蒸汽的加热半径来确定。根据前人的研究结果，给出了不同油藏条件下计算加热半径的几种方法。

1）Marx-Langenheim 模型

Marx-Langenheim 模型以热量平衡及传导方程为依据，假设条件如下：①在均质油层中形成一维径向流；②物理性质和流体饱和度不变；③在油砂层内垂向渗透率等于零；④在油砂层和围岩中水平方向的渗透率等于零；⑤油层中温度分布为台阶式，即蒸汽带温度（T_s），其他地区温度为原始油层温度；⑥注入温度和流量不变。

对纵向热损失进行研究，利用拉普拉斯变换等求解方法求得加热面积的计算公式，其公式为

$$A = \frac{Q_i h\lambda}{4K_{ob}(T_s - T_r)}\left[e^{X^2}\operatorname{erfc}(X) + \frac{2X}{\sqrt{\pi}} - 1\right] \tag{4-1}$$

在此基础上推导出第 n 轮加热半径计算通式：

$$R_n = \sqrt{\frac{Q_i h\lambda}{4\pi K_{ob}\Delta T}\left[e^{t_D/\lambda^2}\operatorname{erfc}(\sqrt{t_D/\lambda}) + \frac{2}{\sqrt{\pi}}(\sqrt{t_D/\lambda}) - 1\right]\left(1 + \frac{Q_r}{tQ_i}\right)} \tag{4-2}$$

$$Q_r = A_{n-1} hM(T_{avg} - T_r) \tag{4-3}$$

式(4-1)～式(4-3)中，Q_i 为注热速率，kJ/h；h 为油层厚度，m；$\lambda = \frac{M_R}{M_{ob}}$，即油层与毗邻岩层体积热容量的比值，无量纲；$K_{ob}$ 为顶层导热系数，kJ/(m·h·℃)；ΔT 为注汽温度与原始油层温度之差，℃；$X = \frac{\sqrt{t_D}}{\lambda}$，其中，$t_D = \frac{4Dt}{h^2}$，无因次时间，其中 t 的单位为 h，$D = \frac{K}{M_{ob}}$ 为毗邻岩层的热扩散系数，m^2/h；$\operatorname{erfc}(\sqrt{t_D/\lambda})$ 为余误差函数；Q_r 为上一轮次余热，kJ；A_{n-1} 为第 $n-1$ 轮的加热面积，m^2；T_{avg} 为上一轮次加热区平均温度，℃；T_s 为注汽温度，℃；T_r 为原始地层温度，℃；M 为油层热容量，kJ/(m^3·℃)。

加热油层的面积是内表面的面积，而散失热量的面积是外表面积，即 Marx-Langenheim 理论中所指的加热带面积。假设在注汽过程中加热带内的油层温度为蒸汽的饱和温度，在加热带以外温度陡降为初始油层温度，则式(4-1)和式(4-2)为利用 Marx-Langenheim 方法计算的加热带半径。

油藏在第 1 轮的蒸汽吞吐后温度升高，开采一段时间以后采出液带走部分热量，使地层温度分布发生较大的变化，在多轮次蒸汽吞吐过程中，对于热量的计算可采用一种根据能量守恒利用余热来体现油层温度升高的近似处理方法，即在得到上一轮次的加热半径后，采用式(4-3)计算出余热，再将上一轮次的剩余热量按照下一轮次的注汽时间平均分配到下一轮次的注入热量中。

为了便于计算，上一周期的初始油藏温度采用原始油藏温度。在第 1 轮计算加热半径时，式(4-2)中的 $Q_r = 0$。

计算蒸汽前缘半径 R_s时：

$$Q_i = 1000q(X_i L) \tag{4-4}$$

计算热水带前缘半径 R_w时：

$$Q_i = 1000q[X_i(H_s - C_w T_i) + (1 - X_i)C_w(T_s - T_i)] \tag{4-5}$$

式(4-4)和式(4-5)中，q 为蒸汽注入速率，m^3(水)/h；X_i 为蒸汽干度(无量纲)；L 为水的汽化潜热，kJ/h；H_s 为温度为 T_s 时蒸汽的比焓，kJ/h；C_w 为水的比热，4.1868kJ/(kg·℃)。

如果把该面积当作蒸汽吞吐开采的单井控制面积，则结果有些偏小，主要原因是平面非均质性，加热面积的形状往往是不规则且较为复杂的。

$$r_h = \sqrt{\frac{A}{\pi E}} \times 100 \tag{4-6}$$

式中，r_h 为最大加热半径，m；A 为蒸汽吞吐加热面积，ha；E 为波及系数(无量纲)。

2) Willman 模型

通过对 Willman 模型的研究并进行数学简化，得到圆形地层第 n 轮加热半径公式：

$$R_n = \sqrt{Q_i\left\{\frac{h}{4\pi K_{ob} T}\left[\sqrt{t_D/\pi} - \frac{\lambda}{2}\ln\left(1 + \frac{2}{\lambda}\sqrt{t_D/\pi}\right)\right]\right\}\left(1 + \frac{Q_i}{tQ_i}\right)}, \qquad n = 2,3,\cdots,n \tag{4-7}$$

3) 加热半径计算新方法

假设油藏顶底层绝热，上一轮次余热的热平衡方程为

$$\pi R^2 hM(T_s - T_r) = Q_i t(X_s L_v + H_{wr})\left(1 + \frac{Q_r}{Q_i t X_s L_v}\right) \tag{4-8}$$

$$Q_r = A_{n-1} hM(T_{avg} - T_r) \tag{4-9}$$

第 n 轮加热半径为

$$R_n = \sqrt{\frac{Q_i(X_s L_v + H_{wr})t}{\pi hM(T_s - T_r)}}\sqrt{1 + \frac{Q_r}{Q_i t X_s L_v}} \tag{4-10}$$

式中，R_n 为第 n 轮加热半径，m；T_s 为蒸汽温度，℃；t 为蒸汽注入时间，h；X_s 为井底蒸汽

干度；L_v 为蒸汽的汽化潜热，kJ/kg；H_{wr} 为在温度 T_r 下热水的焓，kJ/kg。

2. 合理井网与井距

井网是油田开发的一个重要问题，井网密度及其完善程度直接影响油田的开发效果、经济效益和最终的采收率。因而科学、准确地确定一个油田（或区块）在各个开发阶段的合理井网密度是极其重要的。

井网形状与井距直接影响蒸汽驱注采动态及开发效果。通常采用的井网形状有五点法、反七点法、反九点法及行列法。表示井网密度或井距的参数主要有注采井距（m）、单井面积和井组面积等。

确定合理的井网与井距的主要原则如下。

（1）充分考虑油藏的非均质性及油层连通程度，尽可能地使注汽井注入的蒸汽或热水向多井点较均匀地推进，提高面积扫油系数及有效热利用率。

（2）注采井数比例要满足汽驱开采过程中采注液量比大于 1.0 的要求，以便形成真正的蒸汽驱开采。

（3）要考虑油层地应力状态及微裂缝系统分布规律，确定井网形状及井距时要防止沿裂缝窜流过早出现。

（4）要尽可能地为蒸汽突破后或发生不规则窜流后留有调整井网及井距的余地。

（5）钻井费用占总投资的比例很大，虽然井距变小后开发效果较好，但总投资将增大。因此浅层油藏的井网密度可以增大，深层油藏的井网密度将受到限制。

（6）尽管油藏存在非均质性，但井网仍要规则，各井点不可偏离太多。

井网与井距的确定主要有如下 3 个方法。

1）驱替特征法

根据有关研究，在油藏采收率（η）与井网钻遇砂体后的连通概率之间建立经验公式，利用连通率结合经济评价即可确定最优的合理井网井距，其关系式为

$$\partial(N\eta C_o - M)/\partial d = 0 \tag{4-11}$$

式中，$M = F/f(d)$，其中，d 为井距（九点井网为注汽井与边井距离），m，F 为油田总开发面积，m^2，$f(d)$ 为单井控制面积，m^2/井；C_o 为油价，元/t；N 为油田地质储量，t；$\eta = \eta_o\lambda$，其中，η_o 为单油层驱替最终采收率，%，λ 为 $1 - 0.5\varepsilon e^{-m} \times 10^5 d^2/\psi$，$\varepsilon$ 为注采井数比，无因次，m 为与砂体大小有关的常数（五点井网为 1，反九点为 3），ψ 为面积校正系数（五点井网为 1，反九点为 1）。

2）产量特征法

据统计，油田进入全面开发后其可采储量的剩余程度（$1 - N_P/N_{RE}$）与 nt（生产井数与生产月乘积）在半对数坐标上呈较好的直线关系，其公式简化后，通过投入产出关系可求出经济合理的井数，进而求得合理井距，即

$$N = \{\ln[b/(C_o N_{RE} a b_1 t)]\}/(-b_1 t) \tag{4-12}$$

式中，N 为经济合理井数，口；N_{RE} 为可采储量，10^4 t；t 为生产时间，月；b_1 为特征曲线斜

率；a 为特征曲线截距；b 为平均单井总投资（包括钻井费、油建费和操作费），10^4元/口。

3）蒸汽驱优化设计法

根据岳清山等(1998)研究提出的“蒸汽驱最优方案设计新方法”，蒸汽驱最优井网井距可通过下式来设计：

$$d = 100\left[nq_1/(Q_o h_o F R_{Pi})\right]^{1/2} \tag{4-13}$$

式中，n 为井网采注井数比；d 为合理井网井距，m；q_1 为单井排液能力，m^3/d；Q_o 为井组内单位油藏体积的注汽速度，$m^3/(ha \cdot m \cdot d)$（冷水当量），浅层油藏取值范围为 1.6～1.8；h_o为油层厚度，m；F 为井组面积系数，五点法为 1，反七点为 2.6，反九点为 4；R_{Pi}为采注比。

3. 采收率

具体油藏注蒸汽开发的采收率采用矿场统计方法和经验方法，如注采特征曲线法、油汽比递减曲线法、柯佩托夫递减曲线法和产量递减曲线法，以及我国热采矿场经验甲、乙计算公式来计算，其中主要采用的方法是注采特征曲线法和油汽比递减曲线法。具体方法如下。

1）注采特征曲线法（适用于蒸汽吞吐及蒸汽驱）

在一定条件下，注蒸汽开发的稠油油藏在蒸汽吞吐阶段或蒸汽驱阶段，其累计产油量与累计注汽量在半对数坐标系中具有如下线性关系：

$$\lg N_s = a + bN_p \tag{4-14}$$

蒸汽吞吐极限油汽比取 0.25：

$$E_R = \frac{1}{Qb}\left[\lg\left(\frac{1.7372}{b}\right) - a\right] \tag{4-15}$$

蒸汽驱极限油汽比取 0.15：

$$E_R = \frac{1}{Qb}\left[\lg\left(\frac{2.8953}{b}\right) - a\right] \tag{4-16}$$

式(4-14)～式(4-16)中，N_p 为累计采油量，10^3 t；N_s为累计注汽量，10^3 t；Q 为地质储量，10^3 t；a 为直线在累计注汽量 N_s轴上的截距，10^3 t；b 为直线斜率；E_R为采收率，%。

只有油藏全面投入某种开发方式且没有重大调整，累计注汽量和累计产油量曲线出现较长的直线段时才能应用该方法；此法预测的最终产油量和采收率是目前操作条件下油藏可能取得的实际值。

2）油汽比递减曲线法（适用于蒸汽吞吐）

在一定条件下，一个区块蒸汽吞吐的瞬时油汽比与采出程度在半对数坐标系中具有如下线性关系：

$$\lg E_R = a + bR_{os} \tag{4-17}$$

式中，a 为直线在 E_R 轴上的截距；b 为直线斜率；R_{os} 为瞬时油汽比（无量纲）。

取蒸汽吞吐极限油汽比 0.25，则吞吐开采的采收率 E_R 为

$$E_R = 10^{a+0.25b} \tag{4-18}$$

只有当开发区块的井数较多，每月的注入和产出数据较平衡的油藏才可应用该方法。

3）递增率法（适用于蒸汽吞吐蒸汽驱）

原理：经验表明，注蒸汽开发中的累计产量与开发时间之间在一定条件下符合一般增长信息函数关系，经推导可得如下关系：

$$\lg N_p = \lg N_R - bQ_t/N_p \tag{4-19}$$

式中，N_p 为累计采油量，10^3t；Q_t 为年产量或月产量，10^3t/a 或 10^3t/月；N_R 为可采储量，10^3t；b 为直线的斜率。

在半对数坐标纸上 N_p-Q_t/N_p 关系曲线上，N_p 轴上的截距即为 N_R。

递增率法为开发中后期用来计算可采储量的方法，在应用中应考察生产状况是否正常、有无增产措施，另外用该方法计算的可采储量只代表现有操作条件下的可采储量。

4）产量递减曲线法

$$E_R = \frac{N_{po} + \dfrac{Q_o}{D}}{N} \tag{4-20}$$

式中，N_{po} 为递减前实际累积产油量，10^4t；Q_o 为递减开始的产量，10^4t；D 为油藏的瞬时递减率，%；N 为地质储量，10^4t。

5）油藏参数法（适用于蒸汽驱）

$$\begin{aligned} E_R = & 8.97 + 2.82h_0 - 0.044h_0^2 + 3.59\lg\mu_0 - 1.41\lg^2\mu_0 + 62.04S_0 \\ & + 5.56V_{DP} - 39.52V_{DP}^2 - 131.48\lg^2 h_r - 0.026D \end{aligned} \tag{4-21}$$

式中，h_0 为油层净厚度，m；μ_0 为油层温度下脱汽油黏度，mPa·s；S_{oi} 为初始含油饱和度，（无量纲）；V_{DP} 为渗透率变异系数，（无量纲）；h_r 为油层净总厚度比；D 为油藏埋深，m。

用于中高孔渗、边底水不太活跃油藏蒸汽驱的采收率预测，油藏参数适用范围：$h_0 \geqslant 7$m，$\mu_0 < 20000$mPa·s，$S_{oi} > 0.45$，$V_{DP} < 0.8$，$h_r \geqslant 0.4$，$D \geqslant 300$m。

6）刘雨芬经验公式（适用于蒸汽吞吐）

$$E_R = 21.14225 + 17.95361J - 0.003304D + 0.028219h + 0.136599\lg K - 3.067203\lg\mu_0 \tag{4-22}$$

式中，J 为油层净总厚度比（0.2～0.743）；D 为油藏中部深度（175～1675m），m；h 为开发油层总有效厚度（3.3～42.5m），m；K 为渗透率（394×10^{-3}～$5026\times10^{-3}\mu m^2$），$10^{-3}\mu m^2$；μ_0 为地层条件下脱气原油黏度（486～50000mPa·s），mPa·s。式（4-22）用于预测油藏蒸汽吞吐的采收率。

7）刘斌经验公式

用于蒸汽吞吐的采收率预测公式：

$$E_R = 0.0305 + 0.1929J + 0.1830\phi + 0.0181\lg(K/\mu_0) \tag{4-23}$$

用于蒸汽驱的采收率预测公式：

$$E_R = 0.1428 + 0.2714J + 0.1997\phi + 0.1406\lg(K/\mu_0) \tag{4-24}$$

式中，J 为油层净总厚度比，f；ϕ 油层平均孔隙度（0.25～0.35）；K 为油层平均渗透率（100×10^{-3}～$3000\times10^{-3}\mu m^2$），$10^{-3}\mu m^2$；μ_0 为地层条件下脱气原油黏度（100～50000mPa·s），mPa·s。

4. 极限产量与极限油汽比

对于稠油注蒸汽开采来说，其地面工程和井下结构都远比稀油庞大和复杂，投资规模也比较高，因此要特别注意研究注蒸汽开采中的单井经济极限日产量与极限油汽比，以保证稠油开采的经济效益。

当油汽比由大变小时，总成本中的可变成本变高，将导致总成本高于这个时期的销售收入，即总收益为零或负值，则稠油开采无经济效益，此时的油汽比称为极限油汽比。

稠油注蒸汽开发包括蒸汽吞吐和蒸汽驱，研究表明普通稠油宜采用先行蒸汽吞吐后蒸汽驱的开采方式，以下分别介绍蒸汽吞吐和蒸汽驱的计算方法。

1）吞吐阶段单井极限日产量与极限油汽比研究

在蒸汽吞吐阶段先进行高压蒸汽的注入，故蒸汽费称为沉没成本，当某一吞吐周期单井日产量的产值等于单井操作费用时就应转入下一轮吞吐转汽驱，利用盈亏平衡原理，单井经济极限产量的测算方法为

$$q_{\lim} P_r = C \tag{4-25}$$

$$q_{\lim} = C/P_r \tag{4-26}$$

式中，C 为单井日操作成本费，元；$q_{\lim}$ 为单井经济极限日产量，t；P_r 为油价，元/t。

根据单井日产量降到极限日产量时的累计产油量和初期注汽总量，可得经济极限油汽比，测算方法如下：

$$R_{\mathrm{oslim}} = Q_o/Q_s = C_s/(P_r r_s) \tag{4-27}$$

式中，R_{oslim} 为经济极限油汽比，无量纲；Q_s 为注汽量，10^4t；Q_o 为某一吞吐周期内，单井日产量降到极限日产量时的累计产油量，10^4t；C_s 为单位热采注汽成本，元/t；r_s 为某一原油黏度范围内热采注汽费占采油成本的比例，无量纲。

2）汽驱阶段极限油汽比研究

当稠油开发由吞吐转为汽驱时，其生产特征是注汽量增大，单井日产量下降，油井见效慢且汽窜现象增多，产液温度大幅度上升，单位采油成本上升较快。此阶段注汽费用上升较快且热采注汽费用占采油成本的比例增大，因此需要通过经济极限油汽比控制油区

的经济效益，其测算公式如下：

$$R_{oslim} = C_s/(r_s P_r) \tag{4-28}$$

由式(4-25)～式(4-28)可知：①原油价格一定时，单井日产油量越高，平均每吨油的操作费就越小，极限日产量也随之减小，吞吐阶段的累计油汽比增大，经济效益好；汽驱阶段的 r_s 值较小，油汽比较大，经济效益好；②显然油价越高，极限日产量越低，累计油汽比增大，效益变好；③当原油黏度增高时，单井平均日产量下降，r_s 值增加，油汽比降低，注气开发效果变差；④不同区块的不同生产阶段，原油黏度的不同和热采机理的改变都将影响油汽比和极限产量，因此应针对不同情况分别测算，保证稠油开采具有经济效益。

5. 热效率评价

从地面锅炉产生的高温高压蒸汽所携带的热焓 H 主要用于加热油层 H_o 和热损失 H_L，即存在如下热平衡关系：

$$H = H_o + H_L \tag{4-29}$$

对式(4-29)热平衡的分析可解决热采时油藏工程极为关心的问题，如热损失的组成及分布、蒸汽热效率大小等参数的计算处理，由此可为热采动态分析和调整创造必要条件。

1) 热损失计算

(1) 井筒热损失。

注汽井井筒热损失计算包括油管和油管外绝热层、套管和套管外水泥层及地层之间的传导传热；油管和套管之间环空流体的自然对流传热；油管和套管之间的辐射传热。

由 Ramey 方程可知，注汽井井筒热损失速度计算公式为

$$Q_s = \frac{2\pi r_{to} U_{to} k_e}{k_e + r_{to} U_{to} f(t)} \left[(T_s - b)L - \frac{qL^2}{2} \right] \tag{4-30}$$

$$f(t) = \ln\left(\frac{\alpha\sqrt{\alpha t}}{r_w}\right) - 0.29 \tag{4-31}$$

当 $t > 11$d 时，公式的 $f(t)$ 值很精确，注汽仅 1d 也能使用，误差仅为 11%。

井筒热损失率计算公式为

$$\eta = \frac{100Q_s}{M_s[X_i h_s + (1 - X_i) h_w]} \tag{4-32}$$

式(4-30)～式(4-32)中，Q_s 为井筒热损失速率，kcal/h；r_{to} 为油管外径，m；T_s 为井口注汽温度，℃；b 为地表温度，℃；L 为井筒长度，m；k_e 为井筒周围地层导热系数，kcal /(m·h·℃)；U_{to} 为总传热系数，kcal①/(m²·h·℃)；$f(t)$ 为 Ramey 时间函数；α 为地层平均散热速度，m²/d；r_w 为水泥环外径，m；η 为井筒热损失率，%；M_s 为蒸汽注入速度，kg/h；X_i 为蒸汽

① 1cal=4.184J。

干度，f；h_s 为蒸汽热焓，kcal/kg；h_w 为饱和水的热焓，kcal/kg；t 为注汽时间。

在用式(4-32)计算井筒热损失率时，最关键的是如何确定在具体井筒结构条件下的总传热系数。

(2)储层顶底层热损失。

储层顶底层热损失是指油层中向顶底层的热损失量，其大小直接影响注蒸汽的热效率，热损失越大，则热效率越低，用于加热油层的有效热量越小。

在计算向围岩的热损失大小时，可用热损失率 η_L 表示，是指注入时间为 t 时向围岩的总热损失量占注入热量的百分数。

威尔曼法计算热损失率为

$$\eta_L = 1 - \frac{\pi h^2 M}{4k_{ob}t}\left[\sqrt{\frac{t_D}{\pi}} - \frac{\lambda}{2}\ln\left(1 + \frac{2}{\lambda}\sqrt{\frac{t_D}{\pi}}\right)\right]$$
$$= 1 - \frac{\pi\lambda}{t_D}\left[\sqrt{\frac{t_D}{\pi}} - \frac{\lambda}{2}\ln\left(1 + \frac{2}{\lambda}\sqrt{\frac{t_D}{\pi}}\right)\right] \tag{4-33}$$

Marx-Langenheim 法计算的热损失率为

$$\eta_L = 1 - \frac{h^2 M^2}{4k_{ob}tM_{ob}t}\left(e^{\frac{t_D}{\lambda^2}}\operatorname{erfc}\frac{\sqrt{t_D}}{\lambda} + \frac{2}{\sqrt{\pi}}\frac{\sqrt{t_D}}{\lambda} - 1\right)$$
$$= 1 - \frac{\lambda^2}{t_D}\left(e^{\frac{t_D}{\lambda^2}}\operatorname{erfc}\frac{\sqrt{t_D}}{\lambda} + \frac{2}{\sqrt{\pi}}\frac{\sqrt{t_D}}{\lambda} - 1\right) \tag{4-34}$$

式(4-33)和式(4-34)中，t_D 为无因次时间，$t_D = \frac{4Dt}{h^2}$，其中，t 为注入时间，d，D 为顶底层的散热系数，$D = \frac{K_{ob}}{M_{ob}}$，m²/d；$\lambda = \frac{M}{M_{ob}}$；$K_{ob}$ 为顶底层岩石的导热系数，kJ/(d·m·℃)；M 为油层热容量，kJ/(m³·℃)；M_{ob} 为毗邻岩层热容量，kJ/(m³·℃)。

由式(4-33)和式(4-34)可知，热损失率的大小与油层厚度 h、注汽时间 t 及油层热容与顶底层热容之比有关。

(3) 产出液携带的热损失 Q_c。

产出液带出的热损失计算公式为

$$Q_c = (M_o q_o + M_w q_w)(T_i - T_o) \tag{4-35}$$

式中，M_o 为油的热容量，kJ/(m³·℃)；M_w 为水的热容量，kJ/(m³·℃)；q_o 为日产油量，m³/d；q_w 为日产水量，m³/d；T_i 为产出液温度，℃；T_o 为初始油藏温度，℃。

2) 热效率计算

注蒸汽系统热效率定义为加热油层的热量 (Q_o) 与注入热量 Q_i 的比值，即

$$E_s = \frac{Q_o}{Q_i} = \frac{Q_i - (Q_{ob} + Q_{ub})}{Q_i} \tag{4-36}$$

式中，E_s 为油层热效率，小数；Q_o 为加热油层的热量，kJ/d；Q_i 为注入油层的热量，kJ/d；Q_{ob} 和 Q_{ub} 分别为顶底层的热损失量，kJ/d。

油层的热效率可用 Prats 方法计算，公式为

$$E_h = \frac{1}{\theta^2 t}\left[e^{\theta^2 t}\mathrm{erfc}(\sqrt{\theta^2 t}) + \frac{2\sqrt{\theta^2 t}}{\sqrt{\pi}} - 1\right] \tag{4-37}$$

其中注热水时，

$$\theta = \frac{2K_{ob}}{h\sqrt{D}\,(\rho C_P)_w} \tag{4-38}$$

注蒸汽时，

$$\theta = \frac{2K_{ob}}{h\sqrt{D}\,(\rho C_P)_g} \tag{4-39}$$

式(4-38)和式(4-39)中，$(\rho C_P)_w$ 为驱替带水的热容；kJ/(m³·℃)；$(\rho C_P)_g$ 为驱替带蒸汽的热容；kJ/(m³·℃)。

6. 注汽破裂压力

浅层稠油油藏存在以下两种情况。

1）伊顿公式

空间单元体受三维应力作用将产生拉伸、压缩、剪切变形，岩石抗拉伸的能力最小，最易发生拉伸破坏，若假设水平面方向有最小应力 $(\sigma_{xx})_e$、地质构造应力 σ_T 及蒸汽注入压力 P_S，则最小拉应力 S_{t1} 为

$$S_{t1} = (\sigma_{xx})_e - \sigma_T + P_S \tag{4-40}$$

当最小拉应力 S_{t1} 达到岩石的抗张强度 σ_t 时岩石即可发生破坏，故断裂标准为 $S_{t1} - \alpha P_P = \sigma_t$。

岩石发生破裂的最小注入蒸汽压力为

$$P_{F1} = P_S = \frac{\mu}{1-\mu}P_0 + \frac{1-2\mu}{1-\mu}\alpha P_P + \sigma_T + \sigma_t \tag{4-41}$$

如果不考虑地质构造应力 σ_T 和岩石抗张强度 σ_t，并令地层孔隙度校正系数 $\alpha = 1$，则：

$$P_{F1} = P_P + \frac{\mu}{1-\mu}(P_0 - P_P) \tag{4-42}$$

同除以深度，即得地层破裂压力梯度为

$$G_{F1} = G_P + \frac{\mu}{1-\mu}(G_0 - G_P) \tag{4-43}$$

2）安德森公式

在地层岩石钻井后井筒周围将发生应力集中，其中周向剪切应力最大，根据无限大平板上钻一孔眼的空间力学理论，在井壁上产生的最大切向应力 τ 与水平面方向应力 $(\sigma_{xx})_e$、$(\sigma_{yy})_e$ 的关系为

$$S_{t2} = \tau = 3(\sigma_{xx})_e - (\sigma_{yy})_e \tag{4-44}$$

考虑地质构造应力 σ_T 及蒸汽注入压力 P_S 的影响，则轴向最大剪应力为

$$S_{t2} = \tau = 3(\sigma_{xx})_e - (\sigma_{yy})_e - \sigma_T + P_S \tag{4-45}$$

假设 x、y 方向上 $(\sigma_{xx})_e = (\sigma_{yy})_e$，则有

$$S_{t2} = \tau = 2(\sigma_{xx})_e - \sigma_T + P_S \tag{4-46}$$

考虑到浅层稠油油藏胶结疏松，无法承受井壁上的切向应力，则岩石断裂标准为 $S_{t2} - \alpha P_P = 0$。

地层破裂压力为

$$P_{F2} = P_S = \frac{2\mu}{1-\mu}P_0 + \frac{1-3\mu}{1-\mu}\alpha P_P + \sigma_T \tag{4-47}$$

如果不考虑地质构造应力 σ_T，则地层破裂压力为

$$P_F = P_S = \frac{2\mu}{1-\mu}P_0 + \frac{1-3\mu}{1-\mu}\alpha P_P \tag{4-48}$$

两边同除以井深，则地层破裂压力梯度为

$$G_{F2} = \frac{2\mu}{1-\mu}G_0 + \frac{1-3\mu}{1-\mu}\alpha G_P \tag{4-49}$$

式(4-40)～式(4-49)中，$(\sigma_{xx})_e$ 和 $(\sigma_{yy})_e$ 为分别为水平面 x、y 方向最小应力，MPa；P_{F1} 为最小注入蒸汽压力，MPa；G_0 为上覆岩层压力梯度，MPa/m；G_P 为地层孔隙压力梯度，MPa/m；G_{F2} 为地层破裂压力梯度，MPa/m。

浅层稠油油藏的岩石的垂向抗张强度很小，可以忽略，二水平抗张强度较高。由(4-41)计算破裂压力值 P_{F1}，当注入蒸汽压力达到此值时，岩石沿着与最小主应力方向垂直的方向面(即与垂向抗张强度方向相垂直)发生破裂，产生水平裂缝。这就是浅地层一般产生水平裂缝，深地层一般产生垂直裂缝的原因；当注气压力达到 P_{F2} 时，必产生垂直裂缝。

当水平裂缝与垂直裂缝并存时，垂直裂缝危害极大，易造成蒸汽窜进。尤其是进行蒸汽驱的油藏，防止蒸汽窜进井间干扰，控制注气压力在 P_{F1} 以下是稠油热采取得成功的关键。

4.2.2　热采数值模拟方法

1. 建立数值模拟模型

由于热采数值模拟方法增加了能量守恒方程，增加了温度参数，考虑水蒸气物性，需要频繁处理气相、液相的平衡和能量转换，组分也相对较多，所以热采模拟速度相对黑油模拟要慢许多，建立热采数值模型时需要根据实际油藏情况和所处的开发阶段，建立单井模型、井组模型和区块模型等不同类型的数值模拟模型。

1）单井模型

最简单的热采数值模拟是单井蒸汽吞吐模拟，主要用于单井吞吐参数优化。单井吞吐模拟一般采用柱坐标系建立单井数学模型，平面网格和剖面网格划分见图 4-2，通常近井地带网格较密，远井地带网格较疏，最大网格外半径应该是 2/3 井网距离。纵向网格由小层数据和射孔段数据确定。

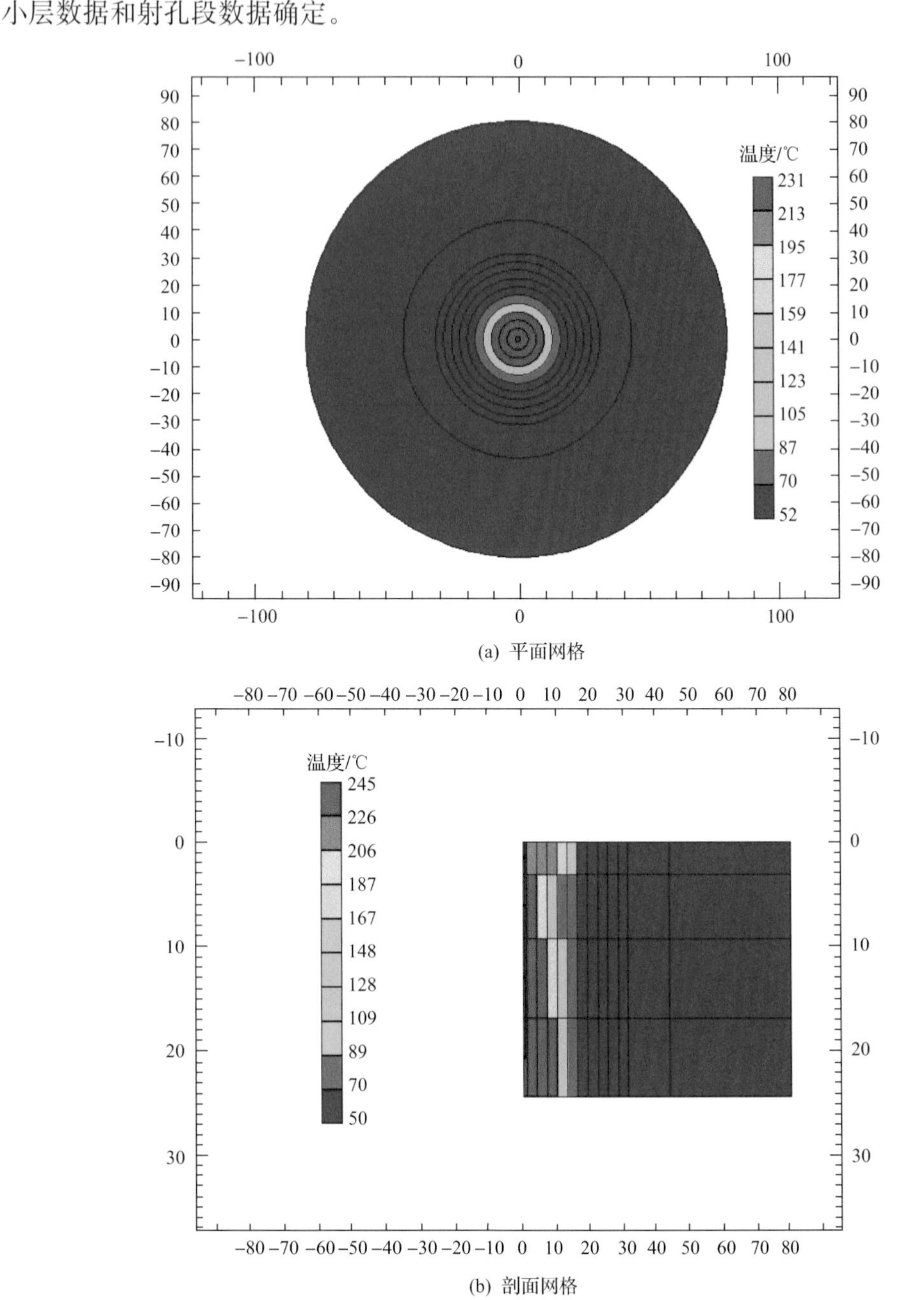

图 4-2 单井模型网格划分示意图

网格单位为 m

2）井组模型

井组模型主要用于蒸汽驱的井网井距和注采参数优化，对于典型的九点井组，不考虑平面非均质问题，可以选取1/8井组面积进行模拟，平面网格划分见图4-3，边井、角井的产油曲线见图4-4，可以看到边井距离注汽井较近，汽驱效果先见效，而角井距离较远，汽驱增产效果出现较晚。

在建立井组模型时应该注意边井、角井的修正系数，注意模型边部的网格修正。在网格方向选择上也要选用对角网格，不同网格方向对应的蒸汽突破变化见图4-5，平行网格的角井蒸汽突破表明，蒸汽先到边井，再从边井流动到角井，这样的流动方向是不对的，正确的流动方向应该是对角网格对应的蒸汽突破方向。

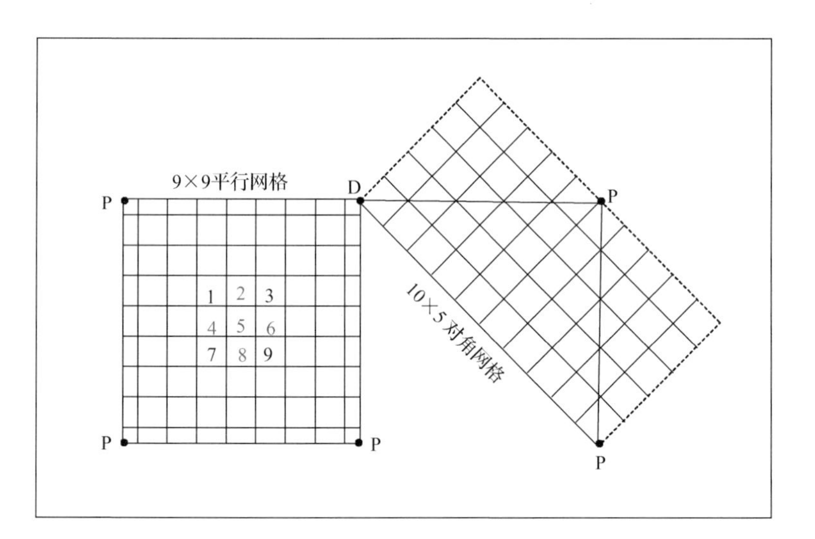

图4-3　对角网格、平行网格划分图

P为生产井；D为注汽井

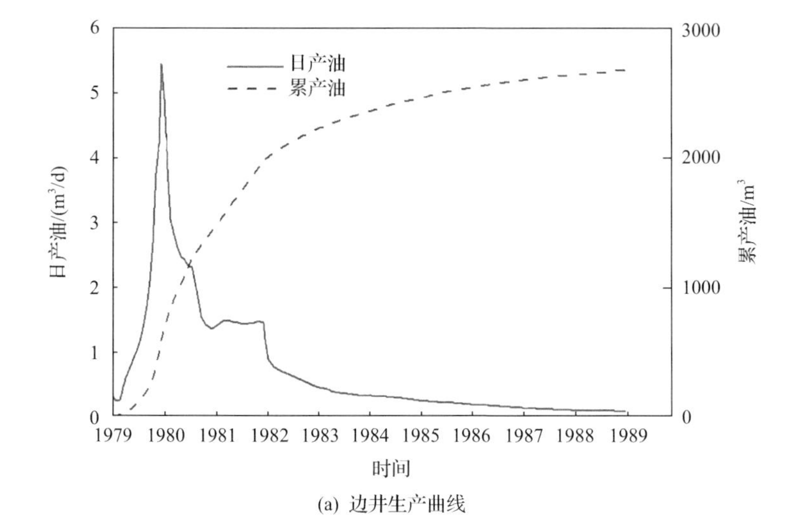

(a) 边井生产曲线

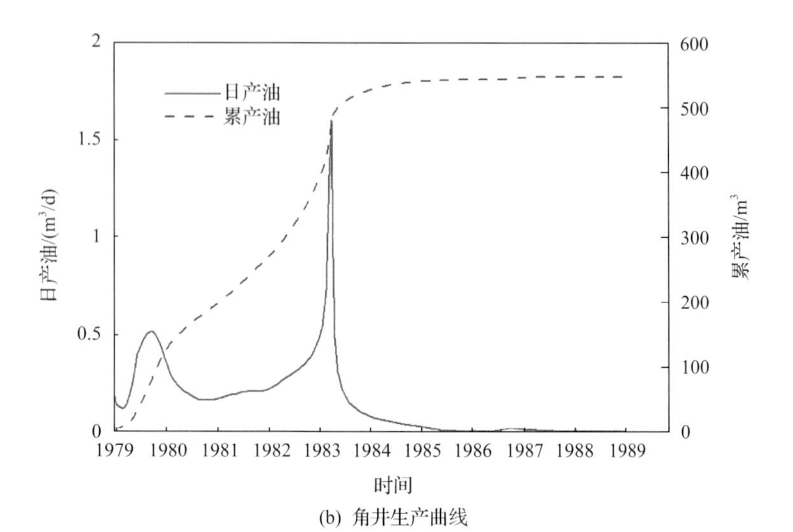

(b) 角井生产曲线

图 4-4　边井、角井生产曲线图

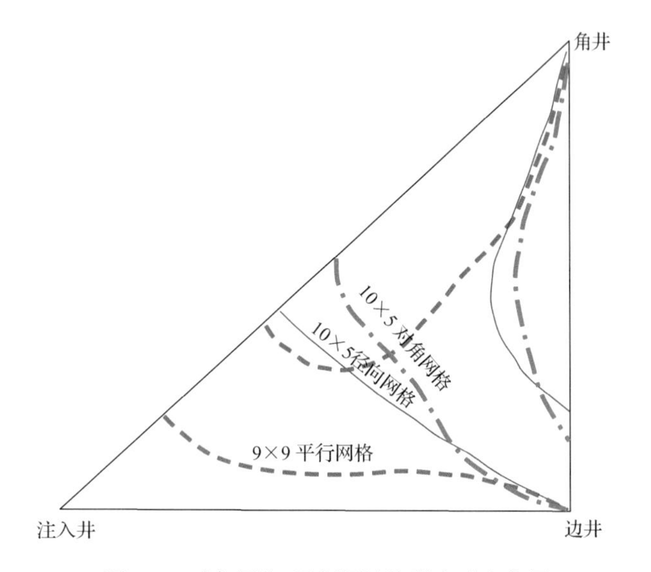

图 4-5　对角网格、平行网格汽驱突破变化图

为了减少网格方向性对数值模拟结果的不良影响，也可以采用九点差分格式，九点差分格式求解速度会慢许多，图 4-3 中由 2、4、5、6、8 网格进行差分的是五点差分，由 1～9 网格进行差分的是九点差分。

3）试验区模型

多井组的热采数值模拟模型可以称作试验区模型，主要用于试验区块的开发效果预测和试验开发效果的跟踪研究。建立试验区模型的数值模拟研究应当注意如下几点影响因素。

（1）区域不封闭的影响。

试验区模型实际是一个不封闭区域，在吞吐降压开采的过程中会有外部的流体进入；

在汽驱开采的过程中会有流体外溢发生。所以在建立模型时要考虑外围的一线井和二线井对产油量及压力变化的影响，同时也要考虑边部网格修正、边角井系数修正。

(2) 非均质影响。

对于试验区模型的非均质问题，目前应用较多的方法是利用已知的多井小层数据插值计算试验区模型的顶深、砂层厚度、油层厚度、孔隙度、渗透率、含油饱和度等参数。

(3) 动态数据的影响。

试验区模型的模拟研究中，生成多井模拟动态数据和完成历史拟合数据文件时，这些前期数据处理的工作量较大。要按时间排序生成多井的注汽、焖井和生产数据。

2. 生产动态历史拟合

数值模拟研究中很重要的一步是生产动态历史拟合，通过对油藏开发对象的动态历史拟合，确定该油藏数值模型的基本物性参数和渗流参数，为进一步的开发方式研究、参数敏感性研究和产能预测作准备。

在生产动态历史拟合过程中，建立数值模型以后历史拟合的主要参数有累计产油量、累计产液量、日产油量、日产液量、含水率、油藏压力和油藏温度等。通过历史拟合确定数值模型的主要参数有孔渗饱数据、黏温数据、相渗数据、岩性数据、生产数据等。

1) 产液量拟合

(1) 压缩系数影响。

历史拟合首先是产液量拟合，由于蒸汽吞吐采油是降压开采过程，主要利用弹性能量开采稠油，而影响地层弹性能量的主要参数是岩石压缩系数。所以在合理的范围内调节岩石压缩系数，改变地层的弹性能量是产液量拟合的第一要素。

(2) 渗透率参数调整。

在产液量拟合过程中也可以有限地调整渗透率参数，改进稠油在地下的流动性，达到产液量拟合的目的。

(3) 黏温关系变化。

改变黏温关系也可以改善稠油在地下的流动能力，从而拟合产液量。但需要注意改变黏温关系的依据；可以根据已知的初始溶解油气比计算地下含气稠油的黏温关系；也可以根据新的黏温测试数据选择合理的黏温关系。

(4) 井底流压控制。

调整井底流压控制也是改进产液拟合的有效手段，当生产井没有生产流压数据时可以参考动液面数据近似推算井底流压。

2) 产油量、含水率拟合

在产液量基本拟合之后，改变相渗曲线的端点值和曲线形状进行相渗曲线的有限调节，拟合产油量和含水率。在修改相渗数据时要注意相渗曲线数据的光滑性，相渗曲线不光滑或波动过大将影响模拟计算的收敛速度。

在产油量和含水率的拟合中也可以适当考虑黏温关系变化、井底流压控制等参数对产油量和含水率的影响。

3）油藏压力、油藏温度拟合

对有完善压力、温度测试系统的热采试验区模拟，应当考虑油藏压力、油藏温度变化的拟合。压力一般是指油藏中部深度的压力，温度是指油藏模型内平均温度。在温度测试条件下，观察井附近可以考虑使用加密网格。

3. 开发方式敏感性分析

针对每个油藏对象，在历史拟合确定的数值模型上可以通过开发方式的敏感性分析进行开采方式优化，改善开发效果。有关的敏感性研究主要包括油藏参数、注汽参数和生产控制参数等方面的内容。

1）油藏参数

（1）油层厚度。

在稠油油藏中，当周期注汽量相同时油层厚度增加，顶底盖层的热损失下降，周期产油和周期油汽比将增加。当注汽强度相同时油层厚度增加，注入量和累计产油增加，但周期油汽比变化不大。

（2）渗透率。

在稠油油藏中，疏松砂岩的渗透率较高，有利于稠油流动。由数值模拟敏感性研究可知，渗透率增加，蒸汽吞吐的周期产油和油气比将上升，且黏度越高的油层，渗透率影响越大。

（3）井网、井距。

数值模拟的井网、井距研究可以补充油藏工程方法的井网、井距研究结果，结合经济评估研究，可以优化油藏开发的井网与井距。

（4）黏温数据。

油藏条件下稠油黏度的高低是确定开采方式的主要依据之一，普通稠油的蒸汽吞吐一般效果较好，随着原油黏度的增加，在同样注汽条件下吞吐油汽比将下降。对于特稠油、超稠油，热采效果的经济性是主要问题，注汽参数一定要经过优选才能达到经济有效的开采效果。

2）注汽参数

（1）周期注汽量。

蒸汽吞吐周期注汽强度优化是吞吐优化的主要内容之一，注汽强度过低，吞吐产油太少，采收率太低；注汽强度过高，吞吐油汽比低，经济效益不好。研究结果表明，吞吐注汽强度一般为80～100t/m。但油藏不同、原油黏度不同，注汽强度优化结果不同。

对于普通稠油，一般蒸汽吞吐的周期产油逐渐减少，为了提高采收率，各周期的注汽强度需要增加5%～10%，达到优化后的注汽强度为止。

不同厚度周期注汽量的增产油汽比曲线见图4-6，不同厚度增产油汽比的峰值位置不同，所以对于不同油藏应当优化注汽强度，以达到高增产油汽比。

（2）注汽压力、温度。

对于普通稠油的蒸汽吞吐，注汽压力应控制在破裂压力以内。超高压力注汽将导致油层压裂，形成蒸汽窜流和指进，吞吐过程中窜流到井间的蒸汽热量将散热到隔夹层和顶

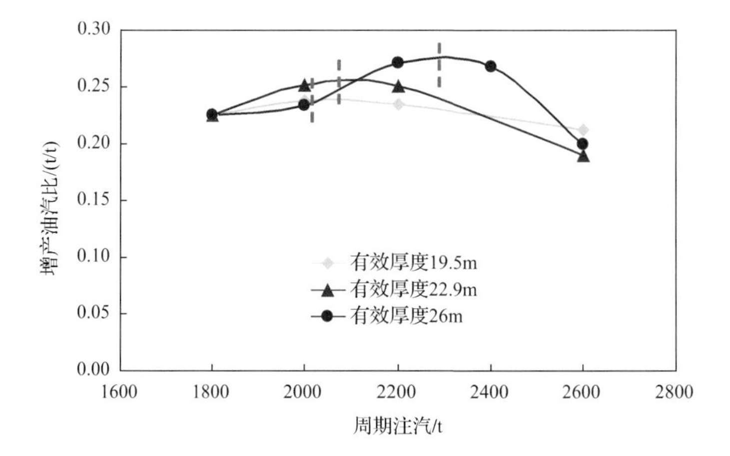

图 4-6　周期注汽量优选图

底盖层，降低吞吐阶段的热能利用率，影响热采效果。

普通稠油汽驱也应该是低压汽驱，充分发挥低压蒸汽体积较大、汽驱波及范围较大的作用。

但对于超稠油油藏，在吞吐初期由于地层条件稠油流动性太差，可采用适当压裂、短周期吞吐的开采方式，达到解堵、预热油藏的目的。

(3) 蒸汽干度。

高干度吞吐效果较好的原因是在同样的注汽条件下，蒸汽干度越高，蒸汽携带的热量越多，从而使油藏的升温、降黏的加热效果显著。

对于蒸汽驱开采，蒸汽干度只有在达到一定的高度后才能真正达到汽驱目的，否则在蒸汽干度较低时由于散热原因，蒸汽很快变成热水，热水驱的驱油效果比汽驱效果差很多。不同蒸汽干度的汽驱效果见图 4-7，蒸汽干度低于 20％时为热水驱，驱油效果不好。蒸汽干度达到 40％后形成真正的蒸汽驱，开采效果较好，同时蒸汽干度变化对汽驱效果的影响减弱。

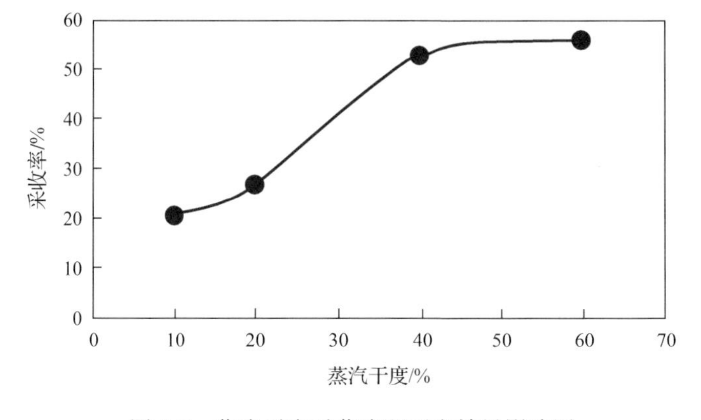

图 4-7　蒸汽干度对蒸汽驱开发效果影响图

(4) 注汽速度。

在蒸汽吞吐过程中,提高注汽速度可减少地面和井筒的热损失,但由于油层吸汽能力的限制,注汽速度的提高也将导致注汽压力上升,在不超过破裂压力的情况下可适当提高注汽速度。

在蒸汽驱过程中,优化的注汽速度与油层厚度和井网面积有关,一般认为常规蒸汽驱的注汽速度为1.6~1.8m^3/(m•d•ha)。为了达到注采平衡,由于注入蒸汽的体积大于采出液的体积,要求采注比大于1.2。

3) 生产参数

(1) 最大排量。

在蒸汽吞吐过程中,依据油藏在生产中的供液情况,可采取大泵、强抽的开采方式提高采油速度。

在蒸汽驱时一定要尽量把泵下入至油藏深度,以达到较高的注采压差,井组中单井配产要使井组采注比大于1.2。

(2) 井底流压。

在汽驱过程中,生产井的井底流压将确定汽驱的开采压力水平,需要尽量降低生产井的井底流压,增加注采压差,才可达到较好的汽驱效果。

4. 数值模拟开发效果预测

通过历史拟合确定油藏参数,通过敏感性分析优化开发参数,最终目的是通过开发效果的模拟预测得到相应的油藏开发指标,为下一步工艺设计和经济评价提供基础数据。

4.3 不同类型油藏开发方式筛选指标

1. 原油黏度

稠油生产效果随原油黏度的升高而变差,其中普通稠油和特稠油在现有技术条件下可获得较好效果,原油黏度不是影响效果的主要因素;超稠油生产效果随着黏度的升高明显变差(图4-8)。超稠油50℃原油黏度超过10000mPa•s时采用普通蒸汽直井吞吐方式,单井产油量低于4000t,很难取得经济效益(图4-9)。在相同的地质条件及相同的生产时间下,随着原油黏度的增加,单井产量降低,普通稠油和特稠油的经济效益明显高于超稠油。

2. 油层厚度

各类油藏单井累计产油、油汽比、采出程度随油层厚度的增大而增高,但不同类型油藏生产效果差异大,其中砂岩普通稠油效果最好,砂砾岩特稠油效果最差(图4-10)。油价为1695元/t时,埋深300m的油藏,砂岩普通稠油、特稠油、砂砾岩普通稠油、特稠油和砂岩超稠油5种类型油藏的极限油层厚度分别为5.5m、7m、8.0m、10m和9m(图4-11)。砂砾岩油藏的埋深一般大于 300m(按 500m 计算),厚度下限应提高 2～3m;砂岩超稠油生产较为正常、时间较长的大多是超稠油Ⅰ类,统计数据不能涵盖所有超稠油类型。

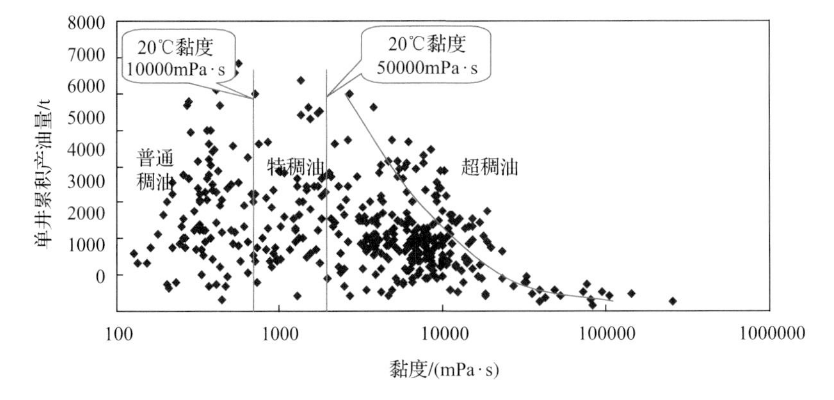

图 4-8　九$_{7+8}$区原油黏度(50℃)与单井累计产量关系图

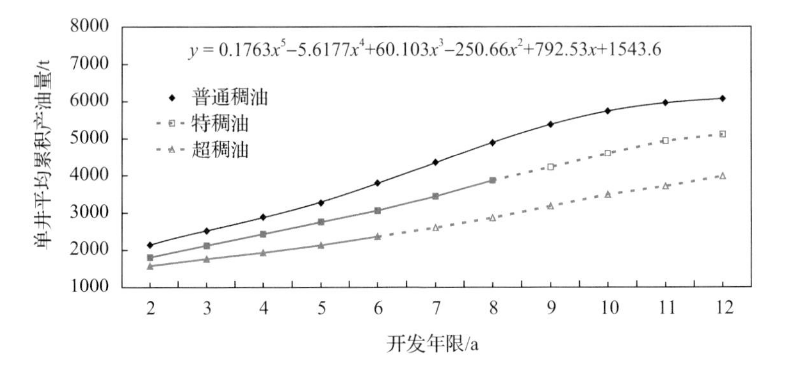

图 4-9　九$_{7+8}$区不同类型油藏生产效果对比图

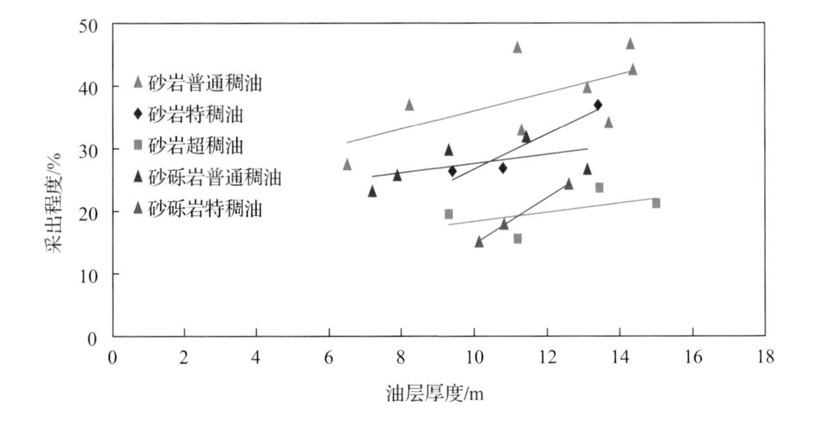

图 4-10　不同类型油藏油层厚度与采出程度关系图

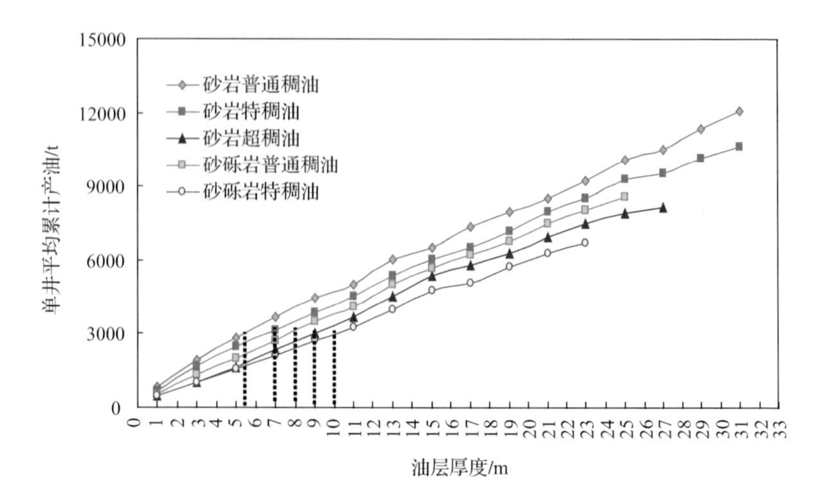

图 4-11　不同类型油藏油层厚度与单井平均产油量关系图

3. 储层物性

统计规律表明，砂岩、砂砾岩油藏孔隙度、渗透率的分界线较为明显，分别为27%和800mD；储层物性对生产效果的影响很大，砂岩油藏可取得较好效果，砂砾岩油藏效果较差，尤其是砂砾岩特稠油效果很差（图4-12、图4-13）。

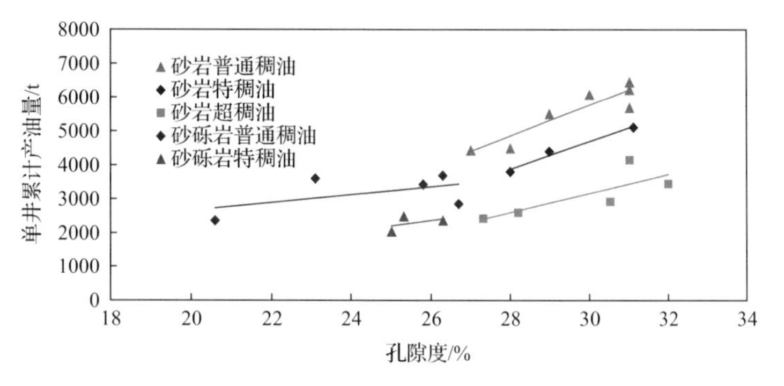

图 4-12　不同类型油藏孔隙度与单井累计产油量关系图

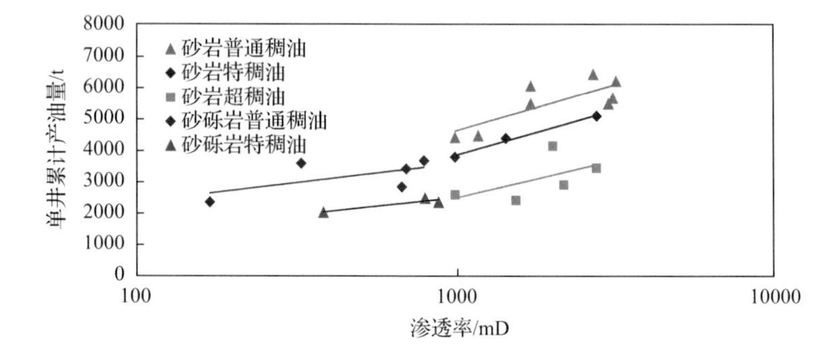

图 4-13　不同类型油藏渗透率与单井累计产油量关系图

4. 油层系数

不同类型油藏典型区块统计规律表明，在其他条件相近的情况下，油层系数越高，单井产能越高(图 4-14)。

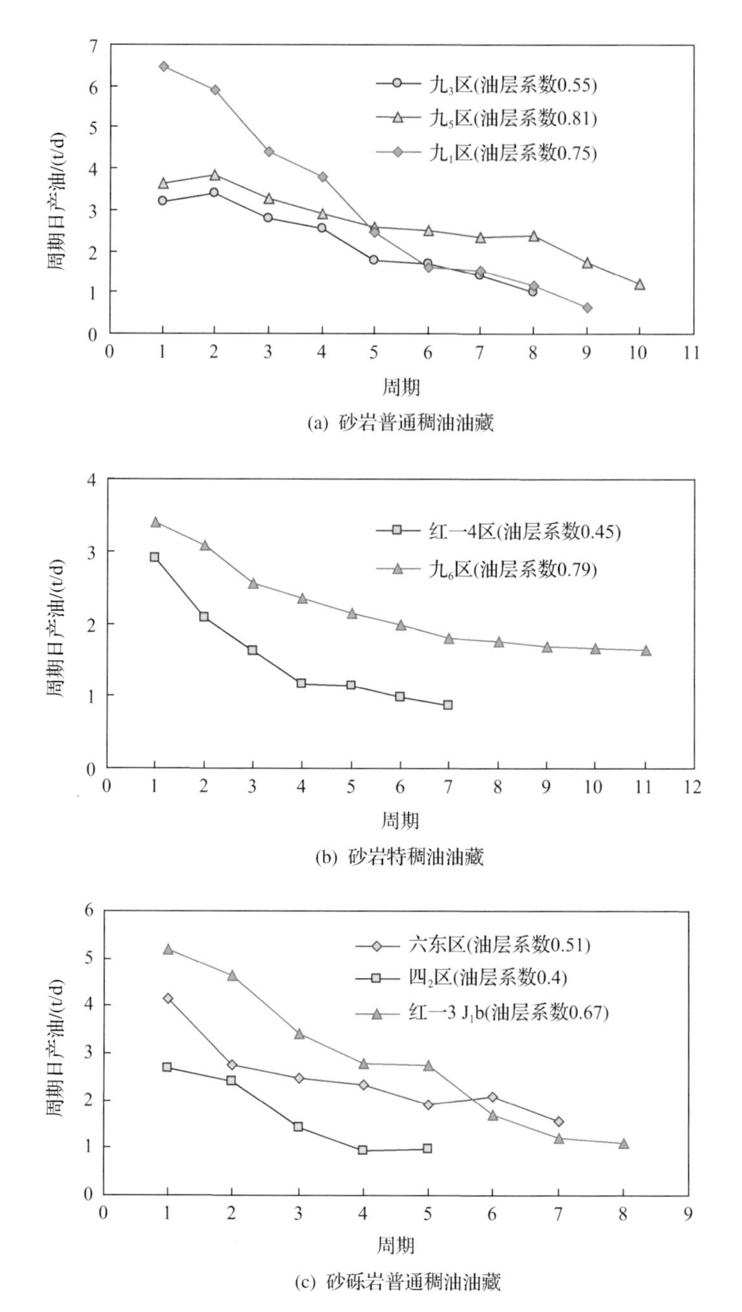

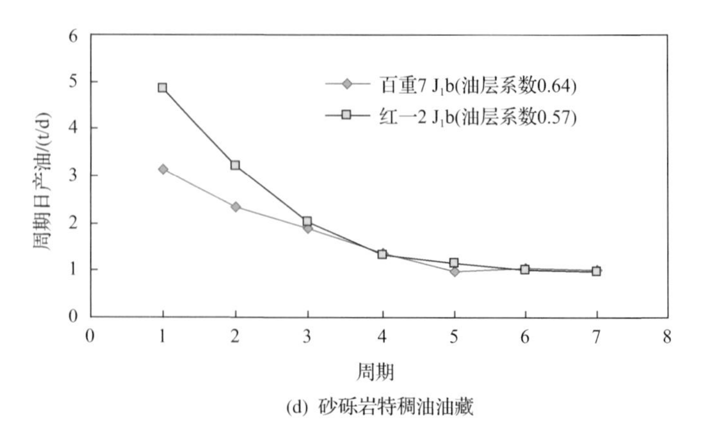

(d) 砂砾岩特稠油油藏

图 4-14　不同类型油藏油层系数与周期日产油量关系图

5. 水平井与直井开发方式筛选标准

新疆稠油油藏注蒸汽开发的大量研究及实践经验表明，对于普通稠油油藏，一般采用常规注蒸汽开发是可行的，也是主要的开发方式，但某些地质条件复杂的油藏采用常规注蒸汽开发，即钻直井进行蒸汽吞吐和蒸汽开采方式，在经济上需要具体计算才能确定；对于特稠油油藏，常规蒸汽吞吐是可行的，但蒸汽驱在经济上具有一定风险；对于超稠油油藏，试验证实注蒸汽开采是可行的。

根据开发实践和室内研究成果，制定了目前技术经济条件下的不同类型油藏直井和水平井注蒸汽有效开发的筛选标准，其中砂岩超稠油、砂砾岩普通稠油、砂砾岩特稠油转汽驱和砂砾岩超稠油蒸汽吞吐正处于攻关阶段，相关技术及标准仅供参考，待取得认识后进一步修正。浅层稠油油藏直井仅采用蒸汽吞吐方式开发的筛选条件见表 4-1，浅层稠油油藏水平井仅采用蒸汽吞吐方式开发的筛选条件见表 4-2，浅层稠油油藏水平井仅采用蒸汽吞吐方式开发的筛选条件见表 4-3，浅层稠油油藏水平井吞吐后可转蒸汽驱的油藏开发筛选条件见表 4-4。

表 4-1　新疆油田不同类型浅层稠油油藏直井开发筛选标准

油藏类型	主要筛选指标			参考筛选指标
	油层厚度/m	油层渗透率/mD	油层系数	油层跨度/m
砂岩普通稠油	≥4	>200	≥0.3	≤45
砂砾岩普通稠油	≥6	>200	≥0.3	≤45
砂岩特稠油	≥5	>200	≥0.3	≤45
砂砾岩特稠油	≥8	>200	≥0.3	≤40
砂岩超稠油Ⅰ类	≥8	>300	≥0.3	≤40
砂砾岩超稠油Ⅰ类	≥9	>300	≥0.3	≤40

表 4-2　浅层稠油油藏直井蒸汽驱开发筛选条件

油藏类型	主要筛选指标				参考筛选指标
	油层厚度/m	蒸汽驱起始含油饱和度/%	油层渗透率/mD	油层系数	油层跨度/m
砂岩普通稠油	≥4	≥45	>300	≥0.4	≤40
砂砾岩普通稠油	≥6	≥45	>300	≥0.5	≤40
砂岩特稠油	≥5	≥45	>300	≥0.4	≤40
砂砾岩特稠油	≥7	≥50	>300	≥0.5	≤30
砂岩超稠油Ⅰ类	≥6	≥50	>300	≥0.5	≤30

表 4-3　浅层稠油油藏水平井蒸汽吞吐开发筛选条件

油藏类型	主要筛选指标		参考筛选指标	
	连续油层厚度/m	油层渗透率/mD	油层顶部埋深/m	油层纵向利用率
砂岩普通稠油	$15 \geqslant h > 3$	>200	≥150	≥0.7
砂砾岩普通稠油	$12 \geqslant h \geqslant 5$	>200	≥150	≥0.7
砂岩特稠油	$15 \geqslant h \geqslant 4$	>200	≥150	≥0.7
砂砾岩特稠油	$12 \geqslant h \geqslant 6$	>200	≥150	≥0.7
砂岩超稠油Ⅰ类	$15 \geqslant h \geqslant 6$	>300	≥150	≥0.7

表 4-4　浅层稠油油藏水平井蒸汽驱开发筛选条件

油藏类型	主要筛选指标			参考筛选指标	
	连续油层厚度/m	蒸汽驱起始含油饱和度/%	油层渗透率/mD	油层顶部埋深/m	油层纵向利用率
砂岩普通稠油	$15 \geqslant h \geqslant 3$	≥45	>300	≥150	≥0.7
砂砾岩普通稠油	$12 \geqslant h \geqslant 4$	≥45	>300	≥150	≥0.7
砂岩特稠油	$15 \geqslant h \geqslant 3$	≥45	>300	≥150	≥0.7
砂砾岩特稠油	$12 \geqslant h \geqslant 5$	≥50	>300	≥150	≥0.7
砂岩超稠油	$15 \geqslant h \geqslant 5$	≥50	>300	≥150	≥0.7

4.4　不同类型油藏合理开采技术界限

4.4.1　合理设计参数确定

1. 井网

1）直井井网

相同油藏条件和井距下，不同直井井网的采油速度、油汽比差异不大，井网形式对吞吐开发的影响不大（表 4-5）。井网形式对汽驱开发的影响较大，反五点井网采油速度和油汽比较低，反七点井网和反九点井网采油速度和油汽比较高，其中反七点井网略好于反九点井网，但反七点井网不利于后期调整（表 4-6）。

表 4-5　直井不同井网形式吞吐效果对比

区块	井网	井距/m	油层厚度/m	黏度(20℃)/(mPa•s)	采油速度/%	油汽比	采注比
九$_3$试验区	反五点	100	9.2	5000	3.96	0.373	0.95
九$_{1-1}$试验区	反七点	100	11.3	4200	4.49	0.487	1.07
九$_4$区	反九点	100	15	8000	3.33	0.377	1.27

表 4-6　直井不同井网形式汽驱效果对比

区块	井网	井距/m	油层厚度/m	黏度(20℃)/(mPa•s)	采油速度/%	油汽比	采注比
九$_3$试验区	反五点	100	9.2	5000	0.99	0.077	0.9
九$_{1-1}$试验区	反七点	100	11.3	4200	1.35	0.186	1.5
九$_4$区	反九点	100	15	8000	1.06	0.18	1.3

2）水平井井网

井网形式对水平井吞吐效果的影响不大，对汽驱开发有一定的影响。蒸汽吞吐方式生产时，方式一和方式二采出程度略高于方式三（图 4-15，表 4-7），油汽比接近；蒸汽吞吐＋蒸汽驱方式生产时，方式二采出程度最高，方式一次之，方式三可满足汽驱要求，但采出程度低；方式二直井多，目前工艺条件下水平井排液量很难满足三口直井注汽量的要求；方式一汽驱便于调整，直井可采用隔井注汽，以满足水平井排液的要求。

(a) 方式一：一口水平井三口直井行列式

(b) 方式二：一口水平井三口直井交错式

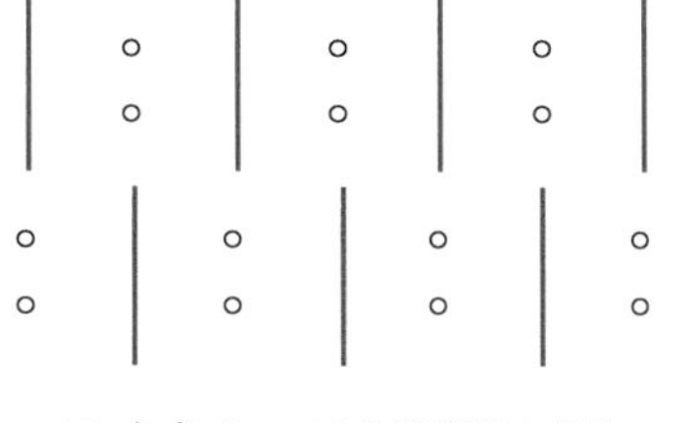

(c) 方式三：一口水平井两口直井

图 4-15　水平井与直井不同组合方式示意图

表 4-7　水平井与直井不同组合方式生产效果对比

组合方式	蒸汽吞吐			蒸汽吞吐＋蒸汽驱		
	累计产油/t	采出程度/%	油汽比	累计产油/t	采出程度/%	油汽比
一口水平井带 3 口直井(行列)	18479	32	0.33	19053	33	0.23
一口水平井带 3 口直井(交错)	18479	32	0.33	19858	34.4	0.24
一口水平井对应 2 口直井	15517	31.8	0.34	16507	33.8	0.24

2. 井距

1) 吞吐有效加热半径

前期研究中经验公式与数模计算结果基本一致，油藏的吞吐加热半径在 30m 左右，且加热半径与原油黏度关系不大。在九区砂岩普通稠油油藏开发中，理论计算与实际生产效果相差不大，但在超稠油油藏、砂砾岩油藏开发中逐步暴露出原先的经验和理论出现偏差，因此，在近年来开发经验总结的基础上，对前期研究进行回顾和再认识，提出“吞吐有效加热半径”的概念。

在超稠油开发中，我们逐步认识到地层原油只有加热到黏度小于 1000mPa·s 时才能有效流动，不同性质的原油对应的流动温度不同(图 4-16)。20℃时黏度为 100000mPa·s，约 65℃时黏度小于 1000mPa·s，经验公式计算 10 轮的加热半径为 32.4m(图 4-17)，数模计算吞吐 10 轮后，若按比油层原始温度提高 20℃计算，加热半径为 33m，与公式计算一致；若按大于 65℃计算，则加热半径只有 25m 左右(图 4-18)，因此在超稠油吞吐加热半径研究中经验公式不再适用，应主要参考数模计算中流动温度对应的加热半径——吞吐有效加热半径。

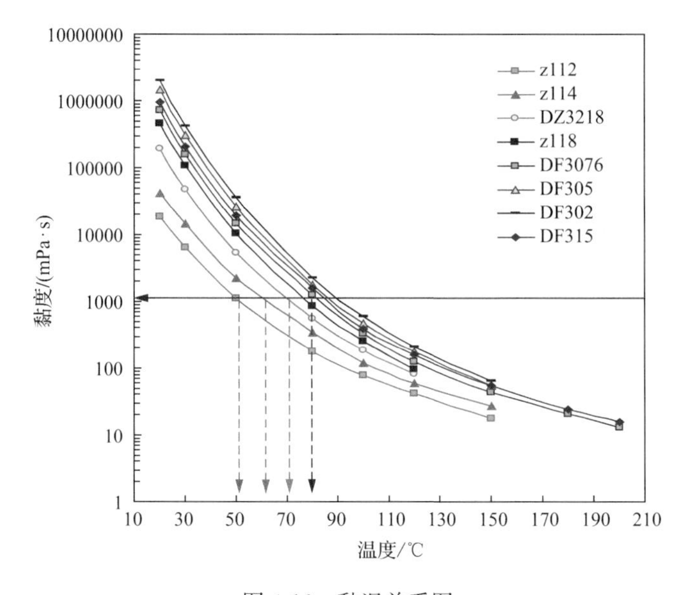

图 4-16　黏温关系图

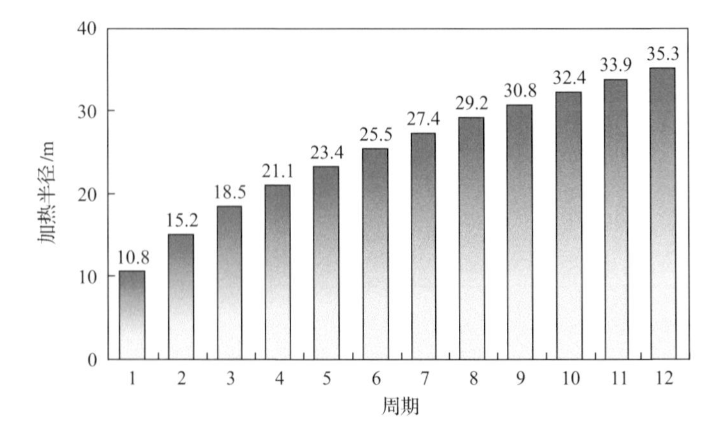

图 4-17　九$_7$—九$_8$区超稠油加热半径经验公式计算结果

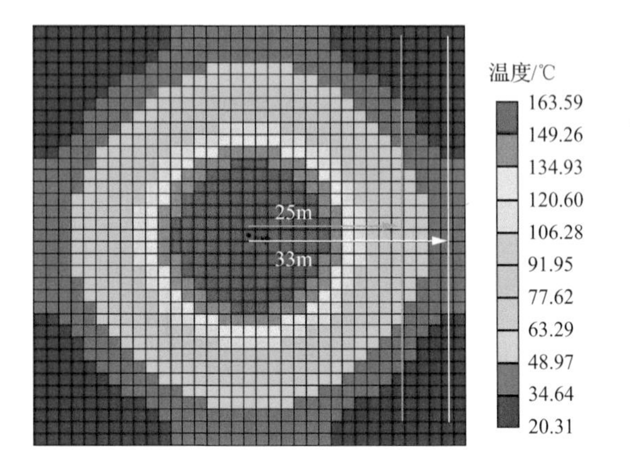

图 4-18　超稠油加热半径数模计算结果

2）吞吐有效加热半径的影响因素

研究表明，原油黏度、油层渗透率和井底蒸汽干度都对吞吐有效加热半径有影响。

随着原油黏度的增加，流动温度增加（50℃时原油黏度为 500mPa・s，流动温度为 40℃；50℃时原油黏度为 10000mPa・s，流动温度为 80℃），吞吐有效加热半径减小；随储层物性的变好（渗透率增加），有效加热半径增大（图 4-19）。在一定的储层物性和原油黏度下，油藏的吞吐有效加热半径是一定的，普通砂岩油藏有效加热半径大于 30m，超稠油油藏或物性差的砂砾岩油藏有效加热半径在 25m 左右（图 4-20）；黏度对吞吐有效加热半径的影响大于渗透率对吞吐有效加热半径的影响。

随着井底干度的增加，吞吐有效加热半径增大。有效加热半径达到 30m 时，普通稠油井底干度只需大于 30%，特稠油则要大于 50%，超稠油必须大于 70%（图 4-21），若采用特殊工艺提高井底蒸汽干度，特稠油、超稠油的吞吐有效加热半径也可以达到 30m 以上。

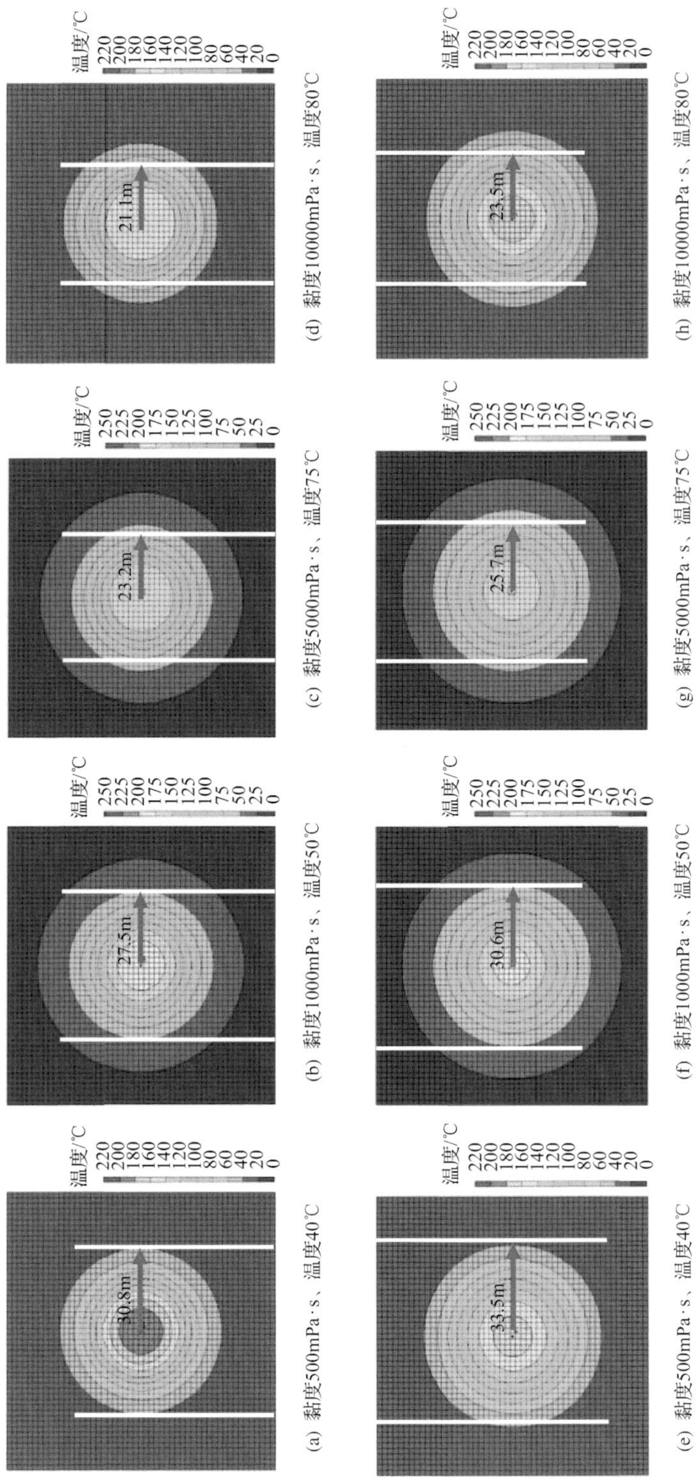

(a) 黏度500mPa·s、温度40°C　(b) 黏度1000mPa·s、温度50°C　(c) 黏度5000mPa·s、温度75°C　(d) 黏度10000mPa·s、温度80°C

(e) 黏度500mPa·s、温度40°C　(f) 黏度1000mPa·s、温度50°C　(g) 黏度5000mPa·s、温度75°C　(h) 黏度10000mPa·s、温度80°C

图 4-19　同一渗透率不同黏度吞吐有效加热半径

(a)～(d)的渗透率为 200mD；(e)～(h)的渗透率为 2000mD

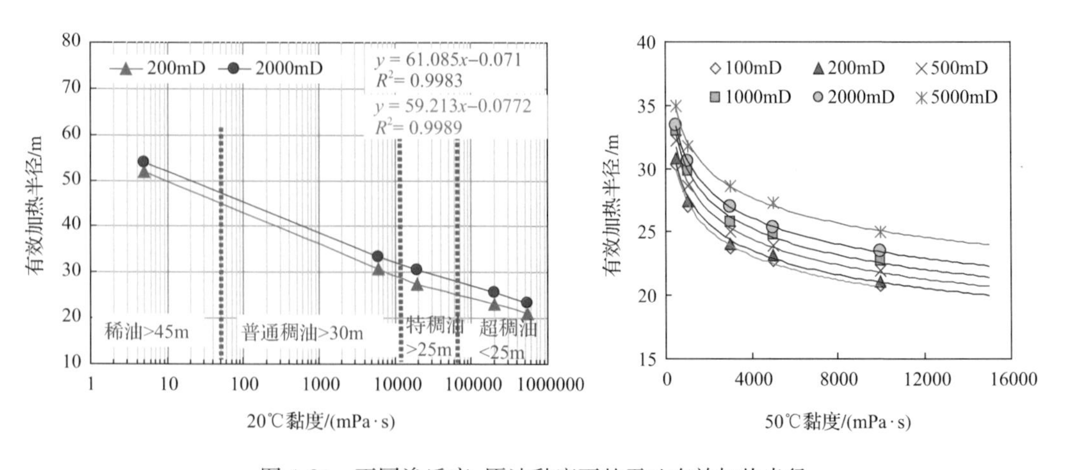

图 4-20 不同渗透率、原油黏度下的吞吐有效加热半径

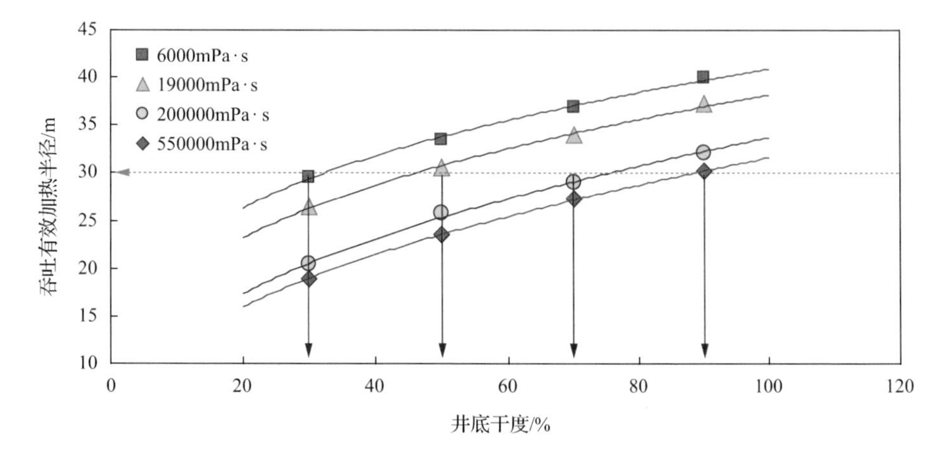

图 4-21 井底干度与吞吐有效加热半径关系图

3）吞吐合理井距的确定

考虑到油层物性和原油黏度的非均质性，吞吐井距一般大于 2 倍的吞吐有效加热半径，特别是对于原油黏度低、物性好的砂岩普通稠油油藏，吞吐有效加热半径为 30～40m，吞吐井距往往为 70～100m。图 4-22、图 4-23 表明，相同注汽量下，吞吐井距 50～100m 的最大产液量不同，黏度低(50℃，500mPa·s)、渗透率高(2000mD)的油藏，100m 井距的生产压差最小、产液量最大、供液能力好，90m 井距次之，50m 井距的产液量最低；而黏度高(50℃，5000mPa·s)、渗透率低(200mD)的油藏，50m 井距的生产压差最小、产液量最大、供液能力好，60m 井距次之，70～100m 井距的产液量几乎一样。

风城油田重 32 井区 J_3q_3 吞吐效果显示，在射孔厚度、注汽量相当的情况下，50m 井距的产液量、产油量均大于 70m 井距的井(表 4-8)。

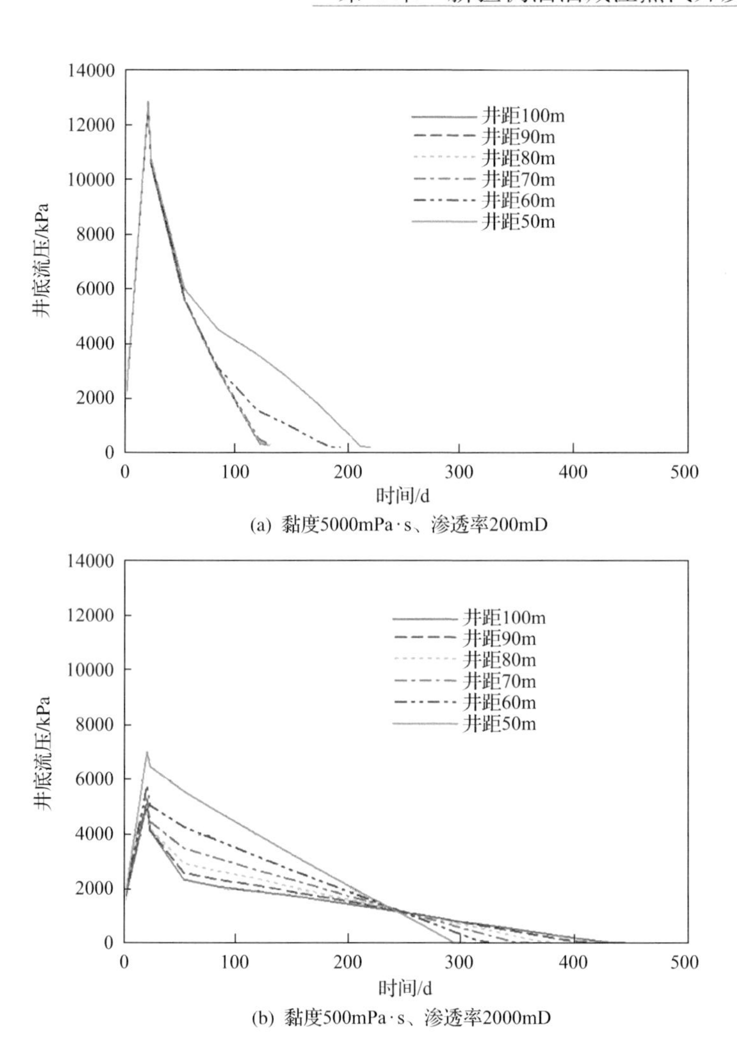

(a) 黏度5000mPa·s、渗透率200mD

(b) 黏度500mPa·s、渗透率2000mD

图 4-22　不同渗透率和原油黏度下不同吞吐井距的井底流压变化

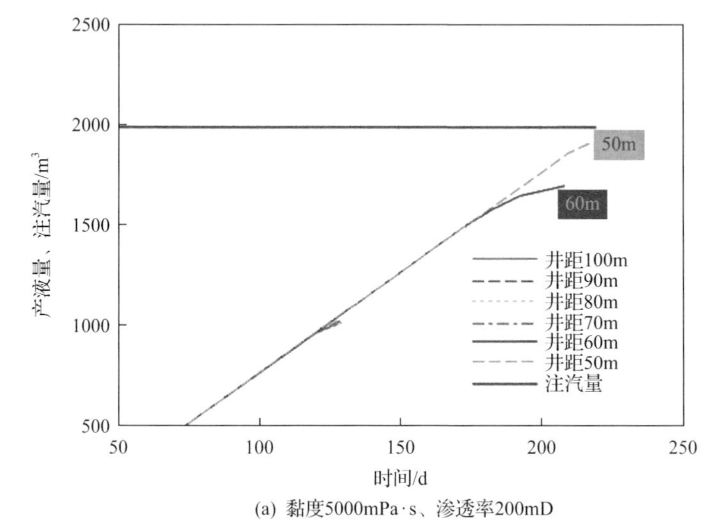

(a) 黏度5000mPa·s、渗透率200mD

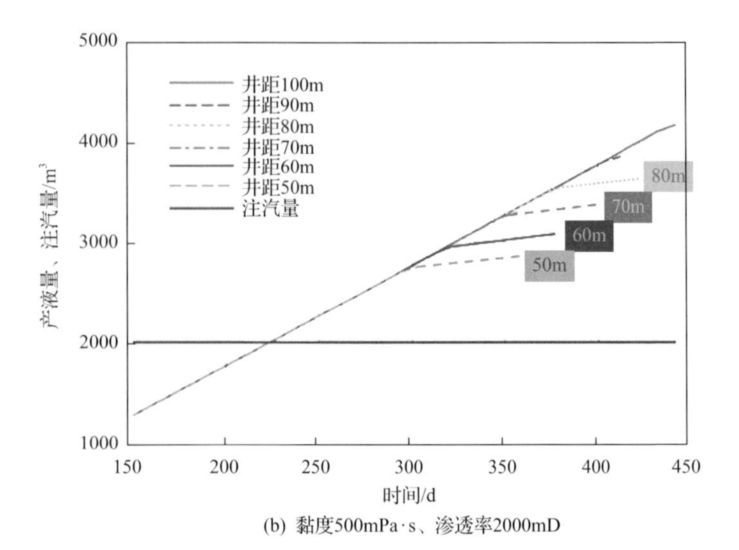

(b) 黏度500mPa·s、渗透率2000mD

图 4-23 不同渗透率和原油黏度下不同吞吐井距的注汽量与产液量关系图

表 4-8 重 32 井区齐古组(J_3q_3)不同井距前 4 轮吞吐生产效果表

井距	射孔厚度/m	周期工作天数/d	注汽强度/(t/m)	周期产液量/t	周期产油量/t	含水/%	日产油/t	油汽比	采注比
小井距(50m)	6.56	92.0	142.1	692	237	66	2.6	0.25	0.74
大井距(70m)	6.32	80.5	138.7	598	208	65	2.6	0.24	0.68

综合以上分析，低黏度、高渗透率的情况下，吞吐合理井距可以大于 2 倍的吞吐有效加热半径 10～30m，但在低渗透率、超稠的情况下，吞吐合理井距与 2 倍的吞吐有效加热半径基本一致。

4）汽驱合理井距的确定

（1）砂岩油藏汽驱合理井距。

砂岩普通稠油油藏 100m 井距驱油效率低，70m 井距较为合理，50m 井距加热面积与 70m 井距相当，但温度高，易汽窜（图 4-24），砂岩特稠油 100m 井距驱油效率很低，70m 和 50m 井距都能形成热连通，50m 井距虽局部发生汽窜，但整体温度高，有利于提高驱油效率（图 4-25）。

九区不同井距生产效果表明，砂岩普通稠油反九点 50m 井距汽驱可取得一定效果，但 70m 井距汽驱产油量、油汽比高，且油汽比较为稳定，效果更好（图 4-26），砂岩特稠油反九点 70m 井距汽驱可取得一定效果，但 50m 井距汽驱见效快，产油量、油汽比高，效果更好（图 4-27）。

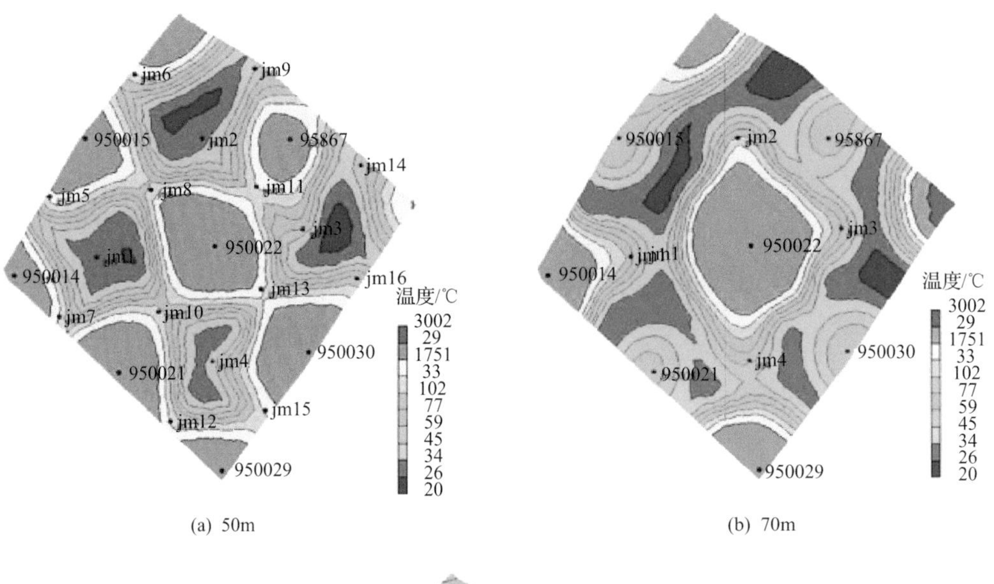

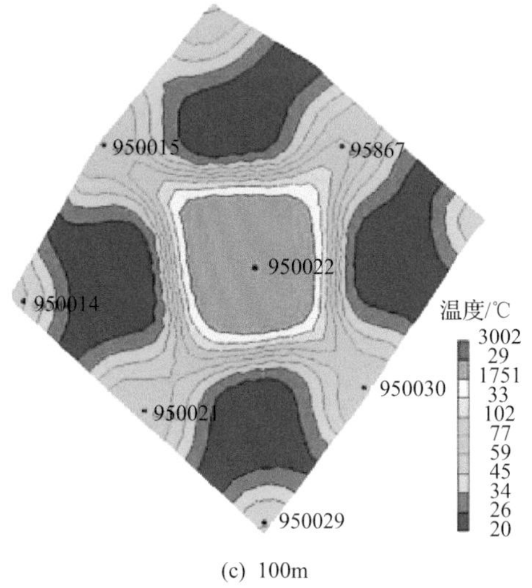

(c) 100m

图 4-24　砂岩普通稠油不同井距汽驱末温度分布图

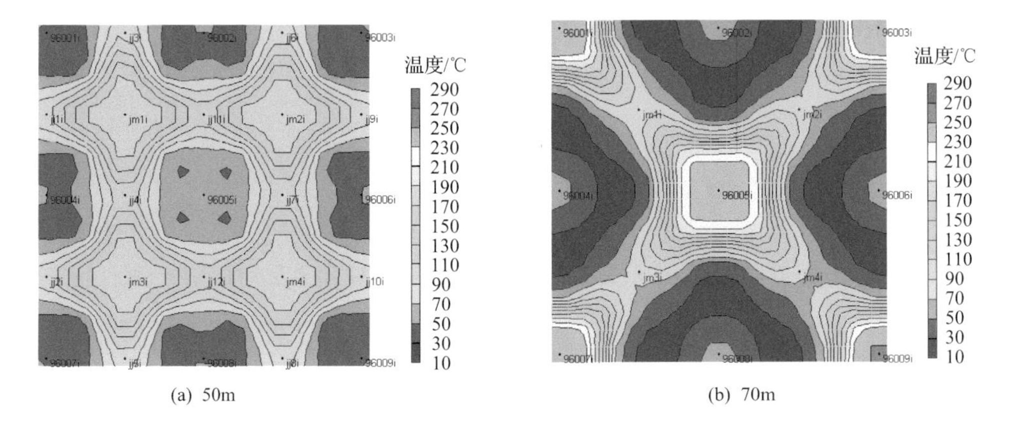

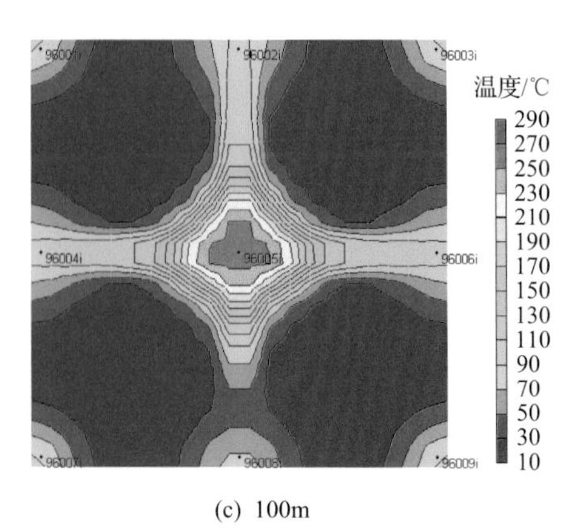

(c) 100m

图 4-25　砂岩特稠油不同井距汽驱末温度分布图

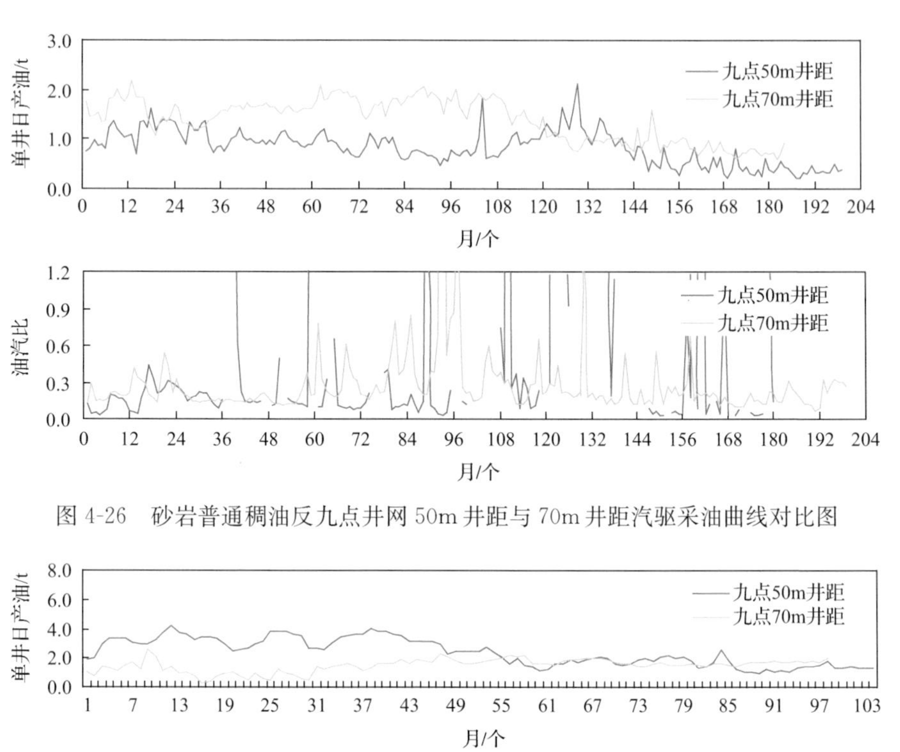

图 4-26　砂岩普通稠油反九点井网 50m 井距与 70m 井距汽驱采油曲线对比图

图 4-27　砂岩特稠油反九点井网 50m 井距与 70m 井距汽驱采油曲线对比图

(2) 砂砾岩油藏汽驱合理井距。

截至 2008 年年底，百重 7 井区在不同原油黏度区域先后开辟了 4 个 80m×113m 井距、反九点井网的蒸汽驱试验区，4 个试验区汽驱产油和油汽比均很低，试验效果差(表 4-9)。

表 4-9　百重 7 井区砂砾岩特稠油汽驱试验区生产效果表

区域	开始时间	井组数	采油井数	时间/d	累注汽/10^4t	累产油/10^4t	油汽比
Ⅰ(T_2k_2)	2003.9	9	39	540	13.06	0.86	0.066
Ⅱ($T_2k_2+T_3b$)	2006.3	6	32	138	5.99	0.31	0.052
Ⅲ(T_2k_2)	2007.5	7	31	591	22.30	0.62	0.028
Ⅳ($T_2k_2+T_3b$)	2007.7	7	28	519	31.82	0.94	0.030
平均或累计		7	33	447	73.1701	2.73	0.037

从百重 7 井区八道湾组油藏汽驱可行性研究中发现，该油藏在现有井距(80m×113m)条件下见效时间较长，吞吐 5 轮后转汽驱基本见效时间为 300d 左右，完全见效时间在 500d 左右，在 300d 取得较好效果的合理井距在 55～70m(图 4-28、图 4-29)。

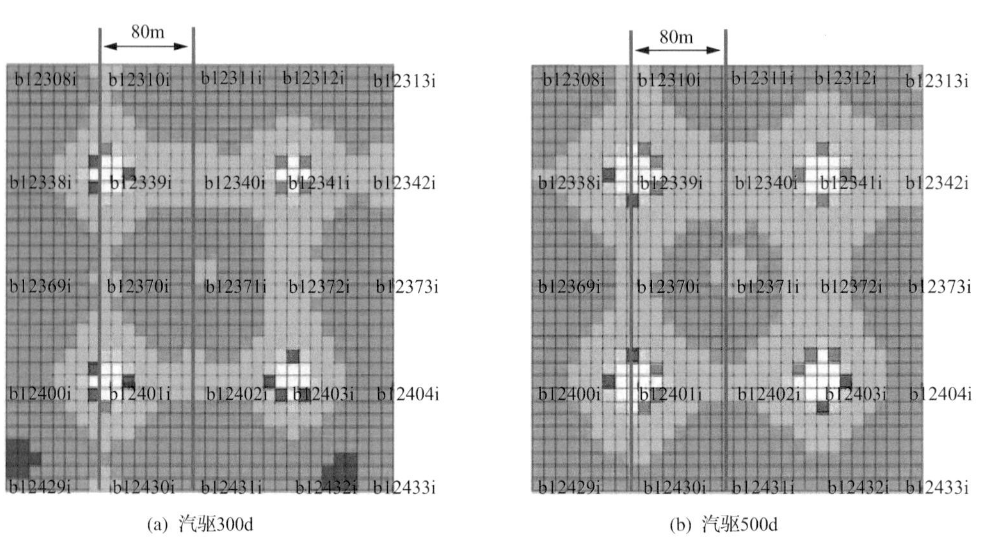

(a) 汽驱300d　　(b) 汽驱500d

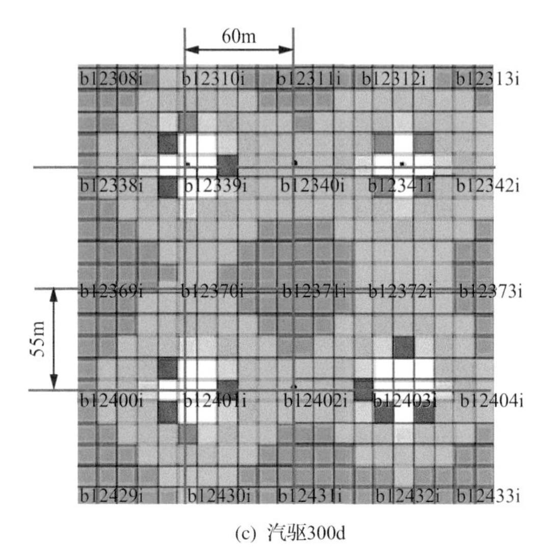

(c) 汽驱300d

图 4-28　百重 7 井区八道湾组砂砾岩特稠油不同井距与汽驱时间温度分布图

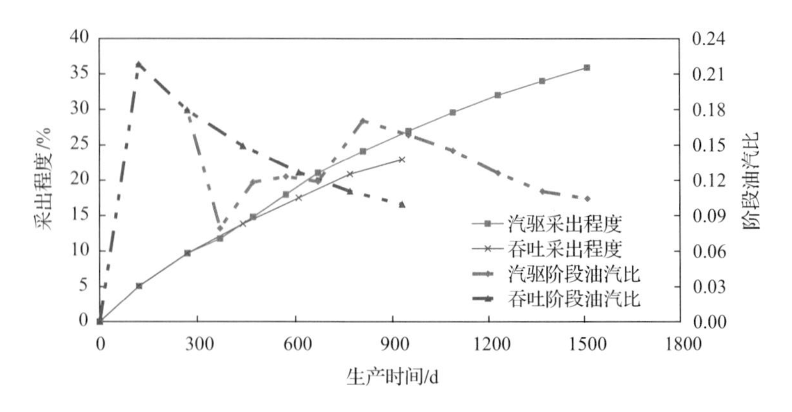

图 4-29　百重 7 井区八道湾组 56m×80m 井距吞吐和汽驱生产效果对比图

六东区克下组在 2001 年开辟了 1 个 100m×140m 井距、反九点井网的汽驱试验区，平均单井日产油 1.1t，采油速度 1.1%，含水大于 90%，油汽比低于 0.1，效果差(图 4-30)。

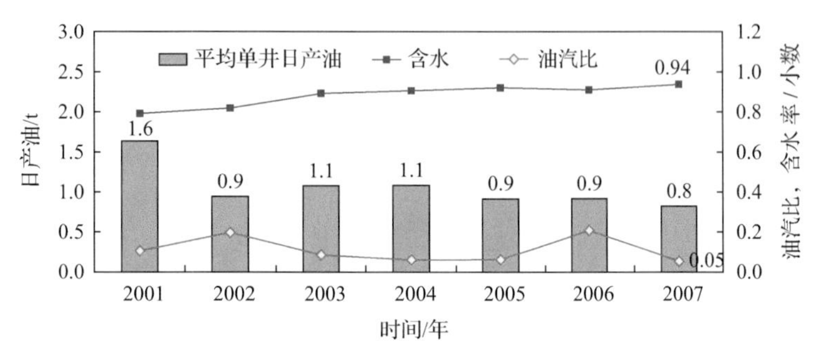

图 4-30　六东区砂砾岩普通稠油油藏汽驱效果

砂砾岩油藏大井距(80m×113m 或 100m×140m)普通稠油、特稠油汽驱均没有成功，主要表现为见效时间长，见效井少，产量低，含水高，汽驱采出程度低，开发效果差(表 4-10)，与六一九区砂岩油藏加密后汽驱效果进行对比，认为砂砾岩油藏井距(80m×113m、100m×140m)明显偏大。综上所述，合理井距和注汽参数是砂砾岩油藏汽驱取得效果的关键因素，砂砾岩油藏汽驱取得成功的合理井距为 50～70m。

表 4-10　砂砾岩典型区块汽驱效果表

区块	层位	井距/m	油层厚度/m	黏度(20℃)/(mPa·s)	渗透率/mD	吞吐采出程度/%	汽驱采出程度/%	油汽比	含水/%	采注比
红一 3 区	J_1b	100×140	11.4	4962	784	26.8	7.2	0.14	88	1.12
六东区	T_2k_1	100×140	13.1	4894	670	25.2	7.3	0.09	89	0.84
百重 7	T_2k_2	80×113	10.8	21000	869	18.3	1.6	0.06	92	0.77

理论研究与生产实际都表明，汽驱合理井距完全与吞吐有效加热半径相匹配，有效的汽驱必须建立在吞吐基本形成有效热连通的基础上。对于适合蒸汽驱的油藏，确定合理井距时应首先兼顾汽驱的井距。

3. 转汽驱时机

理论研究显示，重 32 井区 50m 井距吞吐 4 轮后井间尚有 10m 左右油层没有有效加热，一旦转汽驱，蒸汽只能以指进的方式推进，吞吐 6 轮后井间基本形成热连通，转汽驱后蒸汽推进较为均匀，波及面积明显增大(图 4-31)。

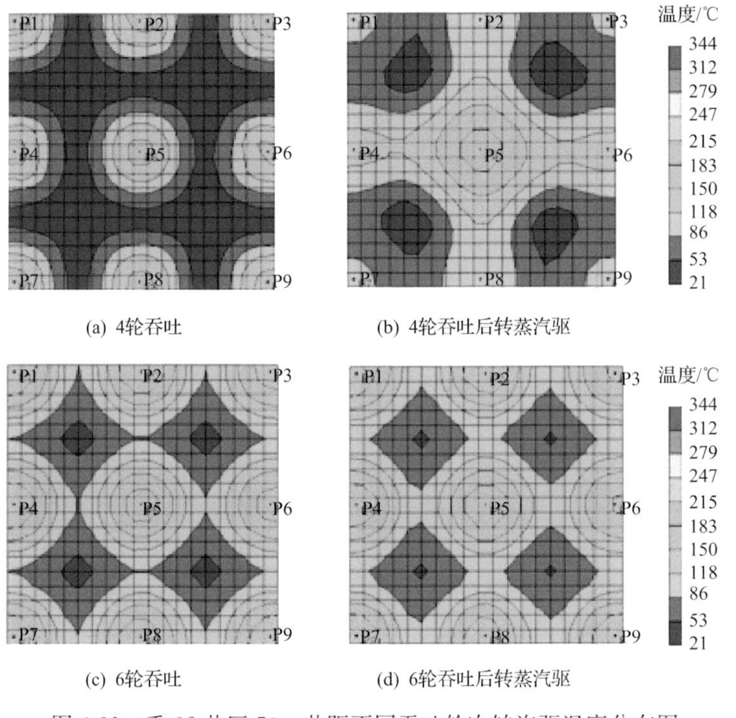

图 4-31　重 32 井区 50m 井距不同吞吐轮次转汽驱温度分布图

研究表明，普通稠油 70m 井距吞吐 6 轮、特稠油 50m 井距吞吐 5 轮、超稠油 50m 井距吞吐 7 轮后转汽驱效果较好(图 4-32～图 4-34)。

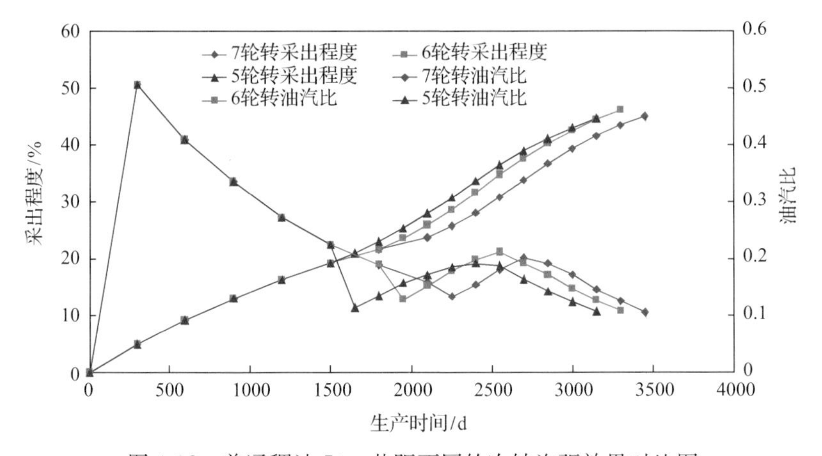

图 4-32　普通稠油 70m 井距不同轮次转汽驱效果对比图

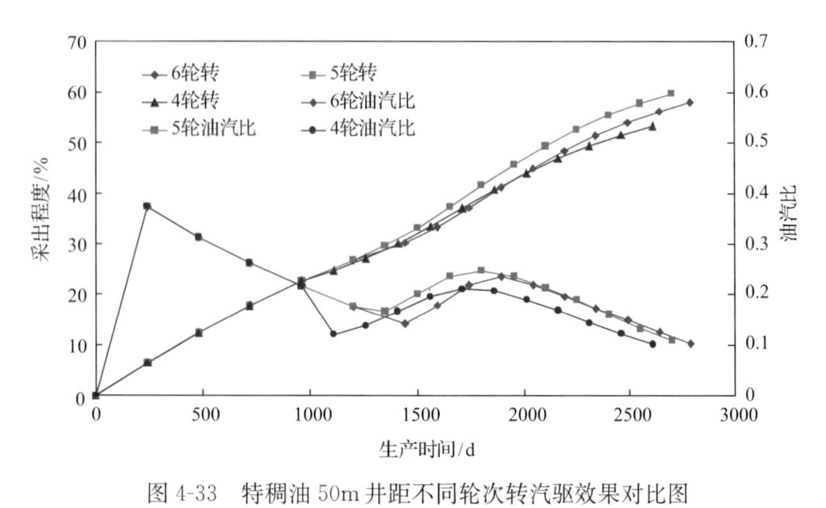

图 4-33　特稠油 50m 井距不同轮次转汽驱效果对比图

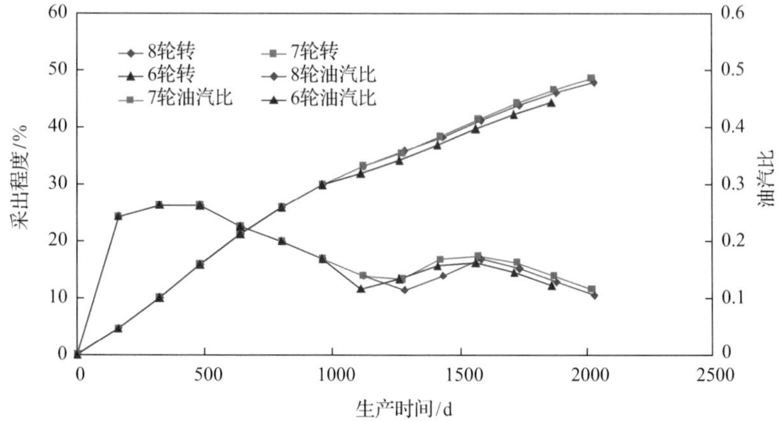

图 4-34　超稠油 50m 井距不同轮次转汽驱效果对比图

4. 井型选择

从原油黏度方面看，普通稠油周期产油是直井的 3～4 倍，油汽比是直井的 2 倍；特稠油、超稠油周期产油是直井的 1.5～2.5 倍，油汽比与直井相当。普通稠油水平井开发优势更为明显(图 4-35、图 4-36)。

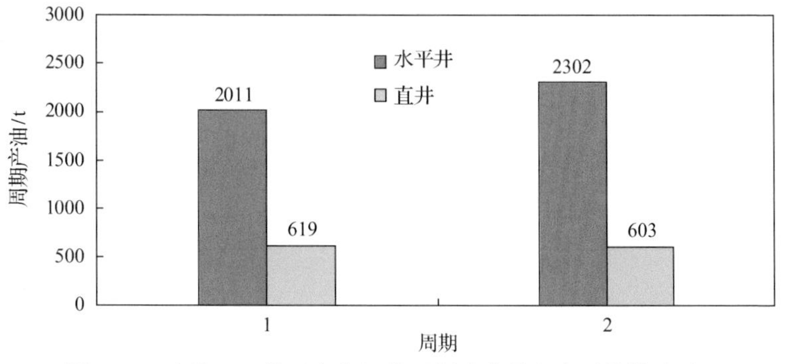

图 4-35　克浅 109 井区齐古组普通稠油直井与水平井效果对比

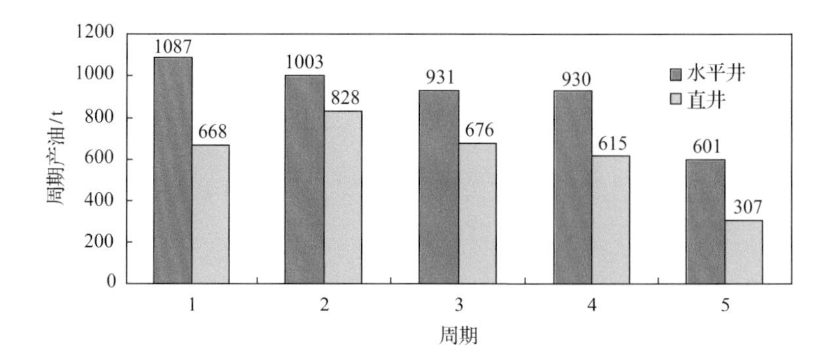

图 4-36　九$_8$区齐古组超稠油直井与水平井效果对比

重 32 井区齐古组 $J_3q_2^{2-1+2-2}$ 原油黏度为 19815mPa·s，水平井周期产油量是直井的 1.15 倍，$J_3q_2^{2-3}$ 原油黏度为 15837mPa·s，水平井周期产油量是直井的 1.96 倍，J_3q_3 原油黏度为 12181mPa·s，水平井周期产油量是直井的 3.34 倍（表 4-11）。由此可知，黏度越低，水平井优势越明显。

表 4-11　重 32 井区水平井、直井周期生产指标对比

井类	层位	轮次	统计井数/口	周期注汽量/t	注汽强度/(t/m)	周期产液/t	周期产油/t	平均日产油/(t/d)	油汽比	采注比
水平井	$J_3q_2^{2-1+2-2}$	1	16	3562	13.4	1724	453	7.9	0.13	0.48
		2	8	2693	11	1886	397	4.8	0.15	0.7
	$J_3q_2^{2-3}$	1	29	2995	12.7	1813	594	8.1	0.2	0.61
		2	18	2544	10.4	1664	617	9.1	0.24	0.65
	J_3q_3	1	72	2883	12	2091	792	9.8	0.27	0.73
		2	54	2866	11.8	2348	919	9.4	0.32	0.82
	平均			2911	12	2043	738	9.1	0.25	0.7
直井	$J_3q_2^{2-1+2-2}$	1	50	1447	84.6	721	261	3.3	0.18	0.5
		2	37	1708	92.8	1231	480	3.2	0.28	0.72
	$J_3q_2^{2-3}$	1	68	1019	110.8	668	256	3.8	0.25	0.66
		2	52	1131	119.1	990	361	3.5	0.32	0.88
	J_3q_3	1	116	818	120.3	613	239	3.8	0.29	0.75
		2	99	917	136.9	747	273	3	0.3	0.81
	平均			1065	109.4	767	288	3.4	0.27	0.72

从岩性和物性差异分析，砂岩油藏水平井效果明显好于砂砾岩油藏。

由百重 7 井区 15 口砾岩水平井与砂岩水平井对比可知，砾岩水平井周期生产时间短，产油量、油汽比低，生产效比周围直井还差（图 4-37）。

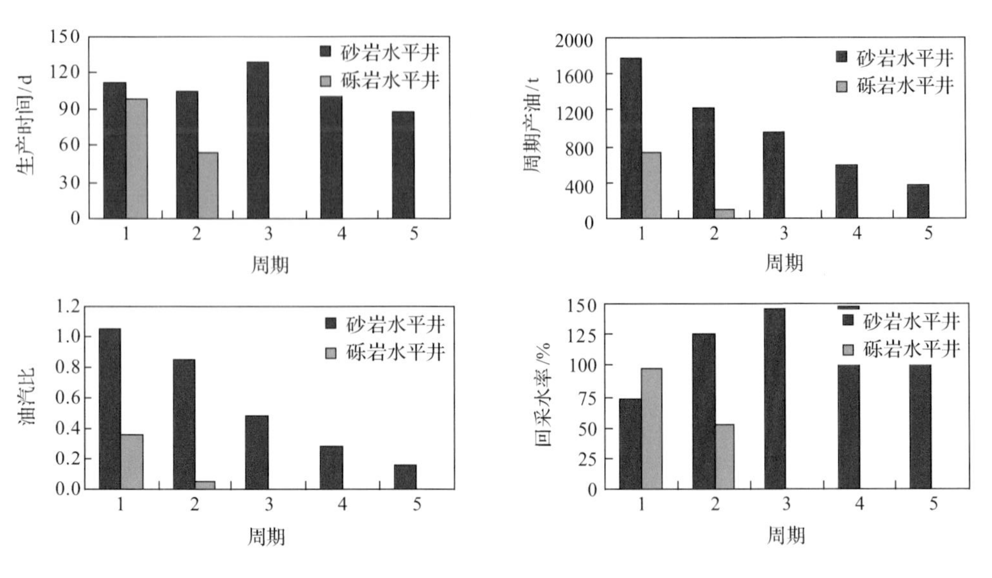

图 4-37　百重 7 井区不同岩性段水平井效果对比图

5. 水平段长度

数模研究结果表明，在注汽速度为 250t/d、水平段入口蒸汽干度为 50%的情况下，随水平段长度的增大，水平段内的蒸汽干度、压力、温度、热效率变低，导致每米油层增油量降低，油汽比降低。当水平段长度为 200m 左右时，产量、油汽比、热效率达到高峰(图 4-38、图 4-39)。

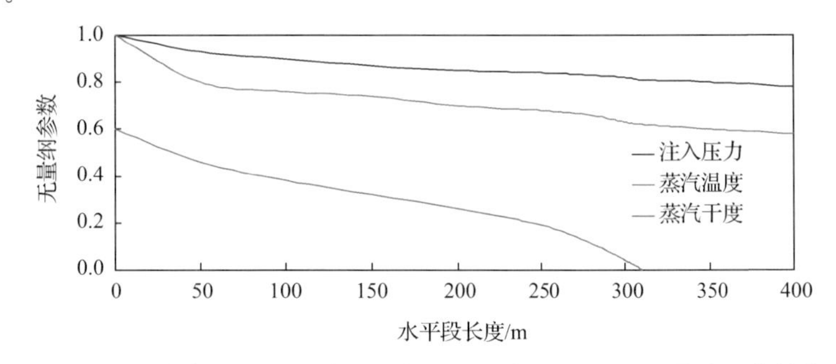

图 4-38　风城齐古组超稠油水平井水平井段内压力、温度及蒸汽干度的分布

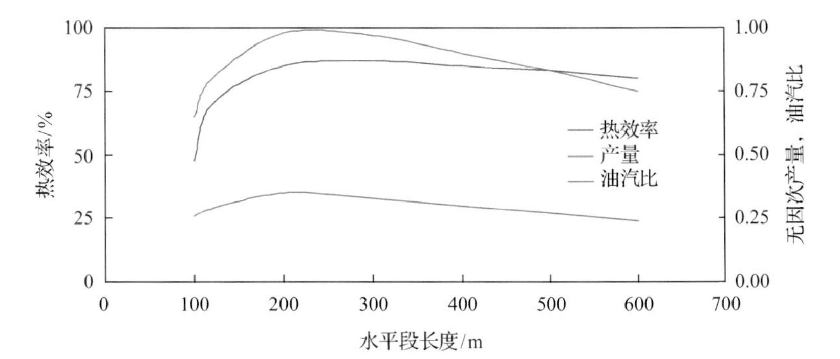

图 4-39　超稠油水平井水平段长度与热效率、产油量、油汽比关系

六浅 1 井区齐古组砂岩普通稠油、百重 7 井区克上组砂砾岩特稠油、重 32 井区齐古组砂岩超稠油水平段长度优化结果表明(图 4-40～图 4-42)，不同类型稠油油藏水平井生产效果均有同样特点，水平井产油量随水平段长度的增大而变高，但采出程度下降。

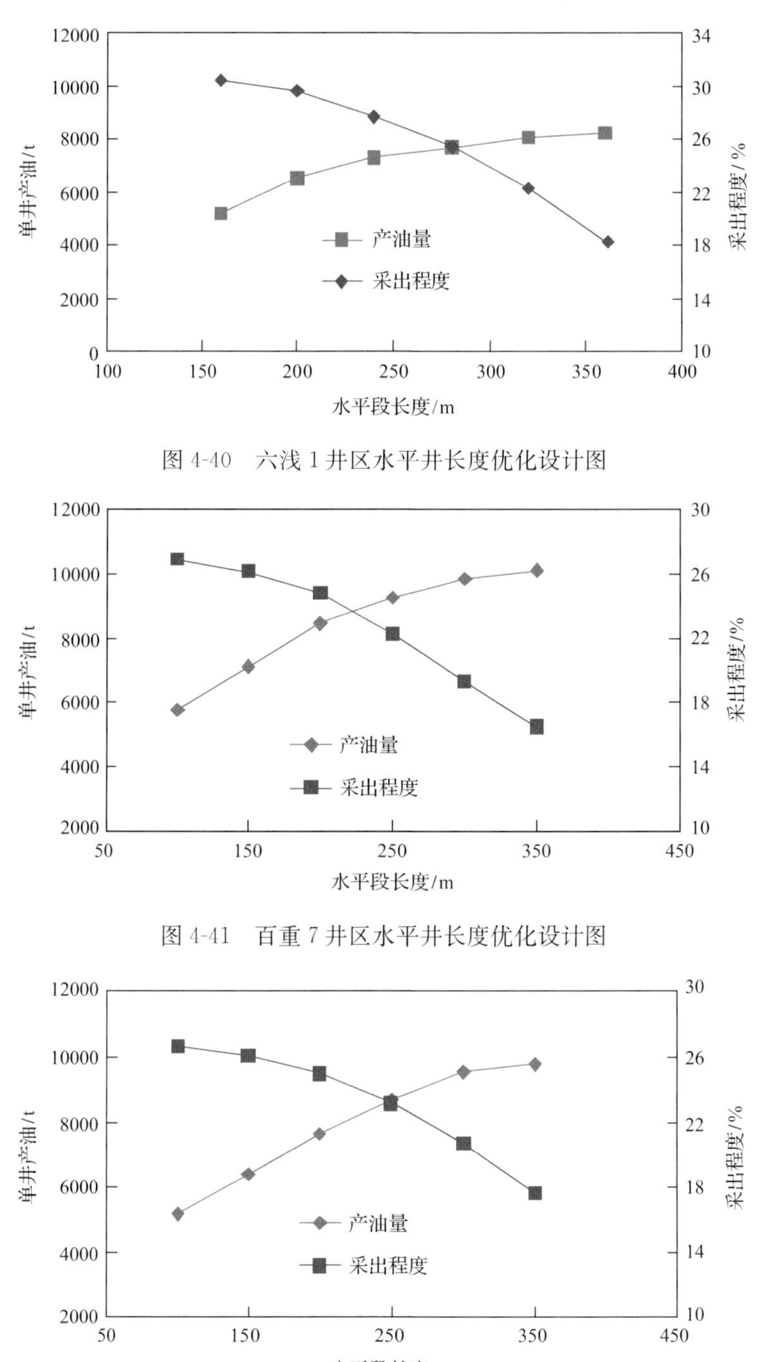

图 4-40　六浅 1 井区水平井长度优化设计图

图 4-41　百重 7 井区水平井长度优化设计图

图 4-42　风城重 32 井区水平井得长度优化设计图

实际生产效果表明，克浅109井区、六浅1井区砂岩普通稠油油藏水平井水平段长度大于230m；九$_8$区砂岩特稠油水平段长度180～220m；九$_8$区砂岩超稠油水平段长度150～180m，生产效果最好(图4-43～图4-45)；重32井区砂岩超稠油水平井水平段长度201～294m的初期产油量相差不大，长度201m的油汽比较高，生产效果较好(图4-46)。

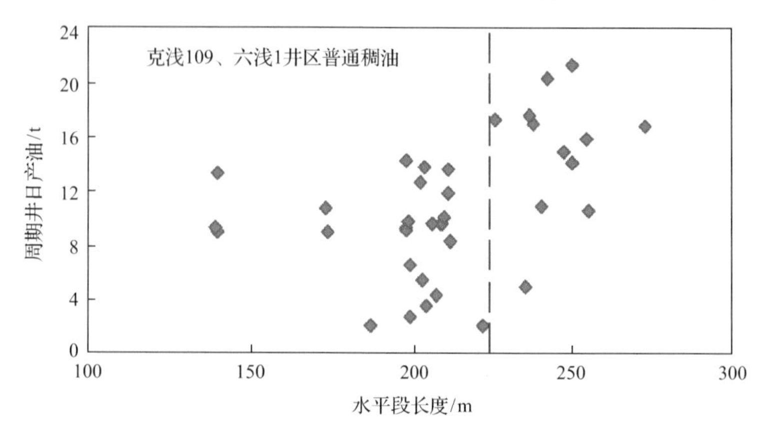

图4-43 砂岩普通稠油水平井1轮日产油与水平段长度关系图

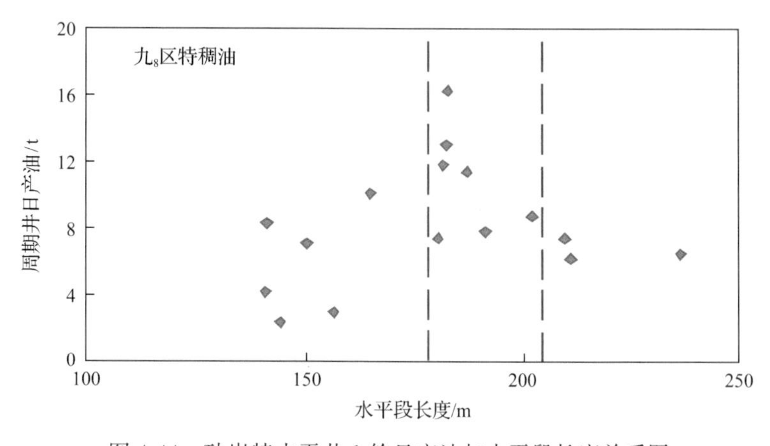

图4-44 砂岩特水平井1轮日产油与水平段长度关系图

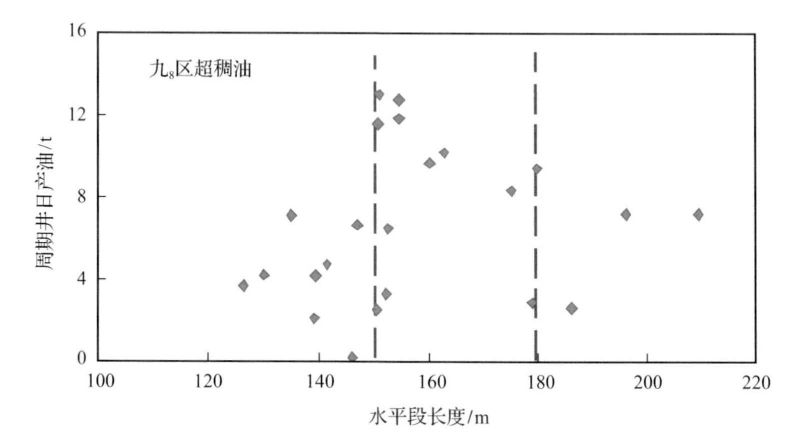

图4-45 超稠油水平井1轮日产油与水平段长度关系图

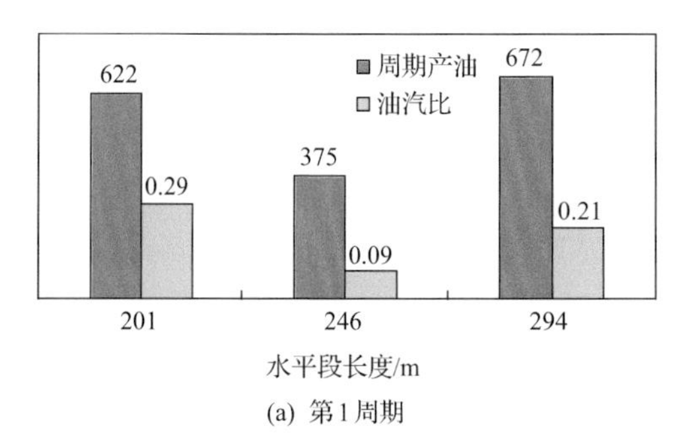

(a) 第1周期

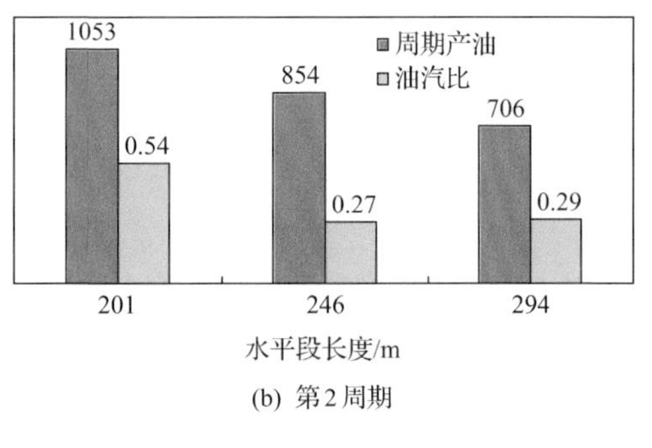

(b) 第2周期

图4-46　重32井区J_3q_2不同水平段长度水平井第1、2周期生产效果对比图

综合上述分析认为，普通稠油、特稠油、超稠油水平段长度分别为250～350m、200～300m、150～250m时效果最好。

6. 适宜水平井的油层厚度

稠油水平井开发数值模拟研究结果表明，水平井开发区油层厚度要适中，过大的厚度和过小的厚度都不适宜水平井开发，虽然随着厚度的增大，水平井累计产油量增高，但当厚度过大或过小时相应的采出程度变小。

重32井区超稠油数值模拟研究结果表明，油层厚度为8～12m时采出程度最高，油层厚度为4m和20m时采出程度最低(图4-47)。

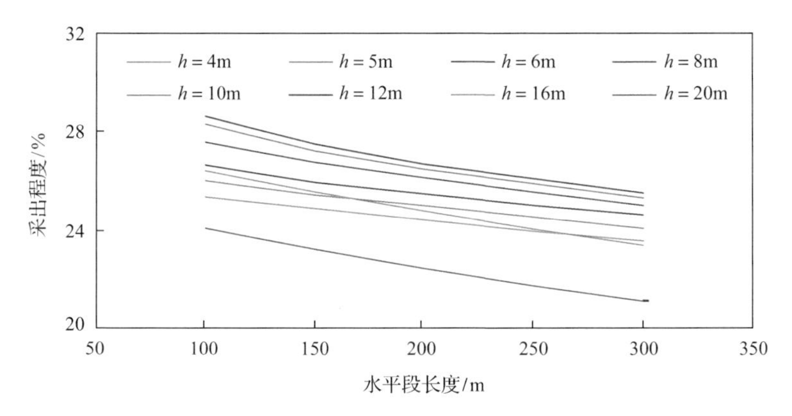

图4-47　重32井区不同长度水平井油层厚度与采出程度关系图

4.4.2　合理操作参数确定

1. 注汽压力

九$_8$区破裂压力为2.84～3.28MPa，注汽压力为4.5～6.2MPa，超过破裂压力为1.5～1.9倍，直井汽窜严重；而克浅10井区破裂压力6.86MPa，注汽压力在7.5MPa左右，略高于破裂压力，只发生汽窜6井次，汽窜不严重。实际生产效果表明，为防止汽窜发生，注汽压力应略小于地层破裂压力。

理论上，油层渗透率、注汽速度、原油黏度、油层厚度、注汽量等都对注汽压力有影响。相同注汽量下，油层厚度为10m，50℃原油黏度为5000mPa·s，注汽速度120t/d时，渗透率从2000mD降到200mD，每降低一半，井底流压上升约1MPa(图4-48)；油层厚度为10m，50℃原油黏度为1000mPa·s，渗透率为200mD时，注汽速度从80t/d提高到120t/d，井底流压上升约1.6MPa(图4-49)；油层厚度为10m，渗透率为2000mD，注汽速度为120t/d时，50℃原油黏度从500mPa·s上升到10000mPa·s，初始井底流压从5MPa上升到6.5MPa(图4-50)；50℃原油黏度为5000mPa·s，渗透率为2000mD，注汽速度为120t/d，每米油层注汽量相同时，随着油层厚度的增加，注汽压力降低(图4-51)。

随着注汽量的增加，注入压力增加；油层渗透率低、厚度小、原油黏度大的油藏，初始注汽量、注汽速度可以小一些，以降低注入压力，避免超过地层破裂压力。

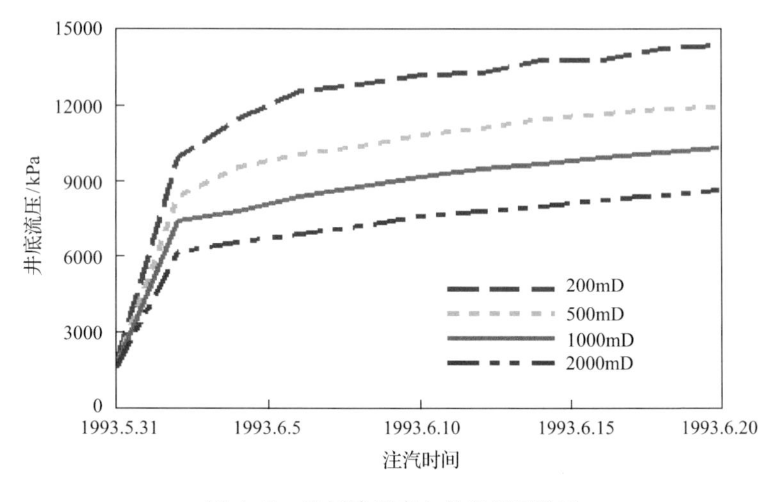

图4-48　油层渗透率与井底流压关系

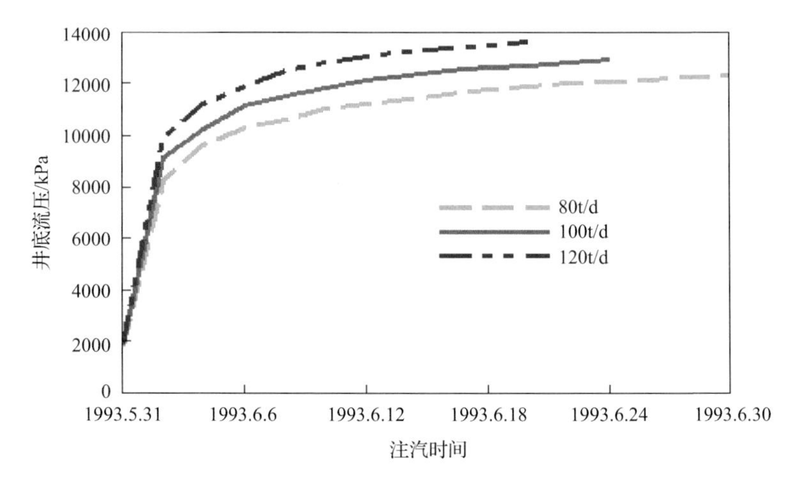

图4-49　注汽速度与井底流压关系

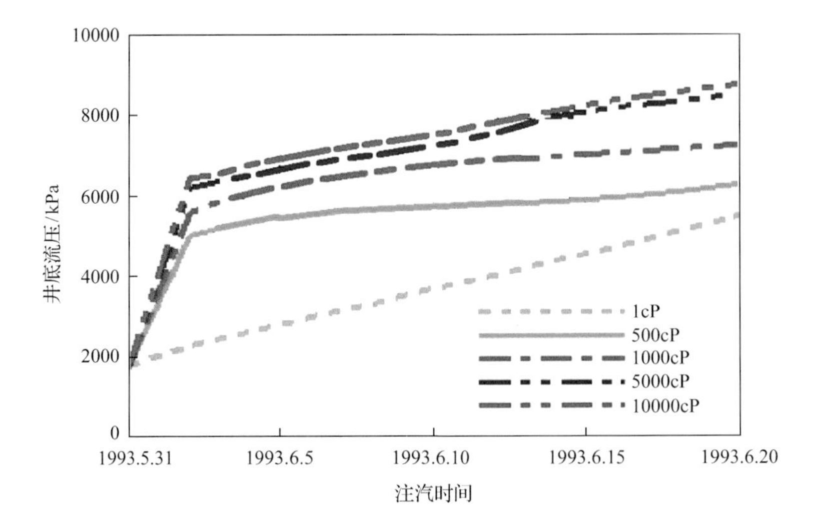

图 4-50　原油黏度与井底流压关系

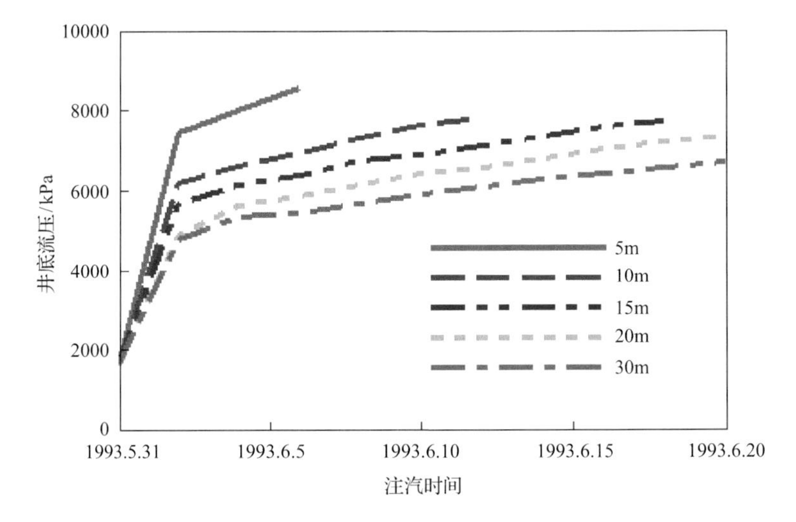

图 4-51　油层厚度与井底流压关系

2. 注汽速度

1）吞吐注汽速度

数值模拟研究和实际生产效果表明，吞吐阶段随着注汽速度的增加，单井周期产量增加，但增加到一定程度后，产量增幅减少或降低(图 4-52～图 4-55)，表明过高的注汽速度会造成汽窜，影响效果。

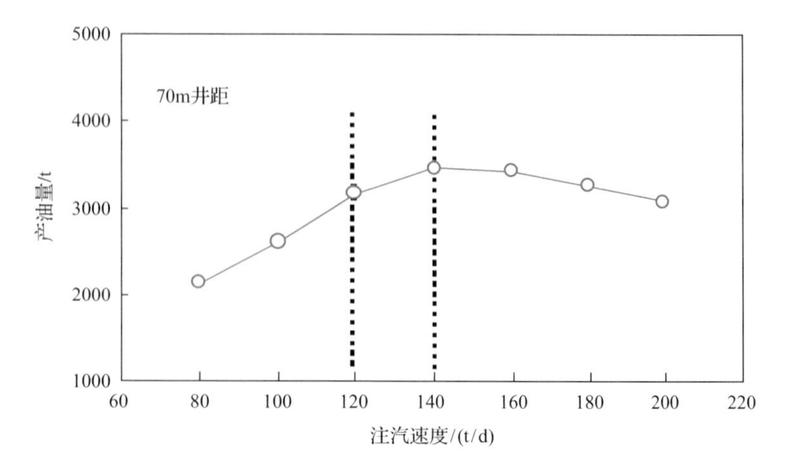

图 4-52　九$_8$ 区齐古组直井吞吐注汽速度优选结果图

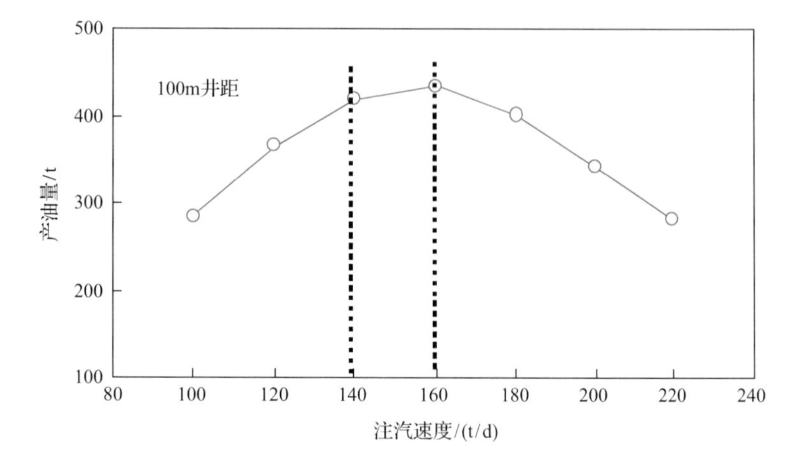

图 4-53　红浅 1 井区八道湾组直井吞吐注汽速度优选结果图

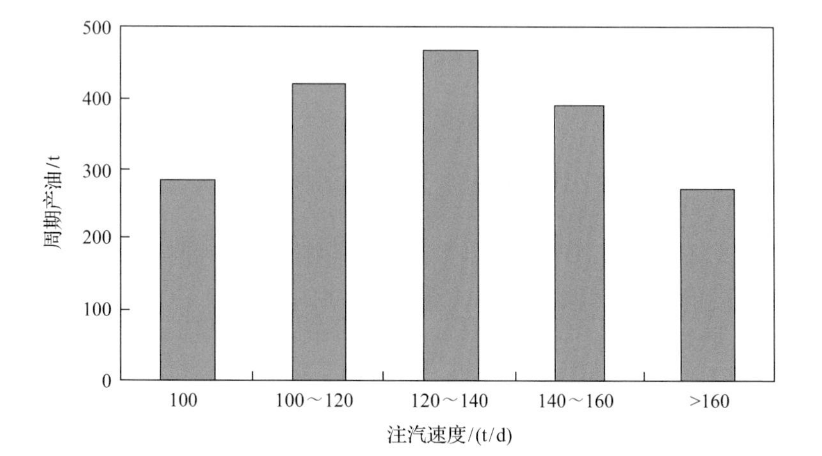

图 4-54　百重 7 井区八道湾组不同注汽速度生产效果对比图

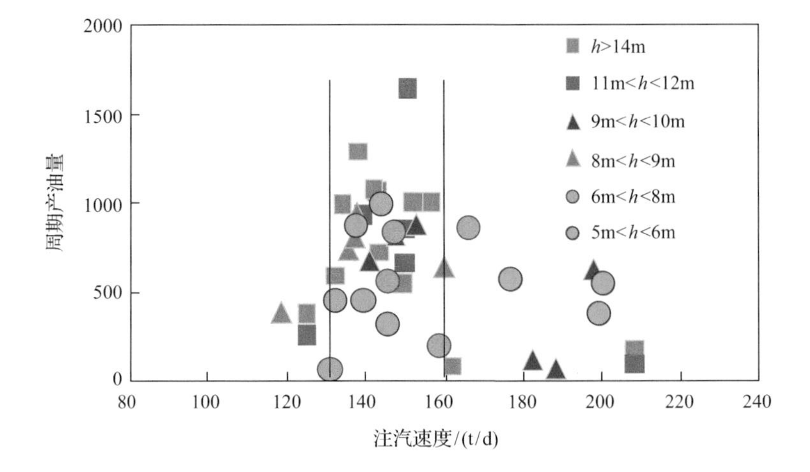

图 4-55　九$_6$区八道湾组注汽速度与第 1 周期生产效果对比图

现场资料统计表明，吞吐阶段注汽速度控制在 120～160t/d 比较好，储层物性好，注汽速度相应较高，随着井距增大，注汽速度相应提高(表 4-12)。

表 4-12　典型区块最优注汽速度统计表

区块	储层岩性	油层厚度/m	原油黏度(20℃)/(mPa·s)	渗透率/mD	井距/m	注汽速度/(t/d)
九$_1$—九$_5$(齐古组)	中细砂岩	15	5000	1780	70	150～180
九$_6$区(齐古组)	中细砂岩	13.6	23610	2178	70	150～180
百重 7(八道湾组)	砂砾岩	8.5	23000	414	80	100～120
重 32 试验区[齐古组(J_3q_3)]	中细砂岩	6.5	12000(50℃)	2000	70	150
九$_8$区(齐古组)	中细砂岩	18	8000(50℃)	1824	70	140

2) 汽驱注汽速度

汽驱阶段根据井距大小和生产井排液能力合理确定注汽速度。统计分析和数值模拟研究的结果表明，70m 井距汽驱阶段注汽速率为 2.0t/(d·m·ha)左右较好(图 4-56)。

3. 注汽强度

根据统计结果分析，不同类型油藏相同井距的注汽强度有所不同，有效厚度小、油层不连续或原油黏度大的油藏，其注汽强度相应要高(表 4-13)。

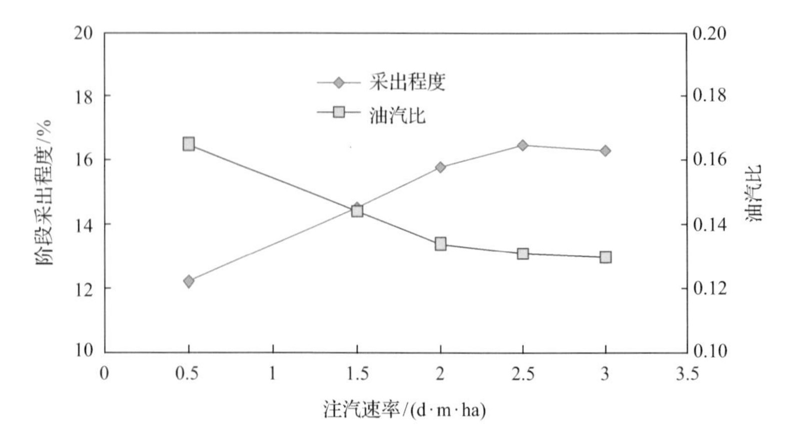

图 4-56 九区齐古组汽驱注汽速度优化结果图

表 4-13 典型区块最优注汽参数统计表

区块	储层岩性	油层厚度/m	原油黏度(20℃)/(mPa•s)	渗透率/mD	井距/m	注汽速度/(t/d)
九$_1$—九$_5$(齐古组)	中细砂岩	15	5000	1780	70	100～120
九$_6$区(齐古组)	中细砂岩	13.6	23610	2178	70	110～130
百重7(八道湾组)	砂砾岩	8.5	23000	414	80	100～120
重32试验区[齐古组(J_3q_3)]	中细砂岩	6.5	12000(50℃)	2000	70	130
九$_8$区(齐古组)	中细砂岩	18	8000(50℃)	1824	70	130

4. 注汽干度

1) 吞吐注汽干度

随着井底干度的增加，吞吐有效加热半径增大，近井地带温度增加(图 4-57)。在周期内，随着采注比的增加(生产时间延长)，地层温度降低，近井地带温度趋于一致；有效加热半径先增大后减小(图 4-58)。

对比周期内不同干度下井底温度随采注比(时间)的变化，可以看出若井底干度为80%时采注比能达到 1.0，此时井底温度接近 120℃，在此温度下井底干度为 60%时采注比为 0.9，井底干度为 50%时采注比只能达到 0.72 左右(图 4-59)。

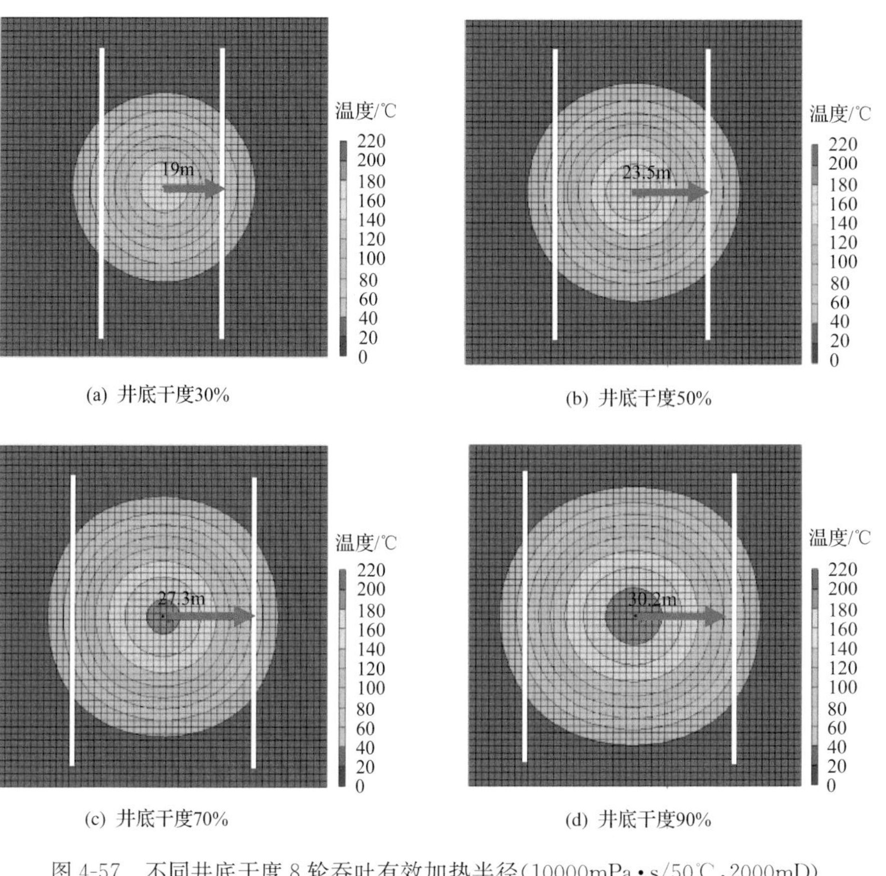

图 4-57　不同井底干度 8 轮吞吐有效加热半径(10000mPa·s/50℃,2000mD)

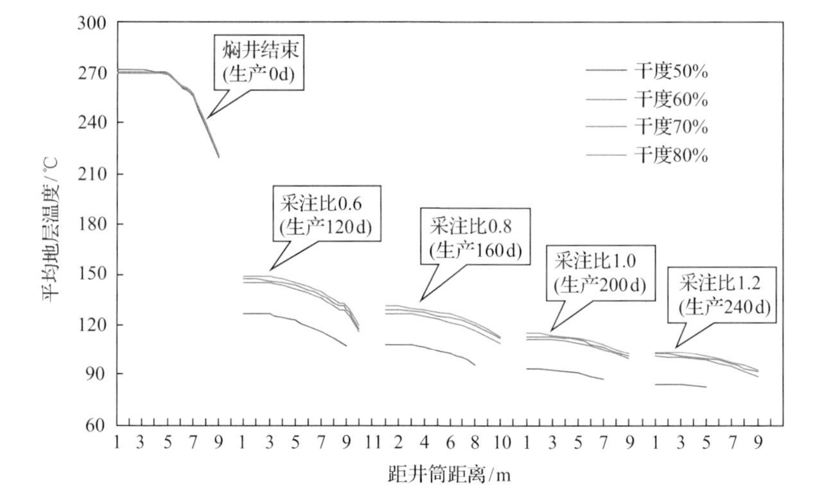

图 4-58　不同井底干度 1 轮吞吐距井筒不同距离的平均地层温度

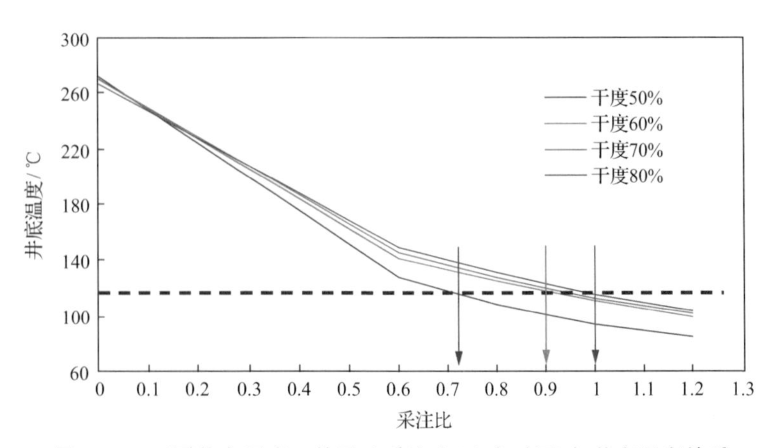

图 4-59　不同井底干度 1 轮吞吐采注比(生产时间)与井底温度关系

2）汽驱注汽干度

在注汽参数优化的基础上，对比九$_7$、九$_8$扩边区(50℃原油黏度分别为 10000mPa·s、5000mPa·s)50m 井距汽驱注汽井井底干度分别为 30%、40%、50%、60%时的生产情况，结果表明(图 4-60、图 4-61)，随着蒸汽干度增加油汽比增高，汽驱效果变好。

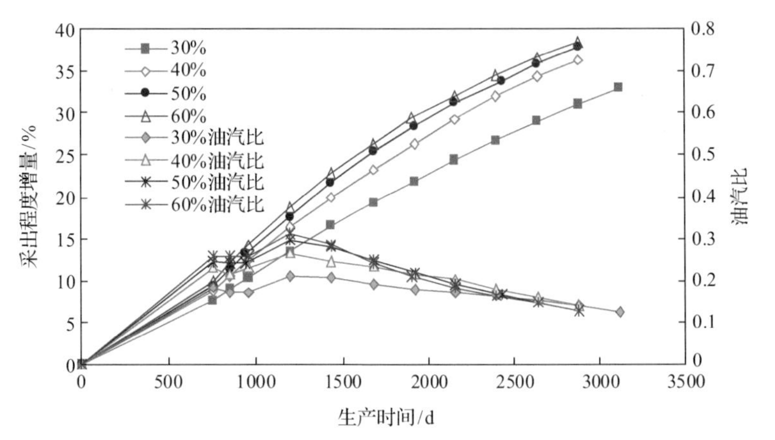

图 4-60　九$_8$扩边区齐古组 50m 井距不同蒸汽干度汽驱开发效果对比图

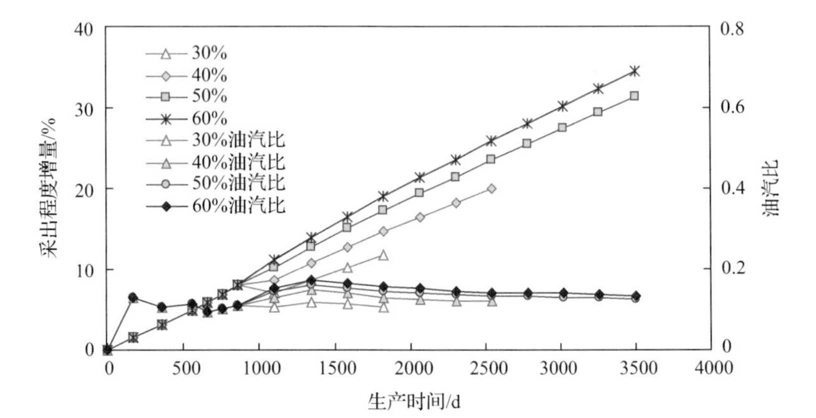

图 4-61　九$_7$扩边区齐古组 50m 井距不同蒸汽干度汽驱开发效果对比图

九$_8$扩边区蒸汽干度从 30%增加到 40%，采出程度增加 3.47%；从 40%增加到 50%，采出程度增加 1.40%；从 50%增加到 60%，采出程度仅增加 0.69%，汽驱蒸汽干度大于 50%，采出程度增幅变缓；九$_7$扩边区蒸汽干度从 40%增加到 50%，采出程度增加 11.33%；从 50%增加到 60%，采出程度增加 3.14%，随干度增加，油汽比显著改善。

从汽驱温度分布图来看，九$_8$扩边区干度 60%蒸汽超覆作用强，汽窜概率大，因此油汽比没有稳定段，呈直线下降趋势（图 4-62）；九$_7$扩边区相对黏度较高，对蒸汽的扩展阻挡作用强，蒸汽在注汽井附近缓慢扩展，干度越大，加热面积越大（图 4-63），因此油汽比下降较平缓。综合来看，50℃黏度低于 5000mPa·s 的汽驱干度 50%左右较好，50℃黏度大于 5000mPa·s 的汽驱干度应大于 50%。

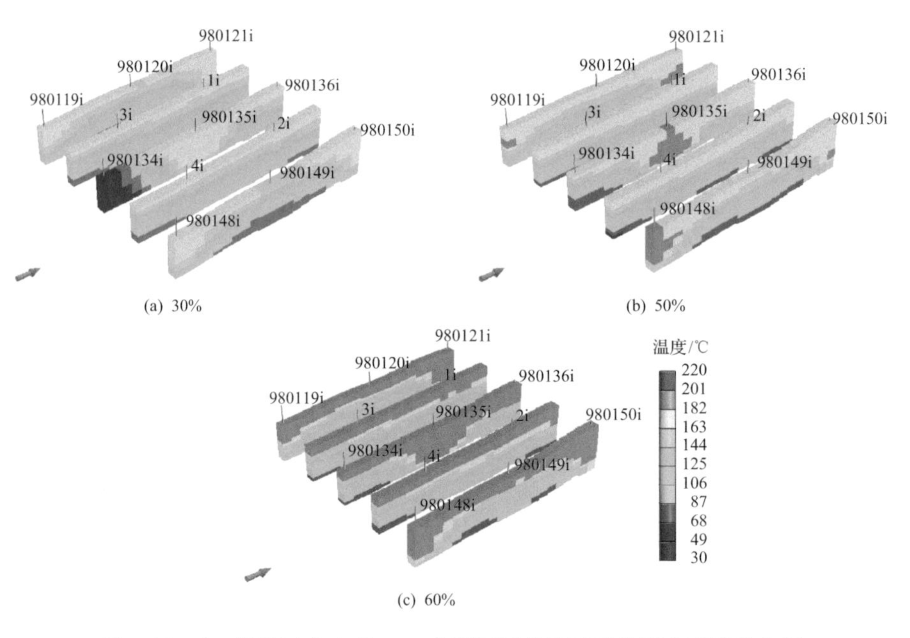

(a) 30%　(b) 50%　(c) 60%

图 4-62　九$_8$扩边区齐古组 50m 井距不同蒸汽干度汽驱末温度分布图

i 表示注入井，下同

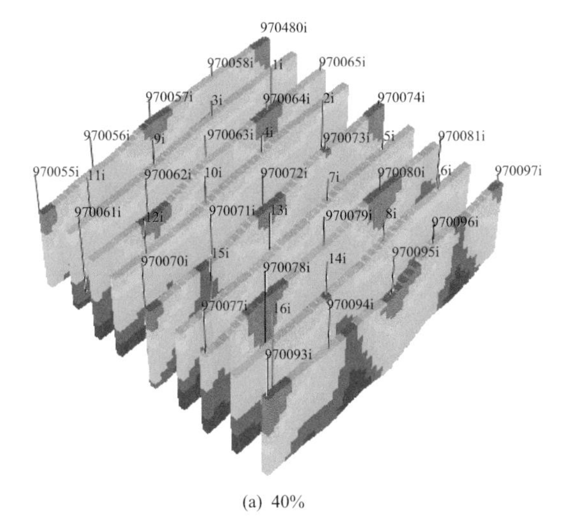

(a) 40%

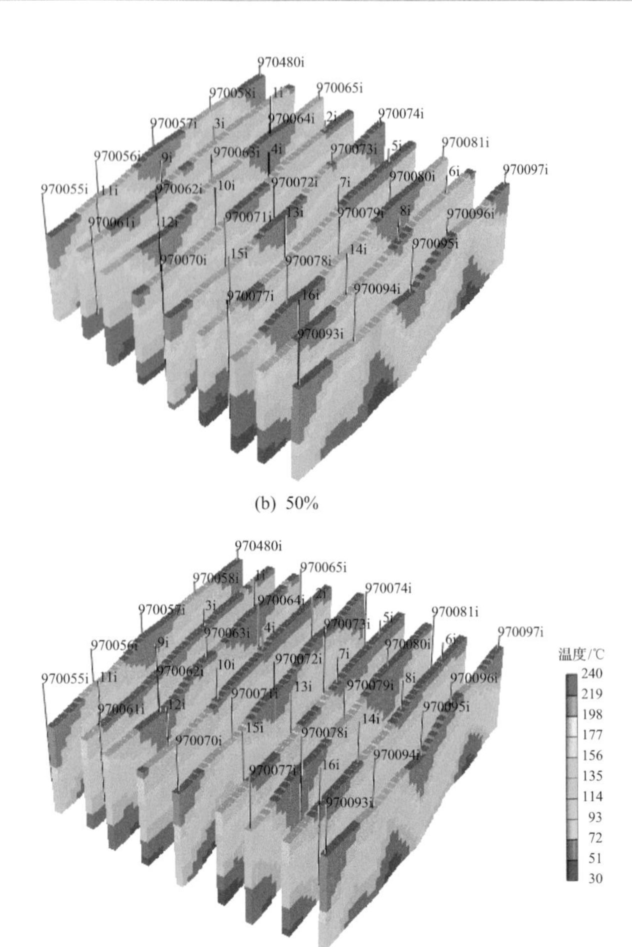

图 4-63 九$_7$扩边区齐古组 50m 井距不同蒸汽干度汽驱末温度分布图

由于稠油油藏类型多样,地质条件比较复杂,不同类型油藏因开发过程中出现的问题及相应的技术对策不同,在开发方案设计之前需按其特点筛选适宜的开发模式,然后再进行热采可行性研究及先导性试验,在取得必要的试验资料后,再进行正式热采开发方案设计,以提高其开发效果及经济效益。

根据统计分析和室内研究成果,制定了不同油藏的直井与水平井的技术开发的现场操作规范(表 4-14、表 4-15)。经研究该筛选标准基本符合实际的要求,是可行的。

表 4-14 新疆油田不同类型浅层稠油直井开发设计规范

油藏类型	50℃原油黏度/(mPa·s)	吞吐首轮注汽强度/(t/m)	吞吐注汽速度/(t/d)	井底蒸汽干度/%	吞吐焖井时间/d	吞吐前3轮采注比	汽驱注汽强度/[t/(d·m)]	汽驱采注比
砂岩普通稠油	<700	100~120	130~150	>50	2~3	1~1.2	3.5~4.3	1.0~1.2
砂砾岩普通稠油		100~130	100~120	>50	2~3	1~1.2	3.2~3.9	1.0~1.2

续表

油藏类型	50℃原油黏度/(mPa·s)	吞吐首轮注汽强度/(t/m)	吞吐注汽速度/(t/d)	井底蒸汽干度/%	吞吐焖井时间/d	吞吐前 3 轮采注比	汽驱注汽强度/[t/(d·m)]	汽驱采注比
砂岩特稠油	700～2000	120～140	130～150	>60	3	1～1.2	3.9～4.9	1.0～1.2
砂砾岩特稠油		110～140	100～120	>60	3	>1.0	不适于汽驱	
砂岩超稠油	2000～50000	110～140	110～140	>800	3	>0.9	3.9～4.9	1.0～1.2
	>50000	暂不确定						
砂砾岩超稠油	2000～50000	110～140	100～120	>70	3	>0.7	不适于汽驱	
	>50000	暂不确定					不适于汽驱	

注:注汽量从第 2 轮至第 6 轮在前一轮的基础上按照 10%递增,后期保持不变。

表 4-15　新疆油田不同类型浅层稠油水平井开发设计规范

油藏类型	50℃原油黏度/(mPa·s)	吞吐首轮注汽强度/(t/m水平段)	吞吐注汽速度/(t/d)	井底蒸汽干度/%	吞吐焖井时间/d	吞吐采注比	汽驱注汽强度/[t/(d·m)]	汽驱采注比
砂岩普通稠油	<700	8～12	250～300	>50	3	1～1.2	3.5～4.3	1.0～1.2
砂砾岩普通稠油		8～14	200～250	>50	3	1～1.2	3.2～3.9	1.0～1.2
砂岩特稠油	700～2000	10～14	250～300	>60	3～4	1～1.2	3.9～4.9	1.0～1.2
砂砾岩特稠油		不适于水平井开发						
砂岩超稠油	2000～50000	12～18	200～300	>80	4	>0.9	4.9	1.0～1.2
	>50000	不适于水平井开发						
砂砾岩超稠油	2000～50000	不适于水平井开发						

注:注汽量从第 2 轮至第 6 轮在前一轮的基础上按照 10%～20%递增,后期保持不变。

第5章 不同类型稠油油藏开发实践

新疆稠油注蒸汽开发实践做了大量探索，在地质精细描述、油藏工程、钻完井技术、注汽采油技术、地面配套工艺等方面积累了大量的经验。本章以普通稠油油藏、特稠油油藏、超稠油油藏为例，总结了3种典型油藏多年来的开发实践，阐述了注蒸汽开发过程的主要生产特征与规律，结合现场实例概述了改善注蒸汽效果的相关技术措施。实践经验表明，新疆普通和特稠油注蒸汽开采效果显著，蒸汽吞吐和蒸汽驱开采技术已趋于完善；超稠油开采过程中形成的系列新技术改善了蒸汽吞吐的效果，吞吐后期转换开发方式的实践进一步提高了超稠油开发效果，相关技术已初见成效。

5.1 普通稠油油藏注蒸汽开发实践——$九_1$—$九_5$区块为例

$九_1$—$九_5$区块属于浅层普通-特稠油油藏，以普通稠油油藏为主体，共4套开发层系，为典型的复式油藏。$九_1$—$九_5$区块稠油油藏是新疆油田最早系统地开发的稠油油藏，经历了蒸汽吞吐、蒸汽驱及蒸汽驱的再调整等稠油油藏的全生命周期开发，针对稠油开发的难点问题，$九_1$—$九_5$区稠油区块经过30多年的开发与探索，已成为新疆稠油开发的开拓者，形成了浅层稠油开发的特色技术系列，包括稠油油藏精细描述技术、稠油油藏工程研究及参数优化技术、稠油油藏动态监测调整技术、稠油蒸汽驱后期提高采收率技术。开发实践过程中精细地刻画了齐古组的储层特征，为剩余油分布特征研究和油藏扩边挖潜提供了坚实基础；在精细油藏描述基础上，从1998年开始完善油藏工程优化技术，进行浅层稠油蒸汽驱注入参数优化及$九_1$—$九_5$区调整方案的编制研究；跟踪监测油层剩余油分布状况、实际井网条件和蒸汽驱波及动用情况，制定完善的层系调整和细分方案，确保开发区产量稳定，从而确保油田的高效益开发，获得收益丰厚的高回报，为后期同类油藏开发提供借鉴。

5.1.1 油藏概况

$九_1$—$九_5$区块位于克拉玛依市东北约40km处，构造位置位于克-乌断裂二级构造带上盘，含油面积35.26km^2，地质储量5917.86×10^4t，可采储量2555.39×10^4t，已动用地质储量5463.95×10^4t，可采储量2496.09×10^4t，储量动用高达92.3%。$九_1$—$九_5$区油藏从古生界—中生界主要发育有齐古组、八道湾组、克拉玛依组和石炭系4套层系，其中古生界石炭系为稀油油藏，克拉玛依组、八道湾组、齐古组均为稠油油藏，齐古组为主力蒸汽吞吐和蒸汽驱开发油藏。含油地层厚度齐古组109m、八道湾组77m、克拉玛依组33m(图5-1)，油层相对集中。

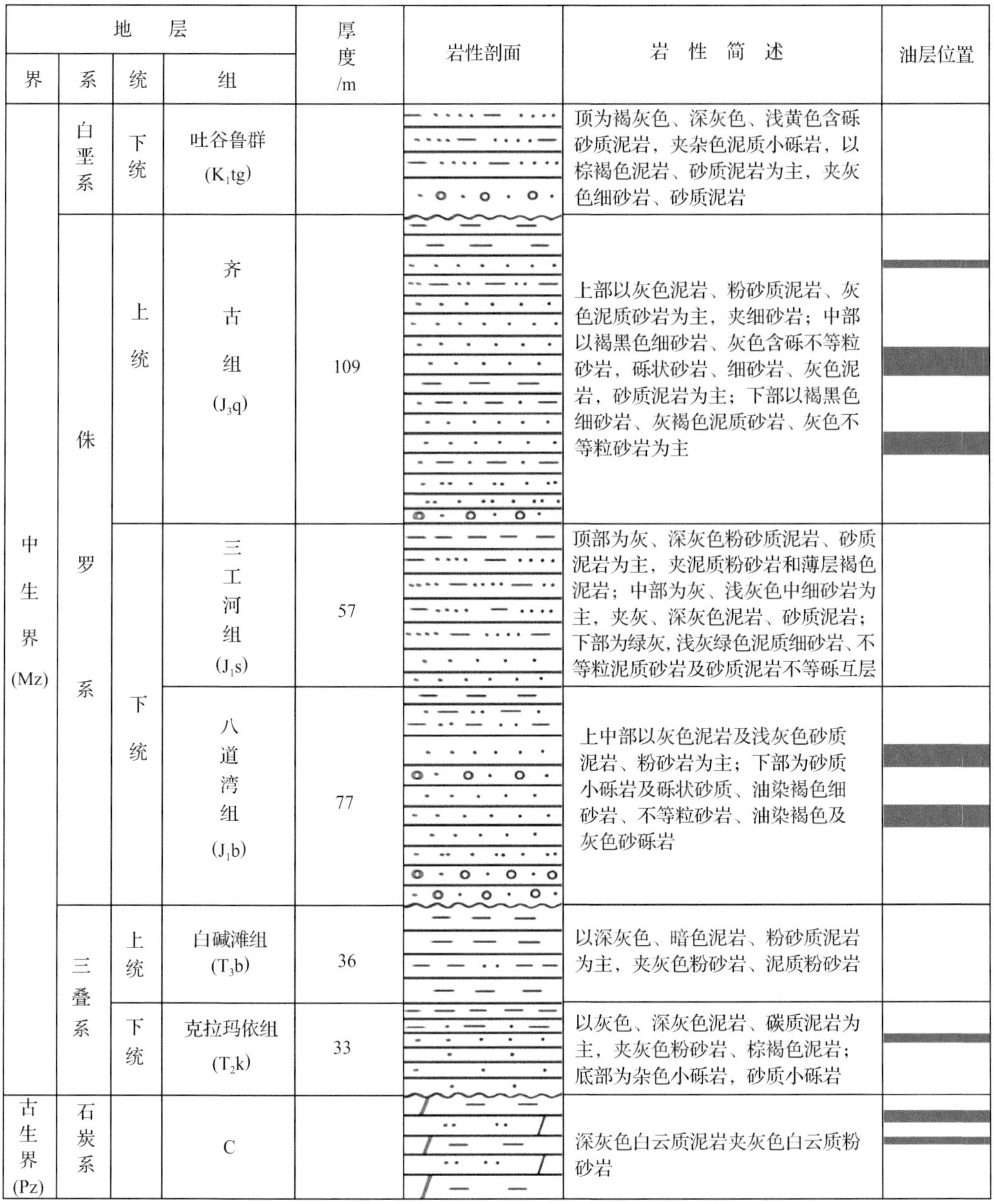

地层				厚度/m	岩性剖面	岩性简述	油层位置
界	系	统	组				
中生界(Mz)	白垩系	下统	吐谷鲁群(K_1tg)			顶为褐灰色、深灰色、浅黄色含砾砂质泥岩，夹杂色泥质小砾岩，以棕褐色泥岩、砂质泥岩为主，夹灰色细砂岩、砂质泥岩	
	侏罗系	上统	齐古组(J_3q)	109		上部以灰色泥岩、粉砂质泥岩、灰色泥质砂岩为主，夹细砂岩；中部以褐黑色细砂岩、灰色含砾不等粒砂岩，砾状砂岩、细砂岩、灰色泥岩，砂质泥岩为主；下部以褐黑色细砂岩、灰褐色泥质砂岩、灰色不等粒砂岩为主	
		下统	三工河组(J_1s)	57		顶部为灰、深灰色粉砂质泥岩、砂质泥岩为主，夹泥质粉砂岩和薄层褐色泥岩；中部为灰、浅灰色中细砂岩为主，夹灰、深灰色泥岩、砂质泥岩；下部为绿灰，浅灰绿色泥质细砂岩、不等粒泥质砂岩及砂质泥岩不等砾互层	
			八道湾组(J_1b)	77		上中部以灰色泥岩及浅灰色砂质泥岩、粉砂岩为主；下部为砂质小砾岩及砾状砂质、油染褐色细砂岩、不等粒砂岩、油染褐色及灰色砂砾岩	
	三叠系	上统	白碱滩组(T_3b)	36		以深灰色、暗色泥岩、粉砂质泥岩为主，夹灰色粉砂岩、泥质粉砂岩	
		下统	克拉玛依组(T_2k)	33		以灰色、深灰色泥岩、碳质泥岩为主，夹灰色粉砂岩、棕褐色泥岩；底部为杂色小砾岩，砂质小砾岩	
古生界(Pz)	石炭系		C			深灰色白云质泥岩夹灰色白云质粉砂岩	

图 5-1　九区地层综合柱状图

1. 构造特征

九₁—九₅区区域构造上位于克-乌断裂二级构造带上盘的超覆尖灭带上，被西白-百断层所遮挡；油藏构造简单，其顶部构造为一向南东缓倾的单斜，倾角为 4°～9°，平均埋深 240m，海拔 60m。

2. 沉积特征

据区域沉积研究认为，九区所包含的沉积亚相有河道间亚相和河道沉积亚相，沉积微相有河道滞留微相、心滩微相、废弃河道微相、河漫滩微相。齐古组为辫状河沉积(图 5-2)，储层分布稳定，沉积厚度 60～150m，砂体厚度 23.5～52.0m，具有东厚西薄的变化特征。

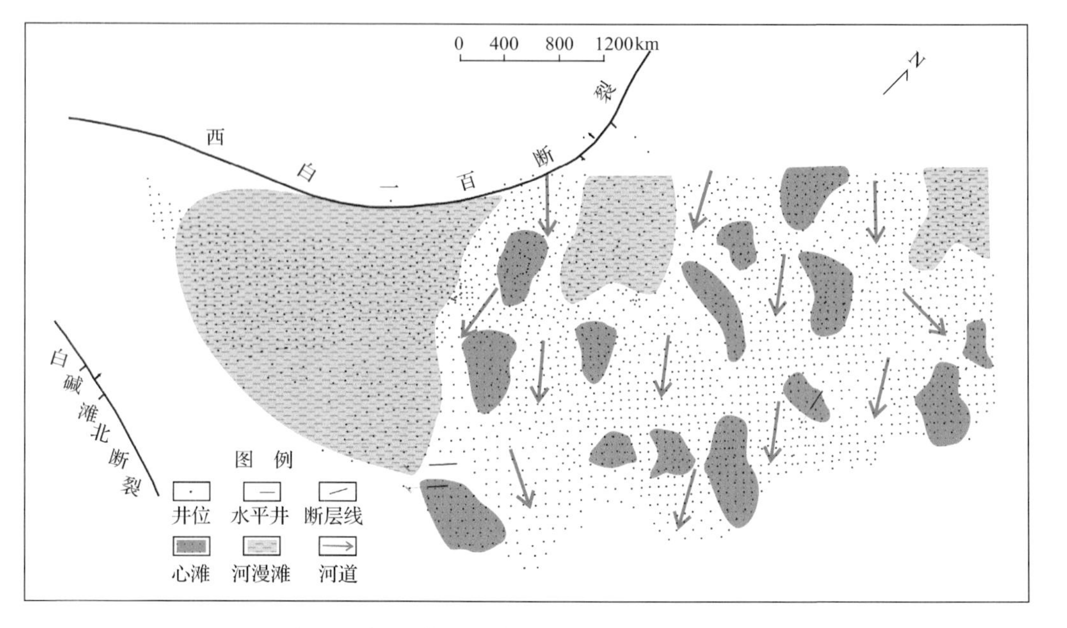

图 5-2 九$_1$—九$_5$区齐古组油藏J_3q_3层沉积相带图

齐古组J_3q层可划分为 3 套砂层J_3q_1、J_3q_2、J_3q_3，J_3q_2内部可划为$J_3q_2^{2-1}$、$J_3q_2^{2-2}$、$J_3q_2^{2-3}$ 3 个单砂体，J_3q_3内部可划为$J_3q_3^1$、$J_3q_3^2$ 2 个单砂体。

总体上看，齐古组地层厚度变化不大，在靠近尖灭线区域厚度减薄，变化较大；八道湾组、克拉玛依组的地层厚度变化较大。

3. 储层特征

九$_1$—九$_5$区齐古组为一套正旋回的砂泥岩组合，有效厚度为 5～40m，平均 14.7m。主要岩屑成分为变泥岩块、石英和长石。属近物源的低成熟度沉积物。胶结物以泥质胶结为主，钙质胶结次之，胶结程度疏松-中等。胶结类型大多属孔隙-接触式，胶结物含量为 2.0%～6.0%。黏土矿物成分一般以高岭石为主，但在九$_5$区伊/蒙混层矿物含量较高，油层部位基本上不存在蒙脱石。只在九$_4$区和九$_5$区的非油层部位含有水敏性很强的蒙脱石。据九区 37 口取心井的孔隙度样品和渗透率样品的分析结果统计，齐古组孔隙度一般为 25%～35%，平均 27.4%；渗透率为 300～4000mD，平均 3000mD。

测井资料显示(表 5-1)，九$_1$—九$_5$区齐古组油层在纵向上J_3q_1砂层组的物性最好，平均孔隙度为 31.0%，平均渗透率为 2941.7mD；J_3q_3砂层组的物性最差，平均孔隙度为 29.0%，平均渗透率为 1724.5mD；平面上，九$_2$区的物性最好，平均孔隙度为 30.9%，平均渗透率为2715.1mD；九$_5$区的物性最差，平均孔隙度为29.0%，平均渗透率为1729.0mD。但总体来看，九$_1$—九$_5$区齐古组为一高孔隙度、高渗透率的储层，油层渗透率为108～9620mD，平均为1857mD。

表5-1　九$_1$—九$_5$油层物性参数表

层系	含油岩性	油层埋藏深度/m		孔隙度/%		渗透率/mD	
		范围	平均值	范围	平均值	范围	平均值
齐古组	砂岩	160～400	240	25～35	27.4	300～4000	3000
八道湾组	砂岩	260～400	350	9.86～34.14	22.50	300～4000	3000
克拉玛依组	砂岩	240～350	320	16.3～32.26	21.70	1.03～1975.83	249.1
石炭系	火成岩	228.5～1650		1.6～10.6	3.80	0.01～78.65	0.09

九$_1$—九$_5$区齐古组储层的孔隙类型有5种：粒间孔、粒间溶孔、粒内孔、胶结物内溶孔和微裂缝。但主要孔隙类型为粒间孔，占齐古组孔隙的50%～95%，其孔径大小在37～600μm，面孔率为2.5%～15%，且粒间孔发育的部位，胶结物含量较少。

4. 流体物性

1）原油物性

九$_1$—九$_5$区齐古组为普通稠油，其油藏的原油性质具有“三高四低”特点，即黏度高、酸值高、胶质含量高、含蜡量低、凝固点低、含硫量低、沥青质含量低。原油黏度随温度变化敏感性较强，当温度由20℃上升到50℃时，原油黏度可从5000mPa·s下降到400mPa·s，温度上升到80℃时，黏度可降低到55mPa·s左右（图5-3）。

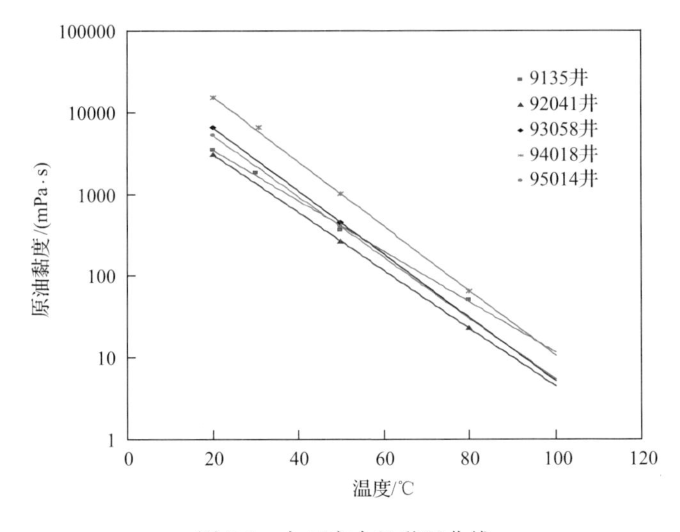

图5-3　九区齐古组黏温曲线

九$_1$区、九$_2$区东部、九$_3$区和九$_5$区大部分地区的原油黏度在20℃时为5000mPa·s以下。部分区域如九$_1$区91110井附近和91027井附近是高黏区，属于特稠油-超稠油；九$_2$

区西部和九$_4$区原油黏度相对较高，九$_2$区西部原油黏度最高，一般在20000mPa·s以上，最高的92189井可达330348mPa·s，属特稠油-超稠油。

2）地层水性质及分布规律

九区地层水多为$NaHCO_3$型，氯离子含量变化范围1127～7349mg/L，平均2500mg/L，矿化度量2974～14062mg/L，平均5582mg/L。

九$_1$—九$_5$区齐古组油藏内部主要为封存水，边部油井含水主要是边水侵入。齐古组地层水主要分布在$J_3q_2^2$、$J_3q_2^2$具有边水，油水分布主体受构造控制，水体处于构造下倾部位，局部受岩性控制，油水边界与构造线相交，边水并不活跃；$J_3q_2^{2-3}$在构造下倾部位，因与上部$J_3q_2^{2-2}$油层之间无稳定的隔层屏障，造成$J_3q_2^{2-2}$油层射孔底界较低的井产地层水。构造上倾部位局部区域产水率高，为$J_3q_2^{2-3}$的地层水上窜所致。

5. 油层压力及温度

九区齐古组油藏压力系数为1.04～1.33，地温梯度2.13℃/100m，均为低温常压油藏。储层的热容为2.537×10^6J/(m^3·℃)，热扩散系数为0.59×10^{-6}m^2/s，反映了该区储层岩石具有良好的导热性能，有利于热力采油。

5.1.2 开发历程

九$_1$—九$_5$区稠油经历30年的开发历程，投产至今可分为蒸汽吞吐、蒸汽驱试验阶段、蒸汽驱加密调整、全面蒸汽驱4个开发阶段(图5-4)。

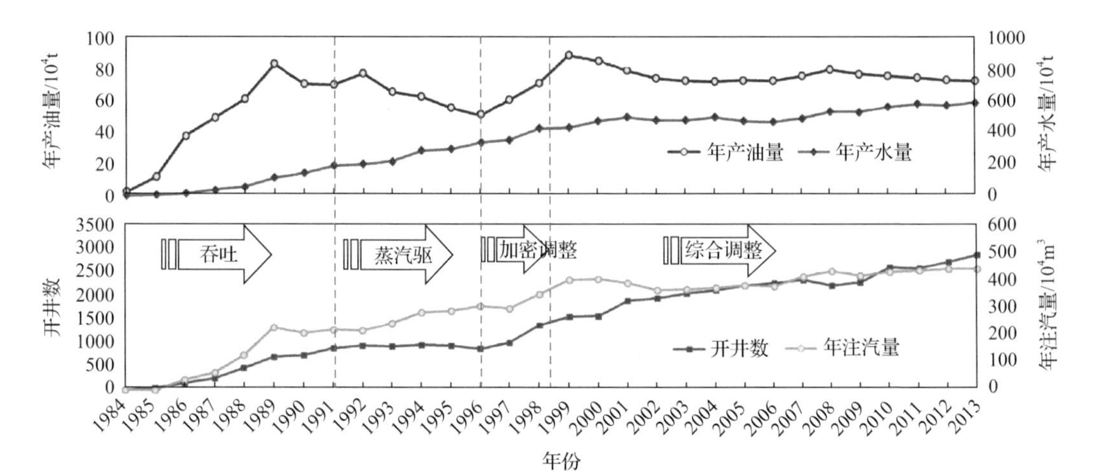

图5-4 九$_1$—九$_5$区油藏综合开发曲线

1. 蒸汽吞吐阶段

九$_1$—九$_5$区齐古组稠油油藏发现于1983年，1984年陆续投入注蒸汽开发。1984～1990年为蒸汽吞吐阶段。其中吞吐时间最长的是九$_1$、九$_2$和九$_3$区，吞吐时间长达5～7年，吞吐周期在5～9轮。吞吐初期效果好，油汽比高、采油速度大。吞吐初期单井日产油一般均在3.5t/d以上，采油速度可达3.6%～4.7%，吞吐期平均采油速度在2.5%左右。

但随着吞吐轮次的增加，单井产量逐渐降低，5～6轮后吞吐已经没有经济效益。齐古组实际生产资料显示，前4个周期各区油汽比均在0.25以上，平均单井日产油和单井周期产油量均达到或超过方案设计指标。但5～6轮之后平均日产油已降至1.0～1.5t，油汽比降到0.15以下，综合含水高达70%以上，生产效果变差，亟待转换开发方式。

2. 蒸汽驱试验阶段

1991～1996年为蒸汽驱(100m×140m井距)试验阶段，为了了解九区蒸汽驱开发效果，针对不同的油藏条件，曾先后在九$_1$、九$_3$和九$_5$区采用不同井网井距开辟了4个先导试验区，从试验结果看，九$_3$试验区效果较差，开发10年，采出程度仅为31.6%，油汽比0.17，其中汽驱6年，采出程度14.1%，油汽比0.08；其余3个试验区较好，九$_1$区的两个试验区采出程度均在40%以上，油汽比在0.3以上。汽驱阶段采出程度为15%，油汽比为0.12。总体来看，多数试验区是成功的。

在室内实验基础上，九$_1$区于1991年率先转入大面积蒸汽驱生产，除九$_2$区西部外，九$_1$—九$_3$区已全部转入汽驱生产，九$_4$、九$_5$区部分井组也转入了蒸汽驱。截至1996年年底，蒸汽驱209个井组，相关采油井672口。累计注汽862.7×10^{4}t。，累计产油130.6×10^{4}t，累计产水874.4×10^{4}t，综合含水87.0%，回采水率101.4%，采出程度3.6%，累计油汽比0.151，采注比1.18。1996年蒸汽驱共注汽282.96×10^{4}t，产油50.31×10^{4}t，产水334.23×10^{4}t，油汽比0.178，含水率86.9%，采油速度1.38%。

大面积汽驱开采初期，汽驱注采井距大，注汽速度低，排液量小，采注比低，采油速度低、油汽比低，综合含水高；九区齐古组油藏转入蒸汽驱生产后基本上全部采用100m×140m的反九点井网生产，除九$_5$区外注汽速度均保持在35～45t/d，仅为方案设计的50%左右，注汽速度低，热损失大，很难使注采井间形成热连通，同时蒸汽吞吐时地下亏空较大，从而使油井排液量低，采注比下降。据统计，九区大部分区块的采注比在1.0左右，平均为1.08，比数值模拟计算最佳采注比1.2要小0.12，因此九区齐古组油藏在转入蒸汽驱后仅维持了一种低水平的注采平衡。平均单井日产油只有1.0t/d左右，综合含水在75%以上，最高可达90%(九$_3$区)，平均为86.7%，比吞吐阶段高出约20%，油汽比只有0.14，还不到吞吐油汽比的一半，采油速度均在1.0%左右。汽驱生产效果差，亟待改善。

3. 加密调整阶段

1997～2002年为加密调整阶段，该阶段根据对不同井距蒸汽驱试验的认识，将九$_1$—九$_5$区油藏油层厚度大于10m，未发生蒸汽窜流或窜流不严重的地区实施整体加密，将100m×140m反九点汽驱井网加密成70m×100m反九点井网。并对加密井进行吞吐预热引效，为后续开展大规模蒸汽驱奠定基础。

截至2002年12月，共完钻加密井812口，加密井投产812口。加密后已累计注汽2242.03×10^{4}t，累计采油472.88×10^{4}t，油汽比0.212，平均采油速度1.86%，其中加密井累计产油222.63×10^{4}t。加密后可采储量增加，九$_1$—九$_5$区齐古组油藏可采储量由169.8×10^{4}t增加到897.2×10^{4}t；加密后老井日产液能力提高0.3t/d，综合含水下降1%。

加密调整后的汽驱开采表现为产油水平、采油速度、油汽比上升，综合含水下降。加密调整后，随着汽驱井数的增加，平均采油速度由加密调整前的0.7%左右上升到2.5%，综合含水由89%左右下降到83%左右，下降了近6个百分点，油汽比由加密调整前的0.14提高到加密调整后的0.2以上。加密井投产有效地改善了汽驱开发效果，提高了汽驱开发效益。

4. 全面蒸汽驱阶段

1999年至今为全面蒸汽驱(70m×100m井距)阶段。该阶段针对油藏主体部位驱油主力层位J_3q_2开展全面的蒸汽驱开发，并根据油藏分类描述评价结果及后期蒸汽驱驱替的不均性进行调整，取得较好的开发效果。

截至2013年年底，采油井总数2784口，开井数2542口，井口产油水平2186t/d，综合含水88.9%。注汽井总数459口，开井259口，日注汽水平12343t/d(其中汽驱注汽水平7328t/d，吞吐注汽水平5015t/d)。

5.1.3 九$_1$—九$_5$区稠油注蒸汽开发技术

浅层稠油油藏高效开发技术在九$_1$—九$_5$区取得显著效果，油田实现了高效开发，九$_1$—九$_5$稠油油藏通过30年的开发和探索，形成了普通稠油油藏高效开发配套系列技术，涵盖了地质、油藏、钻井、工艺、监测及注采参数优化调整等多个环节，实现了普通稠油油藏的高产稳产，为后续新疆稠油油藏的有效开发奠定了坚实的技术基础。

1. 稠油油藏精细描述成果在开发中的应用

九$_1$—九$_5$稠油油田油藏精细描述及储层分类评价工作始于1998年，通过对层序地层学、三维地震资料识别和提取技术、沉积微相刻画技术、储层非均质性对比技术、三维地质建模技术等油藏精细描述技术的应用，明确了九$_1$—九$_5$区自上而下各层组齐古组、三工河组、八道湾组、白碱滩组、克拉玛依组、吐番鲁群的构造和地层特征，精细刻画了齐古组、八道湾组、克拉玛依组稠油层系的储层特征，为剩余油分布特征研究和油藏扩边挖潜提供了坚实基础。

将油藏描述结果与油藏工程和数值模拟技术相结合，对各区的剩余油特征进行研究，发现如下规律：油层厚度小、无地层水的低黏度区域采出程度高，而油层厚度较大、原油黏度高、存在地层水区域采出程度低，剩余潜力大；另外受开发井距大影响，绝大部分地区的剩余油饱和度大于50%。

油藏精细描述技术还有力地指导了九$_1$—九$_5$区块的扩边增储，截至2013年年底，九$_1$—九$_5$合作区累计上报含油面积35.26km^2，地质储量5917.86×10^{4}t，已动用含油面积28.3km^2，动用地质储量5463.95×10^{4}t。1996年合作开发以来，通过滚动勘探，新增地质储量1524×10^{4}t，新增可采储量484.47×10^{4}t，齐古组的滚动扩边及新层系的资源接替，使储采比不断提高，为该区保持高效稳定开发打下坚实的基础。

2. 稠油油藏油藏工程优化设计

在精细油藏描述基础上，为高效挖掘剩余油潜力，从1998年开始应用油藏工程及数值模拟方法进行九$_1$—九$_5$区调整方案的优化编制，并进行浅层稠油蒸汽驱注入参数的优化研究，形成了浅层稠油油藏合理高效开发井网、井距优化技术、蒸汽驱合理注汽参数优化技术、稠油开发方案跟踪优化技术等技术系列，为同类型油藏开发提供良好的借鉴。

1）蒸汽驱注采井网及井距研究

井网是油田开发的一个重要方面，井网密度及其完善程度直接影响油田的开发效果、经济效益和最终的采收率。因而，科学、准确地确定一个油田（或区块）在各个开发阶段的合理井网密度极其重要。

（1）确定合理井网井距。驱替特征法：油藏采收率（η）与井网钻遇砂体后的连通概率之间建立经验公式，利用连通率结合经济评价即可确定最优的合理井网井距，由此求得九$_1$—九$_5$区齐古组稠油油藏的合理井距为 66.9～76.2m（表 5-2）。

表 5-2　驱替特征法计算合理井距

区 块	合理井距/m	合理井网面积/ha
九$_{11}$	68.7	0.47
九$_{12}$	66.9	0.45
九$_2$	67.7	0.46
九$_3$	72.8	0.53
九$_4$	67.9	0.46
九$_5$	76.2	0.58

产量特征法：据统计，油田进入全面开发后，其可采储量的剩余程度（$1-N_p/N$）与 nt（生产井数与生产月乘积）在半对数坐标上呈较好的直线关系，其公式简化后，通过投入产出关系可求出经济合理的井数，进而求得合理井距，利用该方法求得各区的合理井距为 65.3～74.1m（表 5-3）。

表 5-3　产量特征法计算的合理井数井距

区块	累计生产能力特征方程	合理井距/m
九$_{11}$	$N_p=67.3(1-0.9588e^{-0.000034nt})$	73
九$_{12}$	$N_p=164.5(1-0.9251e^{-0.000076nt})$	70
九$_2$	$N_p=108.3(1-0.9596e^{-0.0001027nt})$	65.3
九$_3$	$N_p=147.7(1-0.9886e^{-0.000094nt})$	69
九$_4$	$N_p=359.3(1-0.9973e^{-0.000029nt})$	69.1
九$_5$	$N_p=220(1-0.9966e^{-0.000065nt})$	74.1

蒸汽驱优化设计法：根据岳清山（1998）研究提出的“蒸汽驱最优方案设计新方法”，蒸汽驱最优井网井距可通过第 4 章公式（4-15）来设计，根据油层条件及产液能力计算该区

最优井网形式为反九点井网、井距 76.1m(表 5-4)。

表 5-4　蒸汽驱最优方案设计新方法计算结果

参数/井网	参数取值						计算结果
	n	F	h_o/m	Q_s/[m^3/(d·m·da)]	R_{pi}	q_l/(m^3/d)	d/m
反五点	1	1	15	1.8	1.2	25	87.8
反七点	2	2.6	15	1.8	1.2	25	77.0
反九点	3	4	15	1.8	1.2	25	76.1

数值模拟研究：对不同原油黏度、油层厚度分别为 7m、10m、14m、21m 的油藏进行数值模拟研究，得出不同情况的加热半径，根据各区块地质参数及原油拐点温度，结合温度场关系计算各区块的加热半径为 33.5～38.5m，平均 37m。由此说明，按注采井距 100m 计算，井间不能加热的区域达 26～66m，合理井距应为 67～77m。

类比法：美国加利福尼亚州克恩河油田有 1000 多个井组进行蒸汽驱开发，主要采用反五点井网，井网密度为 0.42～0.57ha/井，注采井距 64.8～75.5m，汽驱采收率基本都在 40%以上，油汽比为 0.160～0.23，蒸汽驱获得较好的效果。其油藏地质条件与克拉玛依油田九$_1$—九$_5$区齐古组油藏极为相似，通过对比表明，九$_1$—九$_5$区初次蒸汽驱的注采井距偏大，其合理井距应在 70m 左右。

综上所述，九$_1$—九$_5$区蒸汽驱合理井距为 65.3～77m。

(2) 确定合理注采井网。

① 采用数值模拟方法。

模拟对比各区 70m×100m 反九点井网和 70m×100m 反五点井网的指标情况，指标结果表明(表 5-5)，70m×100m 以反九点井网生产，其效果好于反五点井网，采出程度高出 1.2%～4.3%，油汽比也略高。因此九$_1$—九$_5$区合理注采井网为 70m×100m 反九点井网。

表 5-5　九$_1$—九$_5$区 70m×100m 不同井网形式模拟结果对比表

分区	反五点		反九点	
	油汽比	采出程度增量/%	油汽比	采出程度增量/%
九$_1$区	0.168	13.8	0.174	15.1
九$_2$区	0.170	22.6	0.173	25.1
九$_3$区	0.160	19.8	0.162	21.4
九$_4$区	0.166	22.0	0.169	23.2
九$_5$区	0.182	28.7	0.189	33.0

② 现场先导试验。

为了大规模进行蒸汽驱开发及加密井网提高采收率，先后在九区齐古组 九$_{1\text{-}1}$、九$_{1\text{-}2}$、九$_3$区开辟先导试验区，进行转换开发方式蒸汽驱试验及加密井网蒸汽驱试验，九$_{1-1}$区三井组蒸汽驱试验如下。

试验区位于九$_1$区中部、九$_{1-1}$区的西南部，100m 井距反七点井网。包括 9104、9107、9112 三个试验井组，总井数 22 口，其中注汽井 3 口，生产井 13 口，观察井 6 口。三井组转驱前试验区累计产油 9.06×10^4t，产水 4.62×10^4t，累计注汽 8.5×10^4t，油汽比 1.06，回采水率 54.3%，平均单井吞吐 3.2 个周期，吞吐采出程度 20.1%。

汽驱参数设计：注汽压力（井口）为 5.07MPa；注汽温度为 260℃左右；注汽干度为 70%～80%；年注汽时率为 0.877(320d)；单井注入速度为 60t/d；平均注汽强度为 3.87t/(d·m)。

开发指标预测：开发年限为 5 年，生产时率 0.877，预测蒸汽突破时间为第 4 年，指标预测如表 5-6 所示。

表 5-6　三井组蒸汽驱试验指标预测　（单位：10^4t）

阶段	累注汽	累采油	累采水
吞吐期	4.2245	5.5686	2.1197
汽驱期	28.8	7.792	18.304
合计	33.0245	13.3606	20.4237

试验区各井组于 1985 年投入吞吐开采，1987 年 7 月转入蒸汽驱开发。1988 年 7 月开始蒸汽驱见到较好的效果，表现为液量降、含水稳、油量上升并稳定。单井日产液水平为 10t/d 左右，日产油水平为 3.4t/d 左右，含水在 75%左右，并保持了 1 年多的时间，至 1990 年 3 月出现下降趋势。后对注汽量进行调整，由原来的平稳注汽调整为间歇注汽，随着注汽量的改变，日产油水平再次呈现平稳态势，基本稳定在 2t/d 左右（图 5-5）。

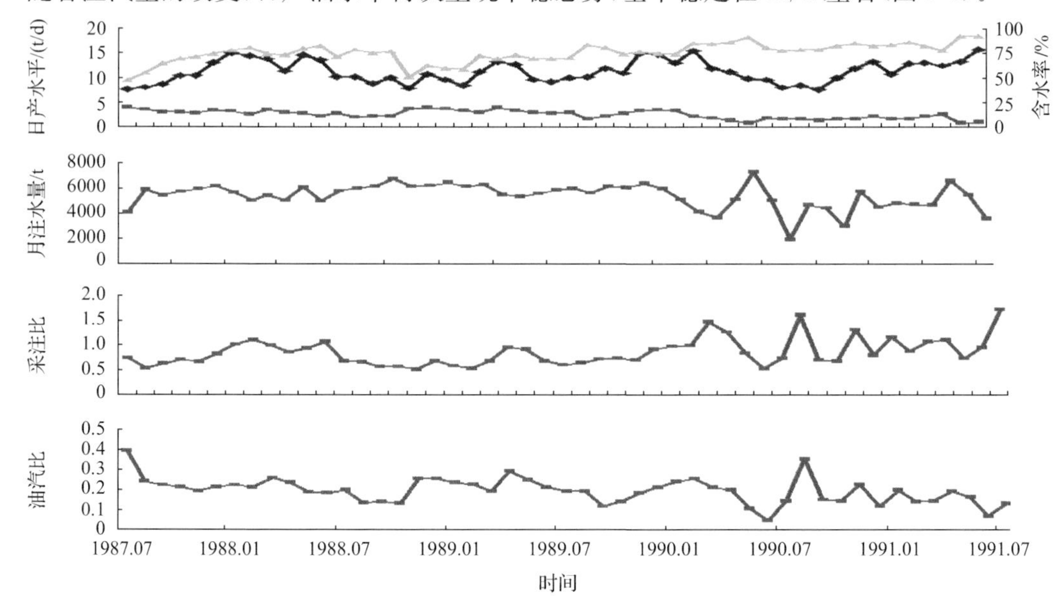

图 5-5　九$_{1-1}$蒸汽驱试验井组注采关系曲线

从采注比及油汽比的变化来看，在转驱初期采注比逐渐升高后趋于稳定，为 1.0 左右，之后随液量的变化也呈现下降—上升—平稳的变化趋势，波动范围为 0.5～0.9，平均采注比为 1.0 左右；油汽比在转驱初期为 0.23 左右，后逐渐降低到 0.14。

截至 1991 年 6 月试验结束时，汽驱阶段产油 5.15×10^4t，产水 16.3×10^4t，累计注汽 26.56×10^4t，累计油汽比 0.19，累计采注比 0.87，阶段采出程度 21.14%。各项指标基本达到方案设计指标。方案设计试验期 5 年，实际试验 6 年，采油速度 6.87%，采出程度 41.2%。总体来看，试验区转入蒸汽驱后 4 个月见效，汽驱高峰期产量稳定了近 3 年，有效地延缓了蒸汽吞吐后期的递减，是蒸汽吞吐后续合理的开发方式。

九$_{1\text{-}2}$区 9042 井组加密蒸汽驱试验如下。

试验区 9042 井组位于九$_2$区中部反九点井网，井距 100m。方案设计在原 100m 井距的基础上补打新井 19 口（包括观察井 5 口），同时原观察井观 17、观 18 改为生产井，由此试验区加密成 4 个新的反九点井组，分别为 90904、90906、90910、90911，井距缩小为50m×70m。加密后试验区总井数 32 口，其中注汽井 4 口，生产井 21 口，观察井 7 口。

1988 年 6 月编制的《九$_{1\text{-}2}$区加密井网热力采油先导试验方案》设计要点如下。

补打新井吞吐 2～3 周期后转驱，同时为尽量减弱井间干扰的影响，防止汽窜通道的形成，应采取较低的注入量与注汽速度。

汽驱参数设计：注汽压力（井口）为 2～4MPa；注汽温度为 210～250℃左右；注汽干度为 50%；年注汽时率为 0.877（320d）；单井注入速率为 50t/d；平均注汽强度为 2.37～3.82t/(d·m)。

开发指标预测：开发年限为 2.14 年，时率 0.877，预测蒸汽突破时间为第 1.73 年，指标预测如表 5-7 所示。

表 5-7　九$_{1\text{-}2}$加密蒸汽驱试验指标预测

阶段	累注汽 /10^4t	累采油 /10^4t	累采水 /10^4t	采出程度 /%	平均单井日产油量/t	累计注采比	累计油汽比
吞吐期	3.689	3.94	1.985	26.5	5.2	0.56	1.07
汽驱期	13.696	2.951	6.886	19.8	2.1	1.347	0.22
合计	17.331	6.892	8.811	46.3	—	1.07	—

注：累计注采比合计值等于累注汽/(累采油/密度＋累采水)。

根据方案要求，试验区新井于 1988 年 9 月全部吞吐投产，吞吐二至三周期后于 1990 年 5 月转入蒸汽驱开发。转驱前试验区老井累计产油 6.3781×10^4t，产水 5.9671×10^4t，累注汽 9.6402×10^4t，油汽比 0.66，平均单井吞吐 4.2 个周期。加密井累计产油 2.27×10^4t，累计产水 3.0757×10^4t，累计注汽 6.2708×10^4t，油汽比 0.36，平均单井吞吐 2.7 个周期，吞吐阶段采出程度 26.9%。

1990 年 5 月转驱后，含水、产液量上升显著，产油量有所上升，汽驱见效时间 5 个月（图 5-6）。

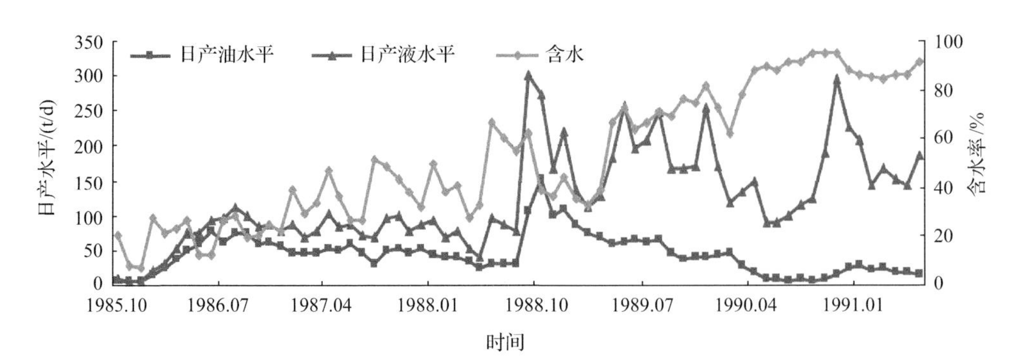

图 5-6　九$_{1-2}$区加密蒸汽驱试验产量变化曲线

1991 年 6 月加密汽驱试验结束。整个试验过程累计产油 9.3144×10^{4}t，其中汽驱产油仅为 0.6663×10^{4}t，产水 5.6483×10^{4}t，综合水高达 90%，阶段采出程度仅为 4.48%，比预测的 19.8%低 15.32%，汽驱效果不理想。分析其原因主要是井距过小，井间干扰严重，造成蒸汽过早突破，严重影响汽驱效果。

九$_3$区蒸汽驱先导试验如下。

九$_3$区齐古组 1990 年 1 月开展了 9 个井组 100m 井距反五点蒸汽驱先导试验，相关采油井 16 口，蒸汽驱阶段见效快，表现为初期产油量上升、产液量上升，含水升高，但 5 个月后产油量大幅度下降，之后一直保持在较低的水平，平均油汽比 0.10(图 5-7)。因此 100m 井距反五点井网蒸汽驱先导试验效果较差，不适合该块开采。

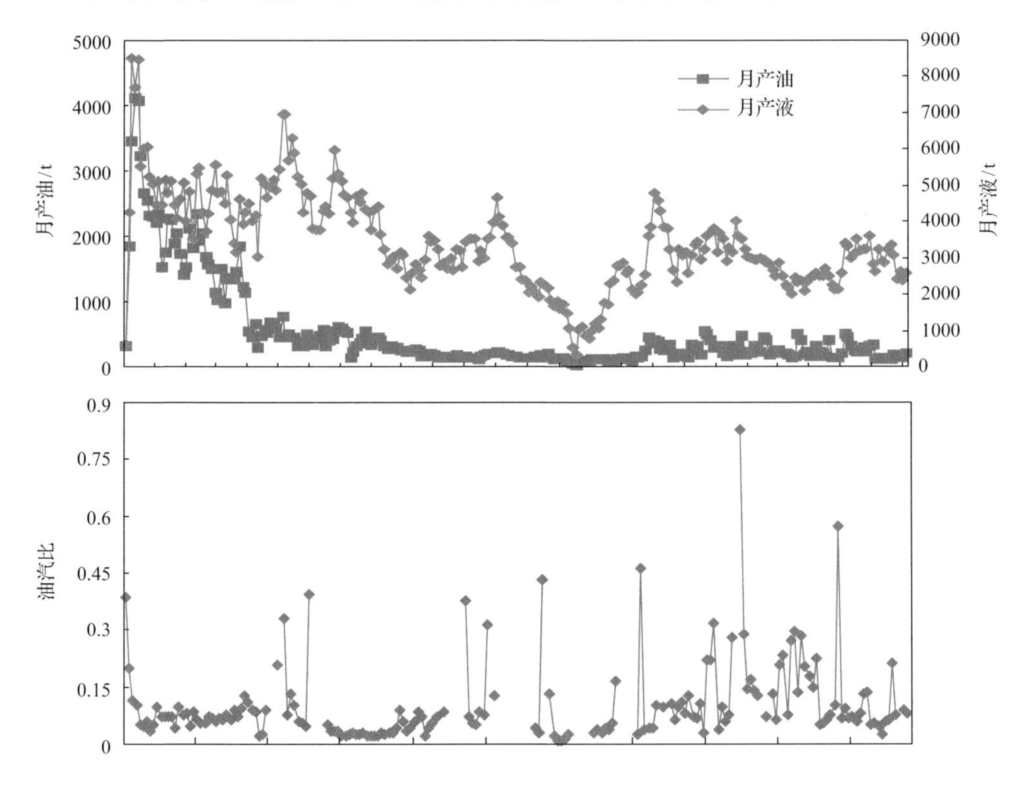

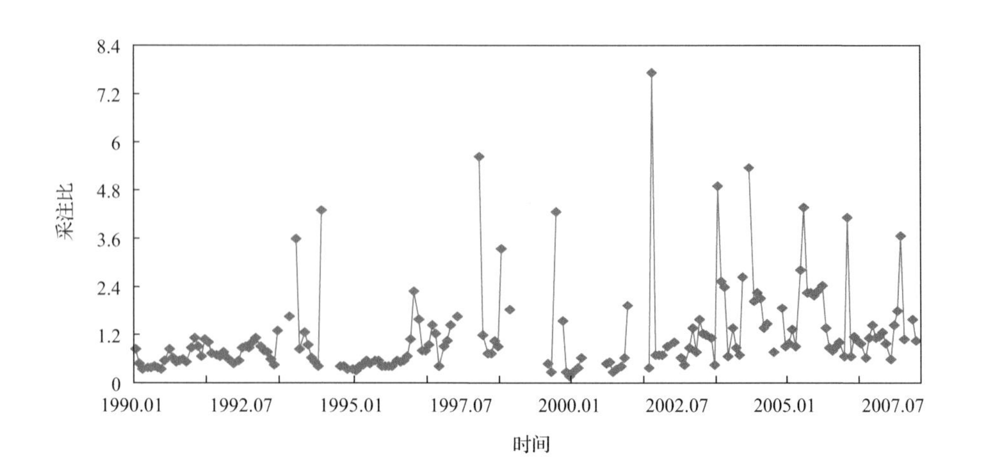

图 5-7 蒸汽驱先导试验区蒸汽驱开发曲线

九$_{1-2}$区 9029 井组加密蒸汽驱试验如下。

九$_{1-2}$区 9029 井组加密试验区是由一个 100m×140m 的反九点法井网加密为一个 100m×70m 的反十三点法井组，原井网井 11 口，加密井 4 口，于 1993 年 9 月完钻投产。该井组加密前已吞吐开发 6 年，蒸汽驱开发 2.5 年，采出程度 22.9%，累计油汽比 0.46，加密前汽驱效果已开始变差。加密后新井吞吐 1 个周期，老井继续蒸汽驱。生产动态表明（图 5-8），加密后井组开发效果得到了明显改善，井组日产液水平由加密前的 3t/d 左右上升至 9t/d 左右，日产油水平也由原来的 0.5t/d 升高到 3t/d 左右，是加密前的 6 倍。试验证明九区齐古组实施加密开发是可行的，是改善该区汽驱效果、提高采收率的有效途径。

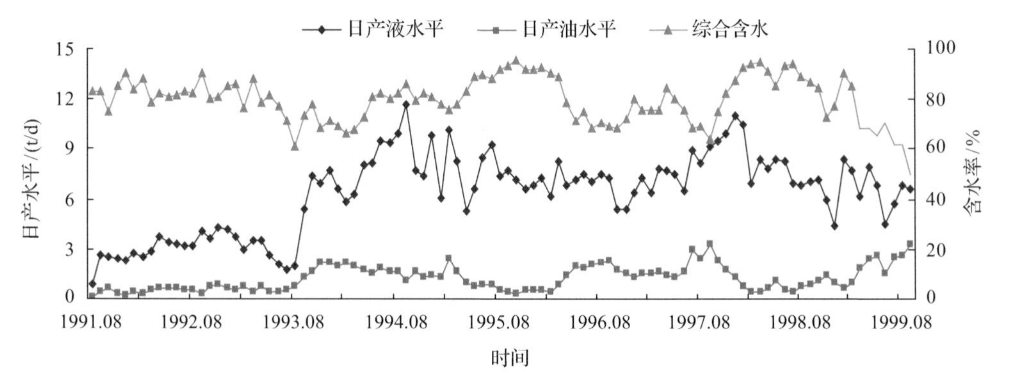

图 5-8 9029 井组蒸汽驱采油曲线

对比 4 个先导区块试验区数据，九$_1$区 9029 井组 70×100m 反九点井网蒸汽驱效果最好。加密后井组产量是原来的 7 倍，且老井日产油水平也提高到原来的 3 倍以上。

2）稠油油藏开发方案优化调整研究

1996 年九区产量呈现大幅度递减，为了改善九区汽驱开发效果，对 九$_1$—九$_5$区开展了剩余油分布研究、生产特征分析及油藏工程开发技术政策界限研究及改善开发效果技术对策研究，编制了分区块整体加密调整方案。

(1) 影响注蒸汽开发效果的主要问题。

未转汽驱的生产井已进入了高轮次蒸汽吞吐,生产效果较差。据统计,九$_1$—九$_5$区吞吐生产井吞吐轮次已达4～9轮,平均5.7轮,吞吐油汽比除投产较晚的九$_5$区在0.3以上外,其余区块均降到0.2以下,单井日产油多在1.5t以下。继续提高轮次吞吐效果的措施有限,因此急需转变开采方式。

已转汽区井的注采井距大,注汽速度低,排液量小,采注比低,导致转汽驱后效果不理想。该区转入汽驱生产后,绝大部分油井未见汽驱效果,汽驱油汽比低、采油速度低。据统计,该区汽驱油汽比多在0.15以下,累计油汽比仅有0.14;采油速度除九$_5$区达到2.0%外,其余各区块均在1.0%左右,1996年度可采储量标定该区汽驱采收率仅为6.7%～9.1%。

该区齐古组油藏转入蒸汽驱生产后,基本上全部采用100m×140m的反九点井网生产。除九$_5$区外,注汽速度均保持在20～41t/d,仅为方案设计的50%左右。注汽速度低,热损失大,注采井间难以形成热连通,同时蒸汽吞吐时地下亏空较大,从而使油井排液量低,采注比下降。据统计,九区大部分区块的采注比在1.0左右,平均为1.08,比数值模拟计算的最佳采注比1.2要小0.12。因此九区齐古组油藏在转入蒸汽驱后仅维持了一种低水平的注采平衡。

整个油藏的采出程度较低,与国外类似稠油油藏注蒸汽开发效果相比,尚有较大的差距。

(2) 合理井网井距确定。

合理井网井距:驱替特征法、产量特征法、蒸汽驱优化设计法、数值模拟法、类比法等方法论证了该区合理的井距和井网,结合剩余油分布特征,综合分析认为合理井距应在70m左右,合理井网为70m×100m反九点井网。

(3) 加密调整方案部署。

部署原则为:①整体部署,分步实施;②加密井网反九点70m×100m汽驱井网,即在注、采角井连线的中点钻1口加密井;③注汽井井别不变,角井转为注汽井;④尽量保证汽驱井组完善,避免出现二线井;⑤加密井投产后吞吐1～2轮,再转汽驱;⑥在九$_2$区西部部署的加密井处在原油黏度较高的地区,只采用吞吐开发方式,吞吐周期6轮。

Ⅰ类加密井的具体条件为:①油层有效厚度大于10m;②脱气油黏度(20℃)时小于20000mPa·s;③不产地层水或地层水能量较小;④避开汽窜方向;⑤采出程度低于30%、剩余油饱和度大于50%。

Ⅱ类加密井的具体条件为:①原油黏度大于20000mPa·s,油层有效厚度大于15m,产水率小于100%,采出程度低于20%;②汽窜方向上油层厚度大于15m,采出程度低于30%。

部署方案如下。

方案共部署加密井和扩边井822口,平均井深340m,考虑到老区钻井实施受地形、地物的影响,实施率按90%计算,预计该区实际可实施新井740口,钻井进尺22.68×10^4m,新建产能51.8×10^4t。

方案总的实施顺序为先实施Ⅰ类加密井,后实施Ⅱ类加密井。分2年实施:1997年主要实施 九$_1$区、九$_2$区、九$_3$区大部分Ⅰ类井和九$_4$区、九$_5$区少部分Ⅰ类井,并在九$_2$区汽窜方向、九$_5$区汽驱见效方向各安排一口密闭取心井，以了解其油层动用状况，为Ⅱ类井的实施提供依据；1998年先实施各分区遗留未实施的Ⅰ类加密井，然后根据取心情况和跟踪研究结果，再安排实施Ⅱ类加密井(表5-8)。

表5-8　九$_1$—九$_5$区预计实施井数表

区块	预计实施井数(口)			钻井进尺/10^4m	新建产能/10^4t
	采	注	合计		
九$_1$	88		88	2.46	6.16
九$_2$	92	2	94	2.63	6.58
九$_3$	96	2	98	2.94	6.86
九$_4$	245	3	248	7.44	17.36
九$_5$	199	13	212	7.21	14.84
合计	720	20	740	22.68	51.80

开发指标预测如下。

根据方案部署结果，运用类比法、指数递减法和数值模拟法，对该区加密开发指标进行预测(表5-9)。按照方案部署，九$_1$—九$_5$区加密后，到2008年可在目前基础上增产原油818.49×10^4t，加密油汽比为0.175，1999年峰值产油量达99.57×10^4t。加密采出程度为15.5%～34.4%，平均为22.5%；采收率达到33.3%～51.8%，平均为41.4%。

表5-9　九$_1$—九$_5$区加密开发指标预测表

区块	累计注汽量/10^4t	累计产油量/10^4t	累计油汽比	加密采出程度/%	最终采收率/%
九$_1$	639.15	110.14	0.172	19.4	50.3
九$_2$	580.33	102.29	0.176	20.3	36.2
九$_3$	665.85	107.11	0.161	15.5	33.3
九$_4$	1348.30	229.84	0.170	21.2	36.8
九$_5$	1453.45	269.11	0.185	34.1	51.8
合计	4687.08	818.49	0.175	22.5	41.4

3) 蒸汽驱注入参数优化研究

蒸汽驱开采稠油过程中首先要解决的就是最佳注入参数确定问题，即最佳注汽速度、注采比和最佳注汽干度，以提高开发效果和经济效益。蒸汽干度要根据高压蒸汽锅炉的能力尽量提高。对于温度和压力，由于蒸汽驱是在吞吐降压后地层压力较低条件下进行，一般只要注汽速度不是特别大，注汽压力不会超过地层破裂压力。因此蒸汽驱注汽工艺参数的优化主要是选择最佳的注汽速度。

(1) 连续汽驱注汽速度。

在同样的注汽量和注汽干度下，随着注汽速度的增加，采收率变大、油汽比变小，但是油汽比整体都大于0.15的经济极限；注汽速度增加，可以减少井筒热损失率，使井底蒸汽干度降低减少，改善吞吐效果，所以适当地提高注汽速度。

数值模拟研究结果表明，加密为70m×100m反九点井网后，九$_1$—九$_5$区连续汽驱时各区的最佳注汽速度分别为50t/d、55t/d、50t/d、55t/d、50t/d。

(2) 注汽干度。

随着注汽干度的增加，油汽比与采收率都变大，主要是因为随着注入蒸汽的干度升高，热焓就越高，加热体积也就越大。注入地层后体积大、温度高，更易加热原油，降低原油黏度，提高采收率。在工艺允许的情况下应尽量提高蒸汽干度。提高蒸汽干度是保证蒸汽驱效果的前提。研究表明，提高蒸汽干度能够明显地改善蒸汽驱效果。当井底蒸汽干度低于20%时没有经济效益，只有当井底蒸汽干度大于40%才可能取得汽驱的成功，蒸汽干度最好大于60%。

(3) 采注比。

蒸汽驱开采必须建立降低油层压力的概念，当采注比大于1.0时，可形成一系列有利于提高蒸汽驱效果的地下蒸汽腔，使蒸汽比容增加、驱替倍数增加，热水闪蒸为蒸汽，黏性指进减弱和拖曳作用增加；当采注比等于1时油层中是蒸汽驱＋热水驱；当采注比小于1时油层中基本上是热水驱，汽驱过程中一般要求采注比达到1.2左右。

九$_{1\text{-}1}$井组汽驱试验区初期由于注汽速度较高，采出量较低，采注比只有0.67，造成外流量严重，见效程度比较低，1989年3月以后减少30%的注汽量，采注比提高到1.02，9108井和9116井明显见到效果，产油量分别由2.1t/d和1.9t/d上升到4.7t/d和8t/d。

(4) 注汽压力。

九区稠油油层埋藏浅，注汽速度对蒸汽吞吐开发效果影响不显著，但由于原始压力低，油层岩石破裂压力也较低，根据计算，油层岩石破裂压力约为4.0～4.5MPa。为防止油井过早发生汽窜干扰，蒸汽吞吐初期注汽速度和强度不宜过高，九区稠油油藏在吞吐时以井口注汽压力不超过4.5MPa为宜。

(5) 间歇汽驱注汽速度。

九$_1$—九$_5$区在间歇汽驱阶段的最佳注汽速度分别为60t/d、60t/d、60t/d、65t/d、60t/d 。

(6) 间歇汽驱间歇时间。

该区间歇时间以2～3个月为宜。

4) 油藏工程优化设计应用效果

方案实施过程中，九$_1$—九$_5$区合作项目加强了现场钻井管理工作，开发方案的编制人担任现场直接管理人，从井位条件、钻井进度、油藏认识、到钻井指令、完钻井深等跟踪研究工作贯穿始终。布井的原则是一次布井，钻井顺序按井组实施，并及时进行跟踪对比，在分井组搞清油层分布后再钻下一批井，做到落实一口钻一口，提高了钻井实施率，实际完钻加密调整井806口(1996年完钻92口，1997年完钻452口，1998年完钻215口，2001年完钻47口)，钻井实施率达98%，新建产能56.49×10^4t。

加密后的开发效果得到明显改善，平均井日产油由1.3t提高到2.2t，而含水则由86.8%下降到83%，年产油由50×10^4t上升到89×10^4t，油汽比由0.16提高到0.25，采油速度由1.3%提高到2.3%。到2003年12月底，九$_1$—九$_5$区齐古组油藏实际产油551.3×10^4t，与设计产量565.6×10^4t的差值为14.3×10^4t，相对误差仅为3%，符合程度较高。而实际年油汽比为0.2，比设计油汽比0.18高出0.02(表5-10)。

表 5-10　九$_1$—九$_5$区加密开发实际与设计开发指标对比表

年度	年产油量/10^4t			年油气比		
	设计值	实际值	差值	设计值	实际值	差值
1996		17.8			0.169	
1997	56.96	60.8	3.84	0.152	0.164	0.012
1998	85.09	71.3	−13.79	0.177	0.222	0.045
1999	99.57	89.1	−10.47	0.169	0.222	0.053
2000	93.58	85.7	−7.88	0.189	0.211	0.022
2001	84.61	79.5	−5.11	0.198	0.203	0.005
2002	77.24	74.3	−2.94	0.192	0.204	0.012
2003	68.5	73	4.5	0.182	0.198	0.016
合计	565.55	551.5	−14.05	0.18	0.2	0.02

1997 年 4 月开始在九$_1$区的主体区进行加密调整，调整后井距为 70m，汽驱效果得到改善。加密区域的日产油平均为 1.7t/d，而未加密区域 100m 井距的生产井日产油水平仅在 1.0t/d 左右。在加密井网蒸汽驱阶段，与设计指标相比（表 5-11），加密井网开采 8 年，累产油 80.58×10^4t，高出方案设计指标 1/4。实际采出程度 21.15%，比方案高出 4 个百分点。油汽比 0.22，与方案设计相同，开发效果较好。

表 5-11　方案预测 九$_1$区加密汽驱指标

对比项目	生产年限/年	井组数	累产油/10^4t	采出程度/%	累注汽/10^4t	油气比
方案预测	6	51	66.55	17.5	296.34	0.22
实际	8	51	80.58	21.15	364.94	0.22

九$_1$—九$_5$区通过整体加密调整，标定最终采收率由原来的 24.9%上升到 55.29%，可采储量增加 894×10^4t，实践证明该区采用 70m×100m 反九点井网是主力油层开发的合理井网。

3. 稠油油藏动态监测调整技术及应用

九$_1$—九$_5$区稠油油藏开发过程中，针对稠油油藏不同开发阶段出现的问题，以深化地质认识为基础、以油水井动态监测资料和数值模拟跟踪结果为准绳，以配套工艺技术为手段，制定有效的调整方案及挖潜措施来实现浅层稠油油藏的高效开发。在跟踪调整中建立浅层稠油油藏动态监测体系，包括地面系统监测、注汽井监测、采油井监测、油藏监测。地面监测主要包括注汽井口的蒸汽干度、流量、温度、压力 4 个参数监测；注汽井监测主要是在蒸汽驱阶段，包括吸汽剖面、井筒任意点干度两个参数监测；采油监测主要是在蒸汽驱加密调整阶段，包括产液剖面、地层温度、地层压力 3 个参数监测；油藏监测主要是在蒸汽驱开发初期阶段，确定油层连通状况，包括取心井分析、C/O 比监测、示踪剂监测。

1）密闭取心技术及应用

为了研究注蒸汽开发后油层的动用情况，九$_1$—九$_5$区（部分九$_6$区）在加密开发前后不同时期钻了 10 口密闭取心井，它们分别代表不同生产时间、不同部位油层的剩余油分布状况。

首先可以看出，剩余油饱和度与距老井的距离有关（表 5-12），平面上取心井距老井距离越大，剩余油饱和度越高，而在距老井 35m 范围内含油饱和度平均下降 35%左右，剩余油饱和度一般小于 50%，油层动用程度较高，在距老井 35～70m 时油层动用程度较低，剩余油饱和度多为 50%～60%。剩余油饱和度与距老井的距离的关系为大规模蒸汽驱前的井网加密调整提供了理论和物质基础。

表 5-12　九区密闭取心井资料统计表

区块	取心井号	层位	取心时区块生产时间/年		距注汽井距离/m	含油饱和度/%					
						邻井			取心井		
			吞吐	汽驱		上	中	下	上	中	下
九$_6$	检 279	J_3q_2	2.2	2	25	70	79.4	50.3	25	72.6	45.5
九$_{11}$	检 290	J_3q_2	2.5	4	50	69	75.8	58.6	25	75.1	56.7
九$_{12}$	检 275	J_3q_2	6.0	2	70	75.2	70.4	56.8	55	65.7	50.7
九$_3$	检 280	J_3q_2	3.2	1月	70	72.3	68.5	62.7	60	63.1	60
九$_4$	94504	J_3q_2	3.8	3.6	72	65.2	68.9	52.8	46	64.4	46
九$_2$	92344	J_3q_2	3.0	5.0	70	52.7	71.5	51.3	30	67.5	42.2
九$_5$	95523	J_3q_2	3.8	4.5	70	79.2	69.7	62.5	70	65	57
九$_4$	94825	J_3q_2	4.0	13	35	75.4	65.7	63.6	59.8	56.3	59.14
九$_5$	95666	J_3q_3	7.0		250	48.5	53.7	52.1	48.3	54.9	53.9
九$_6$	96988	J_3q_3	9	7	35	79.4	78.8	67.8	40.4	49.5	59.2
九$_4$	94077A	$J_3q_2+J_3q_3$	4	15	13	71.13	61.38	56.57	49.08	49.7	57.66
九$_4$	观 69	$J_3q_2+J_3q_3$			35	71.13	61.38	56.57	47.82	55.73	56.36

从不同井的含油饱和度纵向变化程度看，各井差异较大，J279 井距老井 25m，94825 井、96988 井距老井 35m，而九$_2$区 92344 井位于汽窜通道上，4 口井含油饱和度全井段大幅度下降。94077A 井距老井 13m，观 69 井距注汽井 35m，这两口井所在区域齐古组 J_3q_2 和 J_3q_3 合采，由于两套层位物性差异较大，随着汽驱开发时间的延长，J_3q_2 含油饱和度明显下降，而 J_3q_3 由于物性差，吸汽能力差，含油饱和度基本没有变化。其余井距老井的距离大于 50m，主要表现为油层上部的含油饱和度下降幅度较大，而中下部含油饱和度下降幅度很小或基本没有变化。从取心井和老井的地层电阻率对比曲线可以看出，J279 井距老井 25m，油层上部地层电阻率大幅度下降，电阻率值多在 25Ω·m 以下，降低了 60%～80%，而中部和下部则降低不大。2005 年密闭取心的 94825 井距老注汽井 35m，油层上部地层电阻率大幅度下降，电阻率值多在 40Ω·m 左右，降低了30%～50%，而中部和下部则降低 20%～30%（图 5-9）。2008 年密闭取心井观 69 井距离 J_3q_2 采油井只有 35m，94077A 与 94077 注汽井只有 13m，与邻井对比来看，J_3q_2 中上部地层电阻率大幅度下降，而 J_3q_3 电阻率曲线几乎没有变化，油层基本未动用（图 5-10）。取心井纵向动用程度的差异，尤其是大规模汽驱后取心井体现出的纵向动用程度的差异，为进一步细分层系、调整汽驱开发潜力提供了理论和物质基础的支持。

2）蒸汽驱产液剖面、吸汽剖面监测技术及应用

受注汽量调整的影响，吸汽剖面、产液剖面、温度剖面反映储层动用率大于 85%，主力储层动用程度高，蒸汽驱有效率较高。

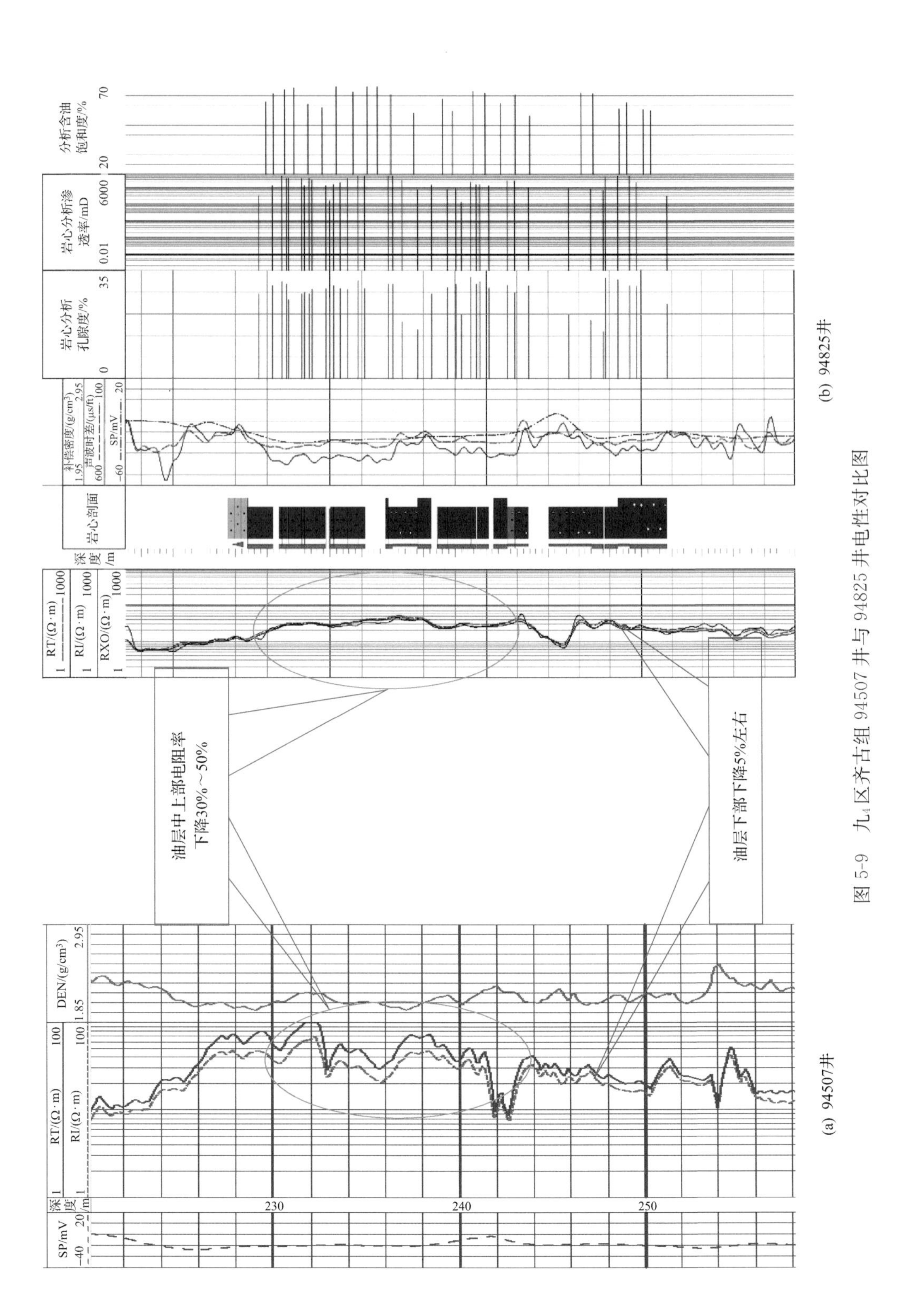

图 5-9 九$_4$区齐古组 94507 井与 94825 井电性对比图

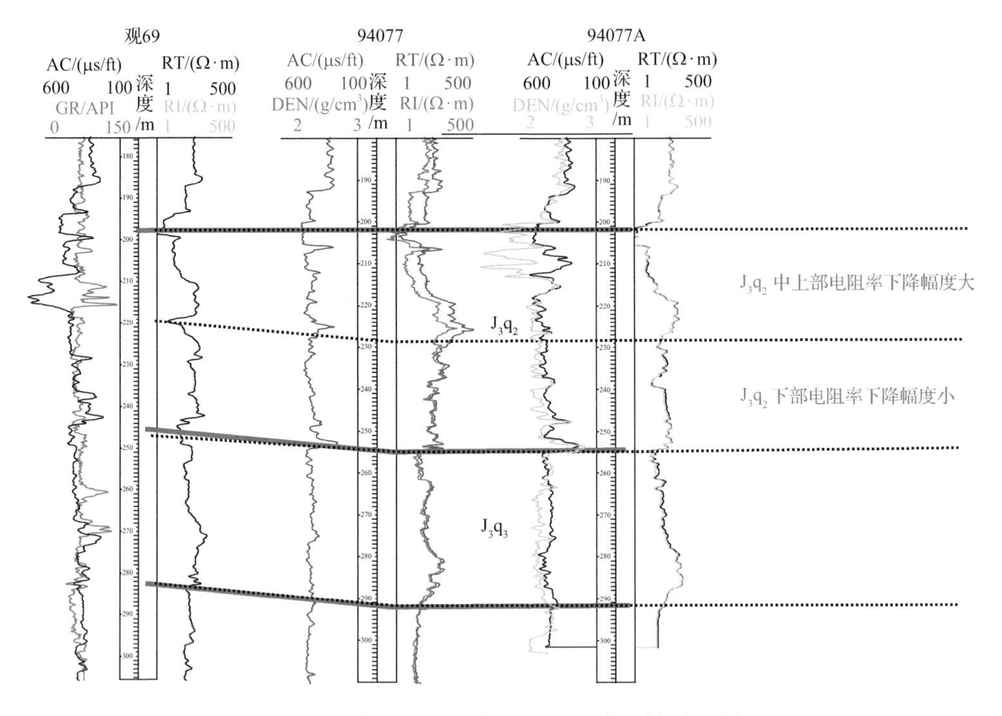

图5-10　九₄区观69井—94077A井电性对比图

该区23口井30井次的吸汽剖面资料表明(表5-13)，绝大部分油层均能吸汽，吸汽厚度占总测试厚度的91.72%，且上、中、下层段均吸汽。由33口井62井次的产液剖面资料可知(表5-14)，产液厚度较小，仅占测试厚度的56.14%，说明油层纵向动用程度降低，且主要产液层位于油层中上部，占测试厚度的83.97%。

表5-13　$九_1$—$九_5$区吸汽剖面统计表

区块	井数	井次	测试厚度/m	吸汽厚度/m	吸汽百分比/%	主要吸汽厚度/m	吸汽部位		
							上	中	下
$九_2$	1	3	63.5	57.0	89.8	25	13.5	19.5	24.0
$九_3$	13	16	167.6	152.6	91.1	109.6	73.8	46.0	32.8
$九_5$	9	11	203.6	189.1	92.9	123.6	62.6	63.5	63.0
合计/平均	23	30	434.7	398.7	91.72	258.2	149.9	129.0	119.8

表5-14　$九_1$—$九_5$区产液剖面统计表

区块	井数	井次	测试厚度/m	产液厚度/m	吸汽百分比/%	主要产液厚度/m	产液部位		
							上	中	下
$九_1$	10	23	308.5	179.0	58.0	177.0	60.5	88.5	29.0
$九_3$	9	14	194.1	101.1	52.1	87.6	51.6	45.5	4.0
$九_4$	3	8	111.5	82.0	73.5	70.0	30.0	31.0	21.0
$九_5$	11	17	225.0	109.0	48.4	108.5	44.5	43.0	21.5
合计	33	62	839.1	471.1	56.1(加权平均)	443.1	187.6	208.0	75.5

由此可知，受注、采井间原油性质及储层非均质性的影响，蒸汽（热水）只能沿着渗流阻力相对较低的部位流动，纵向上油层动用程度的差异增大，纵向动用程度降低。

3）蒸汽驱全过程的温度、压力监测技术及应用

连续的温度、压力监测能够反映各开发阶段蒸汽在地层中的驱替状况，连续监测资料表明温度升高、压力降低，蒸汽驱见效情况良好。

由温度剖面测试结果可知，吞吐阶段各油层的温度均很高，且差异不大，表明各油层均能吸汽，近井地带油层动用较为充分。转入汽驱生产后，油层的温度变化比较复杂。在汽驱见效方向上油层温度有明显的上升，但油层温度变化差异很大，中上部温度在 100℃以上，而底部 10m 左右油层的温度还在 50℃以下。在不见效方向上的注采井间区域油层的温度很低，基本上处于原始状态，反映出油层基本没有动用。由此可知，在汽驱阶段，受储层非均质性的影响，油层的纵向和平面动用程度、差异较大（图 5-11、图 5-12）。

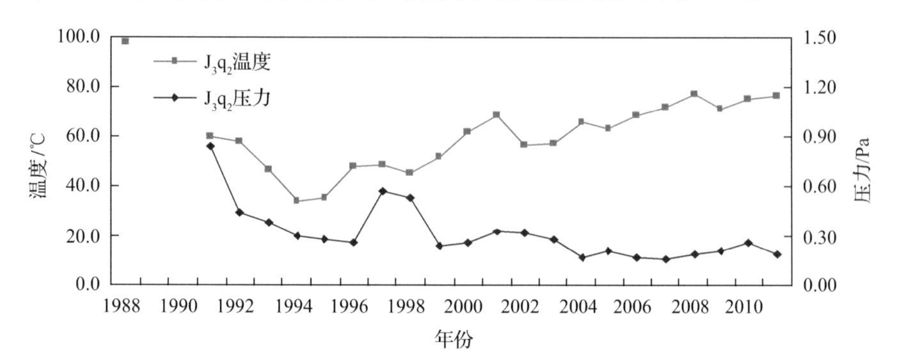

图 5-11 全区各层温度、压力变化曲线

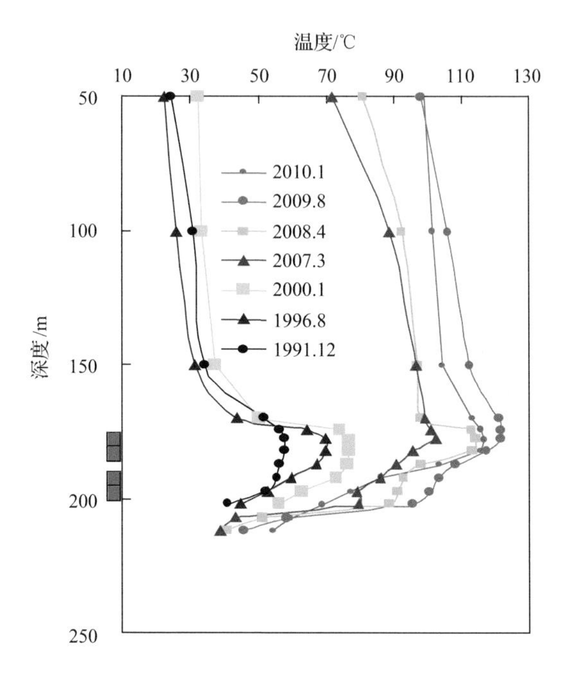

图 5-12 9122 井历年井温剖面

4）跟踪数值模拟技术进行剩余油研究

为精细刻画蒸汽驱过程中剩余油分布情况，选择九$_4$区的 9 个典型井组在历史拟合的基础上进行剩余油分布研究，结果表明（图 5-13）：纵向上的上部油层动用程度略好于下部；上半部平均剩余油饱和度为 44%，下半部平均剩余油饱和度为 55%，下面的 J_3q_3 动用最差，剩余油饱和度为 62%。从纵向来看，$J_3q_2^{2-1}$ 的动用程度最高，J_3q_3 有一半老井未射孔，因此 J_3q_3 动用程度最低。

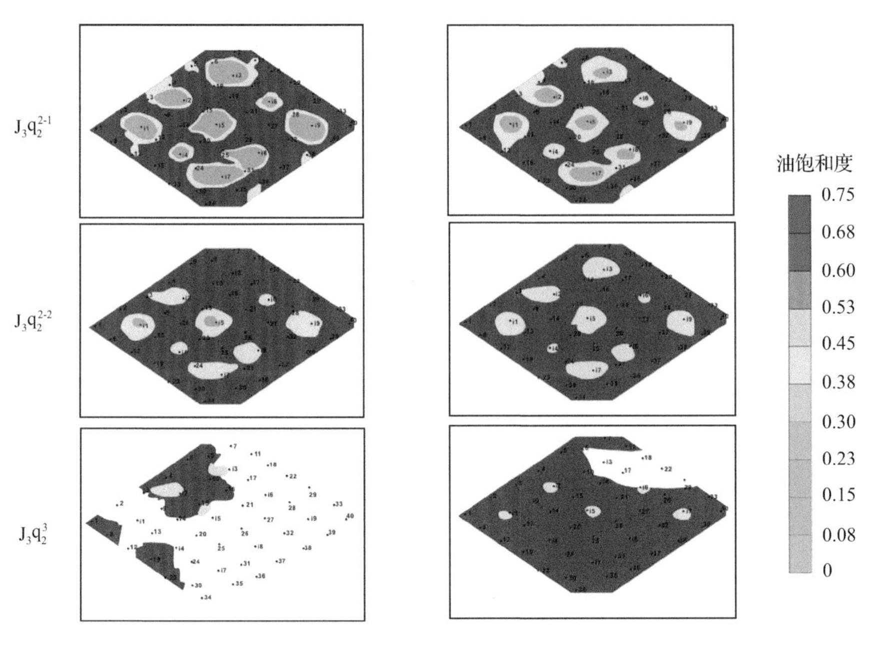

图 5-13　九$_4$区齐古组 9 井组剩余油饱和度分布图（截至 2006 年 12 月）

经过多年蒸汽吞吐和蒸汽驱，油藏中剩余油分布极不均匀。明显表现为 3 种不同驱替程度的区带：①蒸汽驱扫区，剩余油饱和度在 22%以下，平均为 19%，占总油藏体积的 10.3%；②热水驱扫区，剩余油饱和度为 25%～50%，平均为 44%，占总油藏体积的 41.9%；③注入流体基本未驱扫区，剩余油饱和度在 50%以上，平均为 64.0%，占总油藏体积的 47.8%。

5）九$_1$—九$_5$区跟踪开发调整

大规模蒸汽驱中后期主要根据汽驱纵向动用情况制定完善的层系调整和细分方案，确保开发区产量稳定。

（1）制定层系调整完善方案。年钻井井数 100 口井以上，为实现油藏高效开发奠定了井网基础，2006～2012 年的新井平均产能到位率为 112%。

（2）细分开发层系，提高了油层动用程度。主力油层 J_3q_2 和 J_3q_3 油层重叠区域有合采井 242 口，取心井及测试资料反映储层动用不均匀，部分层未动用，对此进行井网调整，老井网采上封堵 J_3q_3 油层，部署新井单采 J_3q_3 井网。方案部署 J_3q_3 井网井 460 口，设计单井产能 2.0t/d，产能 25.76×10^{4}t。2010～2013 年新钻井 400 口，新建产能 19.78×10^{4}t，此方案继续在实施。

4. 蒸汽驱后期提高采收率技术储备研究

1）热水驱试验

九$_1^2$区热水驱是为了了解 九$_1$—九$_5$区齐古组稠油油藏蒸汽驱后期转热水驱的开采效果，检验该区蒸汽驱后期转热水驱的适应性，以及蒸汽驱后期提高采收率而开辟的先导试验区。该试验区是在两种不同井网和不同采收率情况下进行的，其目的是为今后类似区块进一步提高开发效果并降低成本提供依据并积累经验。

试验区为九$_1^2$区 6 个封闭井组，相关采油井 28 口，观察井 8 口，井网面积 0.132km^2，地质储量 41.1×10^{4}t。

该试验区转注热水前注蒸汽开采 19 年，其中吞吐开采 7 年，蒸汽驱开采 12 年，转热水驱前累计注汽 72.96×10^{4}t(其中吞吐注汽 30.93×10^{4}t，汽驱注汽 42.03×10^{4}t)，累计产油 23.06×10^{4}t，累计产水 81.04×10^{4}t，综合含水 77.8%，累计油汽比 0.316，采出程度 56.1%，油层温度 92.3℃，油层压力 0.25MPa，平均吞吐轮次 4.7 轮。

九$_1^2$区试验区于 2002 年 8 月转注热水驱现场试验，截至 2002 年 11 月热水驱累计注热水 45408t，产油 2124t，产水 19402t，综合含水 90.1%，采注比 0.474，采油速度 1.55%。

2002 年 11 月热水驱采油井开井 26 口，注水井开井 6 口，注水水平 374t/d，产液水平 159.3t/d，产油水平 9.7t/d，采注比 0.426，采油速度 0.86%。从 4 个月的注热水驱现场试验看，转热水驱后产液水平上升，含水上升，产油水平下降。与转热水驱前相比，产液水平由转注热水前的 151.7t/d 上升到最高的 193.1t/d，平均为 176.4t/d，较注热水前上升了 24.8t/d；产油水平由转注热水前的 20t/d 下降最低为 11 月 9.7t/d，平均为 17.4t/d，较转热水前下降了 2.6t/d；平均含水 90.1%，较转注热水前上升了 3.3%，采油速度平均为 1.546%，较转注热水前下降了 0.23%。

热水驱平均井组注水速度为 62t/d，井口注水温度为 82.5℃，较注汽温度下降 94.4℃。由注热水方案对比可知，注水速度与注水温度都可按方案执行(注热水方案中采出投入产出概算法表明注水温度 80℃，注水速度 60t/d，热水驱效果好)。

由蒸汽驱与热水驱的经济效益对比可知，热水驱经济效益稍高，蒸汽驱开采投入产出比为 1∶0.97，热水驱开发投入产出比为 1∶3.6。但注入热水后，含水上升，产油下降，说明地下蒸汽腔体积萎缩，地下油水流动系统变化复杂，因此蒸汽驱后转热水驱机理复杂，仍需进一步研究，现场应慎重实施。

2）降黏冷采技术研究

原油黏度在 200000mPa·s 以上的油井注蒸汽开采效果差，因而采用在注蒸汽前先进行油层降黏，冷采一段时间后再注汽的方法开采。对 6 口井进行该项试验，冷采半年以上，累计生产原油 3840t，投入产出比达到 1∶11.4，其中 4 口井在冷采末期进行注汽，单井日产油达到 6.7t，效果良好。

3）微生物采油技术研究

微生物采油在稀油开采中的应用已取得成功的经验，在稠油生产中还未有先例。

稠油生产采中用微生物采油，微生物能够分解高分子化合物，降低重质油的平均相对分子量，降低黏度，且通过自身的生化作用改变流体性质。该技术主要在注蒸汽开采较差的油藏试验，如九$_3$区中部产地层水区域，通过室内筛选培养出的 8 个菌种对试验区稠油都具有降黏作用，其中降黏率最高可到 70%。在九$_3$区试验了 6 口井，6 口井均有效果，增产原油 1353t，投入产出比为 1∶9，经济效益显著。在具体实施中选井直接影响措施效果，要选择具备正常转抽条件、有一定油层厚度、油层温度低于 60℃且有一定供液能力的井。

5.1.4　主要开发认识

（1）油藏工程研究和不同井距蒸汽驱试验表明，100m×140m 的反九点井网汽驱注采井距大，蒸汽驱采注比低，采油速度低、油汽比低，综合含水高；加密成 70m×100m 反九点井网，汽驱效果较好，加密调整后的汽驱开采表现为产油水平、采油速度、油汽比上升，综合含水下降，加密井投产有效地改善了汽驱开发效果，提高了汽驱开发效益。

（2）综合运用地质基础研究成果、密闭取心资料、动态监测资料和数值模拟跟踪结果，形成了蒸汽驱不同阶段动态监测调整优化技术，制定了完善的层系调整和细分开发层系方案，提高了蒸汽驱油层纵向和平面动用程度，确保了开发区产量稳定。

（3）积极试验发展蒸汽驱后期提高采收率储备技术，先后开展了热水驱试验、降黏冷采技术试验、微生物采油技术试验，有效地降低了蒸汽用量，提高了油汽比和热利用效率，达到了提高产出投入比、改善经济效益的目的。

（4）通过有效开发技术的实践和应用，九$_1$—九$_5$区油田实现了高效开发，调整前 九$_1$—九$_5$区年产量 50×10^4t，油藏在整体加密后于 1999 年产量达到峰值 89.1×10^4t，到 2004 年递减至 72.5×10^4t。随着滚动扩边的开展，年产量逐步恢复到 2008 年的 80×10^4t，至今保持在 73×10^4t 以上。2013 年采出程度为 36.3%，油汽比为 0.165，采油速度为 1.34%，累计产油 1300.72×10^4t，阶段油汽比为 0.192，平均采油速度 1.9% 。自 1998 年至今，经过有效开发调整，实现连续 15 年产量维持在 70×10^4t 以上，成为稠油油藏高效开发的典范。

5.2　特稠油油藏注蒸汽开发实践——九$_6$区为例

九$_6$区齐古组（J_3q）属于浅层特稠油油藏，处于克拉玛依市东北约 45km 处，位于克拉玛依油田九区的东北部，南与九$_4$区，北与九$_9$区，西与九$_7$区相邻。九$_6$区齐古组稠油油藏发现于 1983 年，1996 年储量复算上报齐古组油藏探明含油面积 5.5km^2，地质储量 1545×10^4t，2010 年油描复算地质储量 1937×10^4t。为了探索特稠油不同井网井距注蒸汽吞吐开发效果和蒸汽吞吐后转蒸汽驱开采的可行性，九$_6$区齐古组油藏于 1989 年 6 月投入注蒸汽吞吐开采，1990 年 6 月以来先后经历了加密吞吐、蒸汽驱先导试验，1996 年（在中部和南部）进行了大面积的加密调整，1998 年 5 月转入大面积蒸汽驱开采，开辟了特稠油油藏大面积蒸汽驱开采的先例，拓展了特稠油蒸汽驱开发新领域。

5.2.1 油藏地质特征

1. 构造特征

九区齐古组稠油油藏位于准噶尔盆地西北缘克-乌大逆掩断裂带白碱滩段上盘超覆尖灭带上。该区齐古组构造简单，底部构造形态基本为一由西北向东南缓倾的单斜构造，倾角4°～6°，油藏中部深度平均220m，平均海拔65m。

2. 沉积特征

九$_6$区齐古组为辫状河流相沉积，主要分河道、心滩、河漫滩3种沉积微相。根据沉积旋回特征，自下而上划分为J_3q_3、J_3q_2、J_3q_1 3个砂层组，J_3q_2砂层组分为$J_3q_2^1$、$J_3q_2^2$ 2个砂层，而$J_3q_2^2$砂层又分为$J_3q_2^{2-1}$、$J_3q_2^{2-2}$、$J_3q_2^{2-3}$ 3个单层。J_3q_3是该区含油层之一，呈南北向条带状分布于该区中部；J_3q_2在全区广泛分布，是该区主力含油层；J_3q_1在全区分布不均匀，局部区域缺失，不含油。从$J_3q_2^{2-3}$至$J_3q_2^{2-1}$水动力不断增强，河道范围不断扩大，主要产油层$J_3q_2^{2-1}$、$J_3q_2^{2-2}$沉积时，水动力较强。

3. 储层特征

对取心井的岩性与物性分析统计表明，储层以中、细砂岩为主(65%)，其次为粗砂岩、砂砾岩(25%)，泥岩、泥质砂岩、粉砂岩(10%)为非储层。中-细砂岩含油性好，其他含油性较差，非油层主要为泥岩和砂质泥岩及致密砂砾岩夹层。齐古组储层的储集空间类型主要为原生粒间孔隙，占76.4%，其次为次生粒间溶蚀孔、粒内孔及界面孔。连通性较好，孔隙发育，属于高孔高渗储层。$J_3q_2^{2-1}$面积为5.47km^2，油层厚度为10.06m，孔隙度为30.1%，含油饱和度为76.9%，渗透率为3007.2mD。$J_3q_2^{2-2}$面积为4.96km^2，油层厚度为7.35m，孔隙度为28.8%，含油饱和度为71.7%，渗透率为2261.6mD。$J_3q_2^{2-3}$面积为2.09km^2，油层厚度为2.32m，孔隙度为28%，含油饱和度为66.6%，渗透率为1762.8mD。J_3q_3面积为2.36km^2，油层厚度为5.14m，含油孔隙度为28.8%，饱和度为61.8%，渗透率为1200.8mD。$J_3q_2^2$平均含油饱和度为74.6%，加权平均孔隙度为29.5%，加权平均渗透率为2627.3mD。J_3q_3平均含油饱和度为63.6%，加权平均孔隙度为28.8%，加权平均渗透率为1200.8mD。速敏程度大体上是中等偏弱-中等偏强-强速敏，水敏程度大体上为中等偏弱-中等偏强-强水敏。储层润湿性由开发前的弱亲水-中亲水变为弱亲水-强亲水。

4. 流体物性

该区齐古组油藏J_3q_2原油具有“二低三高”的特点，即凝固点低(−36℃～+4℃，平均−9.11℃)，含蜡量低(1.34%～5.06%，平均仅为2.24%)；高酸值(1.7～6.32mgKOH/g，平均4.46mgKOH/g)，高密度(变化范围是0.9158～0.978g/cm^3，平均为0.9450g/cm^3)、高黏度(20℃时地面原油黏度变化范围是1559～97210mPa·s，平均为23670mPa·s)。黏度对温度较为敏感，温度由20℃上升到50℃时，黏度一般小于1000 mPa·s。地层水为岩性封存水，水型多为 $NaHCO_3$ 型，矿化度为 3571.88～24730.94mg/L，平均为 4972.34mg/L；氯离子含量为 1160.0～4585.85mg/L，平均为 1962.04mg/L。

5. 油层压力及温度

根据齐古组地层温度和试油压力资料分别求得地温梯度和原始地层压力梯度关系式，折算至齐古组 J_3q_2 油层中部深度 200m（海拔 73m）处，地层温度为 18.1℃，原始地层压力为 2.38MPa，压力系数为 1.19。2014 年底地层压力下降较多，平均为 0.82MPa，压力系数在 0.4 左右。

5.2.2　开发简况

九$_6$区齐古组油藏于 1989 年 6 月投入注蒸汽吞吐开采，自 1990 年以来进行了加密吞吐、蒸汽驱先导试验，于 1996 年（在中部和南部）进行大面积的加密调整，钻井 179 口。一次井网为 100m×140m，加密调整后井网为 70m×100m。1998 年 5 月中部和南部 58 井组转入大面积蒸汽驱开采，2000 年北部 26 个井组转驱，开辟了特稠油油藏大面积蒸汽驱开采的先例。2006 年西北部打调整井 43 口、南部打水平井 12 口。截至 2013 年 4 月油井总数为 717 口，注汽井 98 口。目前以 70m×100m 反九点井网为主，中部主体区域采用蒸汽驱方式开采，边部采用蒸汽吞吐开采。

九$_6$区齐古组油藏于 1989 年大面积开发至 2013 年 4 月，老区共投产 815 口井，动用含油面积 5.5km^2，动用地质储量 1937×10^{4}t；累计注汽 2962.7×10^{4}t，累计产油 611.1×10^{4}t，油汽比为 0.21，综合含水 87.8%，采出程度 31.5%，整体开发效果较好。其中吞吐井数 375 口，累计注汽 688.1×10^{4}t，产油 183.1×10^{4}t，综合含水 89.9%，平均单井产油 4883t，累计油汽比为 0.27，采出程度 24.0%；汽驱采油井井数 342 口，注汽井 98 口，累计注汽 2274.6×10^{4}t，累计产油 428.0×10^{4}t，综合含水 86.6%，平均单井产油 9727t，累计油汽比 0.19，采出程度 41.6%（表 5-15）。

表 5-15　九$_6$区齐古组油藏累计生产数据表

区块	井数/口	累计注汽/10^{4}t	累计产油/10^{4}t	综合含水/%	油汽比	注采比	采出程度/%
吞吐	375	688.1	183.1	89.9	0.27	0.38	24.0
汽驱	342/98	2274.6	428.0	86.6	0.19	0.82	41.6
合计/平均	717/98	2962.7	611.1	87.8	0.21	0.71	31.5

根据井网密度及开采方式的不同，将整个油藏分为 3 个对比井区：中部汽驱井区、东部吞吐区和西部吞吐区（图 5-14）。中部汽驱区有效厚度大，原油黏度较低，油井产油量高，油汽比高，采出程度高，开发效果好；而西部吞吐区原油黏度较高，油井产油量较低，油汽比较低，采出程度较低，效果较差；东部吞吐区回采水率高，采出程度低，开发效果也较差。

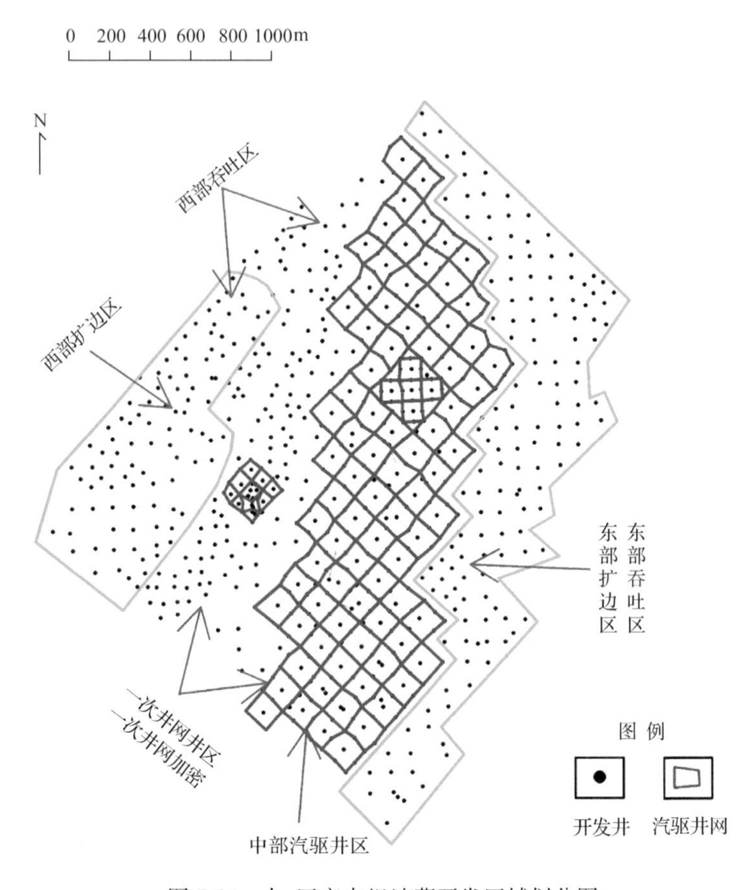

图 5-14 九$_6$区齐古组油藏开发区域划分图

九$_6$区自 1989 年投产至今，可划分为 5 个生产阶段：①中部一次井网投产阶段；②东西部投产阶段；③自然递减阶段；④中部井网加密调整阶段；⑤中部转汽驱阶段。

1. 中部一次井网投产阶段(1989 年 2 月～1991 年 2 月)

1989～1990 年，在九$_6$区齐古组中部主河道发育区部署 100m×140m 一次井网井正式投入开发，共投产油井 374 口，其中包括汽驱试验区 26 口，吞吐试验区 41 口。

截至 2011 年，平均井累计注汽 39684t，采油 10092t，产水 41239t，综合含水率 80.3%，累计油汽比 0.25，回采水率 103.9%，采出程度 52.6%(表 5-16)。

表 5-16 九$_6$区齐古组油藏中部一次投产阶段生产数据表

分区	井数	井注汽/t	井产油/t	井产水/t	含水率/%	油汽比	回采水率/%	采出程度/%
一次开发井	374	39684	10092	41239	80.3	0.25	103.9	52.6

2. 东西部投产阶段(1991～1994 年)

1991～1994 年为东部及西部扩边投产阶段。东部扩边区实施吞吐方式开采：其中东部扩边区面积为 1.43km^2，新钻井 87 口。东部扩边井、八道湾组上返井与 2006 年新投产

7口水平组合成东部吞吐区，目前生产总井数145口。东部扩边区主要生产特征为受边底水影响突出，具有低注汽量、高油汽比、特高回采水率的生产特征(表5-17)。

表5-17 九$_6$区齐古组油藏东部生产数据表

分类(区)	井数/口	井注汽/t	井产油/t	井产水/t	含水率/%	油汽比	采水率/%	采出程度/%
东部扩边井	87	7811.3	3950	61568	94.0	0.51	788.2	21.6
东部吞吐区	145	9254	4283	50313	92.2	0.46	543.7	20.8

西部扩边区实施吞吐方式开采：西部扩边区面积为0.53km^2，油井56口，西部扩边井与一次井网井的西部井区组成西部吞吐区，目前生产总井数223口。西部扩边井区注汽及采液量较高，初期综合含水率较高但上升相对缓慢、低油汽比、低采出程度(表5-18)。

表5-18 九$_6$区齐古组油藏西部生产数据表

分类(区)	井数/口	井注汽/t	井产油/t	井产水/t	含水率/%	油汽比	采水率/%	采出程度/%
西部扩边井	56	25359	3808	25023	86.8	0.15	98.7	13.8
西部吞吐区	223	21534	4872	25199	83.8	0.23	117.0	21.7

3. 自然递减阶段(1994～1996年)

在东西部扩边生产阶段，由于不断有新井投产，区块日产油水平基本稳定在1100t，扩边生产一段时间后产量出现快速递减的趋势，日产油水平由递减初期的1005t下降到递减阶段末期的760t。周期递减为12.3%，吞吐阶段年递减为15.5%。

4. 中部井网加密调整阶段(1996～1998年)

该阶段在一次井网主要油层分布区实施70m×100m井网加密，投产加密新井217口。由于新井投产，油藏生产呈现阶段性稳升状态，月产油量由22000t上升至25000t。由于一次井网井开发较长(6年)，油藏能量经长期消耗，在油层条件相同的情况下加密井生产效果远不及一次开发井好：加密井单井累计产油量5094t，油汽比0.15，采出程度22.2%，主要生产指标只有一次开发井的50%左右(表5-19)。

表5-19 九$_6$区齐古组油藏中部生产数据表

分区	井数/口	井注汽/t	井产油/t	井产水/t	含水率/%	油汽比	采水率/%	采出程度/%
中部加密井	217	32940	5094	52780	91.2	0.15	160.2	22.2
一次开发井	374	39684	10092	41239	80.3	0.25	103.9	52.6

5. 中部转汽驱阶段(1998年至今)

中部区域加密后变成完善的70m×100m的反九点井网，为转入蒸汽驱开发奠定了基础，加密生产1～2年后，中部区域陆续转入汽驱开发。截至2011年，吞吐加汽驱累计注汽为2025.65×10^{4}t，采油为413.44×10^{4}t，综合含水率为85.2%，累计油汽比为0.2，回采水率为117.7%，采出程度为44.8%。吞吐及汽驱效果都很好。吞吐累计油汽比为0.4，采出程度为25.6%，汽驱累计油汽比为0.12，采出程度为19.2%(表5-20)。

表 5-20 九$_6$区齐古组油藏中部转驱阶段生产数据表

主要阶段	井数/口	平均井注采/t			含水率/%	油汽比	采水率/%	采出程度/%
		注汽量	产油量	产水量				
吞吐阶段	442	13208	5346	12634	70.3	0.40	95.7	25.6
汽驱阶段	442	32621	4007	41289	91.2	0.12	126.6	19.2
合计	442	45829	9354	53922	85.2	0.20	117.7	44.8

与上述 5 个开发阶段相对应，九$_6$区齐古组油藏经历了产能建设、高产、递减、稳产和低油汽比、高含水等阶段(图 5-15)。1989 年 1 月至 1990 年 12 月为产能建设阶段，日产油 423t/d；1991 年 1 月开始进入高产阶段，日产油 1174t/d，油汽比 0.45，含水率 65.8%；1993 年 9 月开始递减，日产油 778t/d，油汽比 0.35，含水率 80.9%；1997 年 10 月至 2009 年 1 月转入蒸汽驱后处于稳产阶段，油汽比 0.24，含水率 89.1%；2009 年 3 月进入低油汽比、高含水阶段，持续至今，日产油 363t/d，油汽比在 0.1 左右，含水率达到 95.1%。

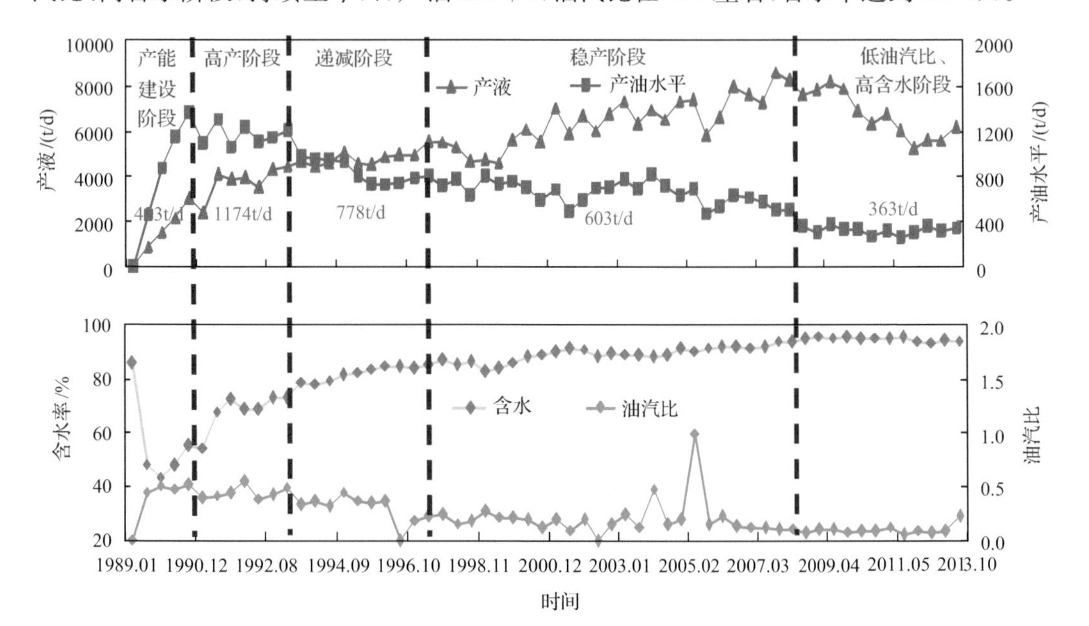

图 5-15 九$_6$区齐古组油藏综合开发曲线图

5.2.3 特稠油注蒸汽开发存在的主要问题

1. 汽窜严重

九$_6$区蒸汽驱进入中后期生产阶段，汽窜和蒸汽波及率低成为影响蒸汽驱开采的主要问题，汽窜方式有邻井和跨井汽窜两种；邻井汽窜方位主要为近东西向，为支流河道的方向；跨井汽窜方位主要为北偏东 30°～35°，近平行于西部隆起褶皱构造延伸方向。除东南产地层水区域外其余井组均有汽窜干扰现象，平面上表现为高液量、高含水、高出液温度的生产局面。

汽窜干扰井较多(表5-21)，严重制约着九$_6$区汽驱中后期开发效果。2002年12月九$_6$区汽驱采油井井口温度高于90℃的油井有71口，2003年12月为101口，2004年12月为126口。2001～2004年年底九$_6$区汽驱采油井井口温度高于90℃的油井每月有89井次，汽窜、水淹井每月有79井次。2005年九$_6$区井口温度90℃以上的油井达166口，汽窜井口平均温度96.0℃。2005年平均月汽窜161井次，累计汽窜1771井次，且汽驱持续高含水，综合含水率为90%。

表5-21　年九$_6$区齐古组蒸汽驱分年度汽窜、水淹井统计表

年份	月度汽窜井次	月度水淹井次
2001	58	90
2002	71	81
2003	101	73
2004	126	70
2005	161	68
2006	190	73
2007	240	75
2008	167	87
2009	175	77
2010	188	87

尽管持续进行各种综合治理，抑制汽窜、水淹，但随着开采时间的延长、开采力度的加深，这类井仍在不断增加，不能从根本上得到遏制。2005～2008年平均月汽窜190井次，累计汽窜758井次，汽窜井口平均温度96℃，且汽驱持续高含水，目前九$_6$区蒸汽驱产液水平20t/d、含水96%以上的井87口。汽窜水淹已经成为影响蒸汽驱开发效果的主要因素之一。

2. 油层动用不均

1）密闭取心

为进一步了解九$_6$区齐古组油藏蒸汽驱中后期剩余油分布，2004年在九$_6$区南部钻了一口取心井96988井(图5-16)。19个有效样品分析的平均含油饱和度为46%，比原始含油饱和度74%降低了28%。其中$J_3q_2^{2-1}$平均剩余油饱和度40.43%，比原始含油饱和度75.47%降低了35%，$J_3q_2^{2-1}$距油层顶部5m油层段内剩余油饱和度平均不到30%，电阻率测井与邻井对比大幅下降。$J_3q_2^{2-2}$平均剩余油饱和度53.05%，比原始含油饱和度73.45%降低了20%，在距$J_3q_2^{2-2}$底部5m的油层段内剩余油饱和度接近60%。电阻率测井下降幅度小，表明主河道井区井间下部油层还有生产潜力。该井的取心资料表明，经过多年的注蒸汽开发，由于蒸汽的超覆作用，顶部油层已被强烈水洗，动用程度高；而底部水洗程度相对较弱，油层的动用程度相对比较低。

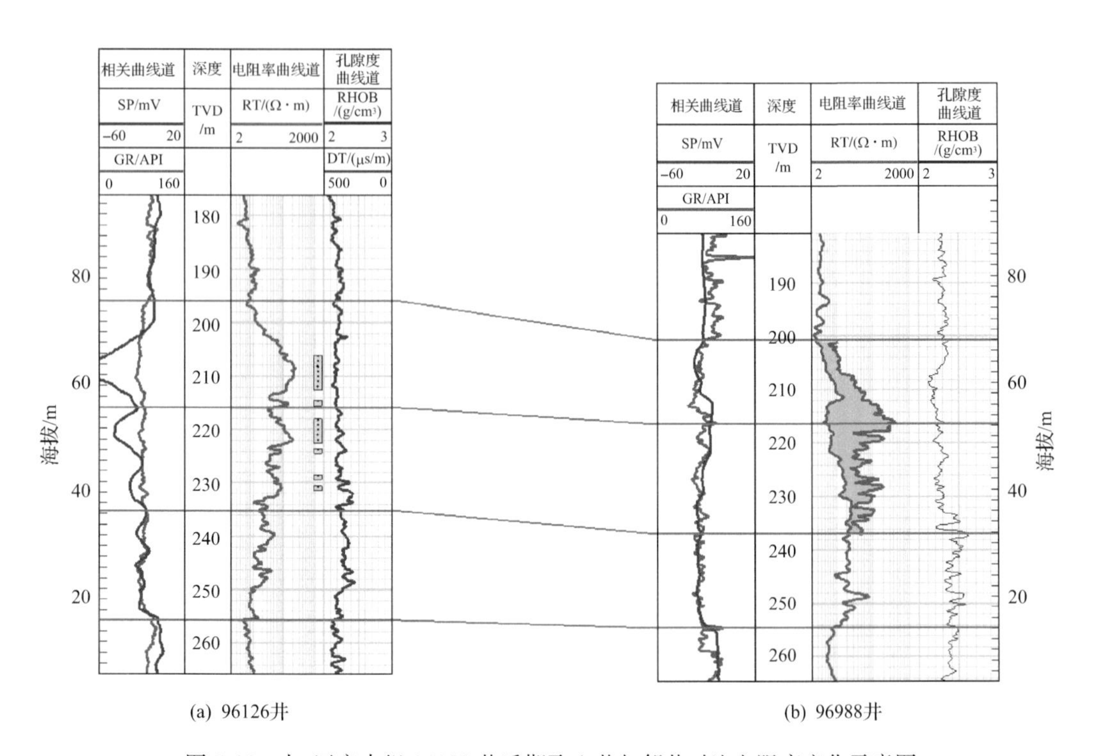

图 5-16　九$_6$区齐古组 96988 井后期取心井与邻井对比电阻率变化示意图

2）吸汽产液剖面监测

九$_6$区的吸汽剖面资料表明(表 5-22,图 5-17),汽驱阶段大部分油层均能吸汽,但不同时间各层段的吸汽量不均匀,尤其是蒸汽驱开发后期主要为上部层段吸汽,占 90%以上。从产液剖面资料看,产液层段主要为上部的 $J_3q_2^{2-1}$ 和 $J_3q_2^{2-2}$。由此可见,转入汽驱之后,尽管注汽井的各层均在吸汽,但由于受注、采井间原油性质及储集层非均质性的影响,蒸汽和热水各沿着不同路径流动驱油,纵向上油层动用程度的差异大,油层主要动用的是中上部的 $J_3q_2^{2-1}$ 和 $J_3q_2^{2-2}$。$J_3q_2^{2-1}$、$J_3q_2^{2-2}$、$J_3q_2^{2-3}$ 自上而下吸汽和产油能力依次减弱,$J_3q_2^{2-1}$ 动用程度最好,$J_3q_2^{2-3}$ 动用程度最差。

表 5-22　各层吸汽产液情况统计表

层位	吸汽资料						产液资料					
	井次	井数	测试厚度/m	吸汽厚度/m	吸汽测试百分比/%	吸汽比例/%	井数	井次	测试厚度/m	产液厚度/m	产液厚度百分比/%	产液贡献率/%
$J_3q_2^{2-1}$	7	20	92.5	76.5	82.7	49.68	10	41	186.5	165.5	88.7	41.48
$J_3q_2^{2-2}$	7	23	101	69.5	68.8	45.63	10	53	170.5	145.0	85.0	36.34
$J_3q_2^{2-3}$	4	7	16	8.0	50	5.19	10	46	148.0	88.5	59.8	22.18

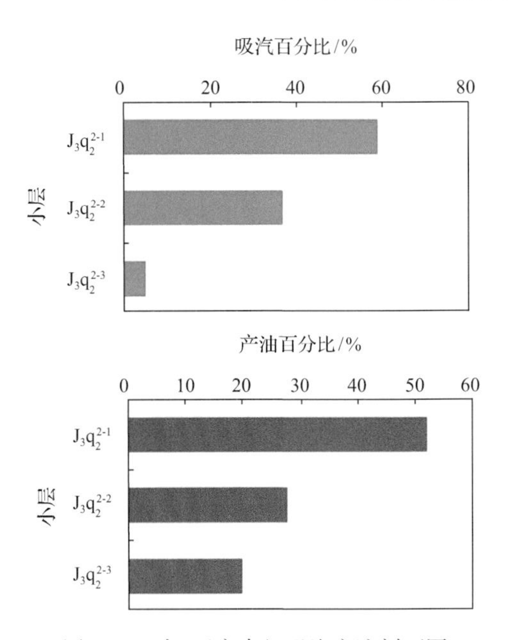

图 5-17　九$_6$区齐古组吸汽产液剖面图

3）剩余油分布

九$_6$区数值模拟表明，①平面上，九$_6$区汽驱注汽井周围 20～40m 的油层剩余油饱和度较低，在 25%左右，剩余油饱和度较高的区域主要分布于相邻的采油井及注汽井与角井之间，剩余油饱和度在 50%以上（图 5-18）；②纵向上，$J_3q_2^{2\text{-}1}$原始含油饱和度 76%，剩余油饱和度平均 40%，较原始含油饱和度下降 36%，$J_3q_2^{2\text{-}2}$原始含油饱和度 75%，剩余油饱和度平均 56%，较原始含油饱和度下降 19%；剖面上，上部油层动用较好，从温度场看（图 5-19），上部$J_3q_2^{2\text{-}1}$较下部$J_3q_2^{2\text{-}2}$温度高，汽驱区域井间热连通明显。

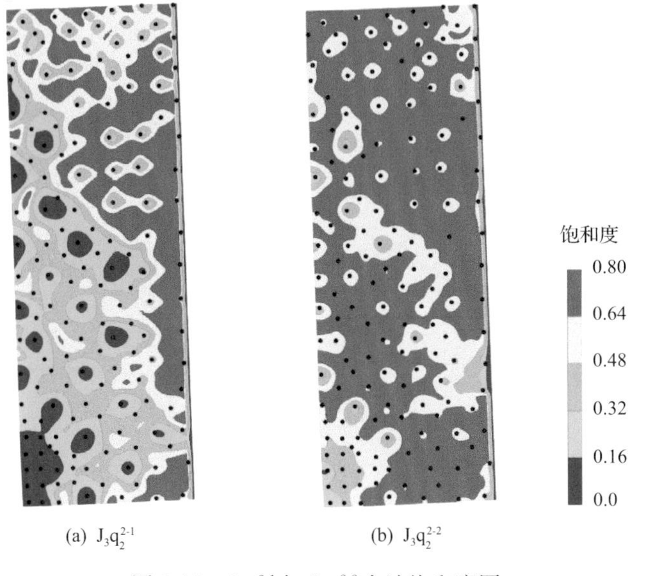

图 5-18　$J_3q_2^{2\text{-}1}$与$J_3q_2^{2\text{-}2}$含油饱和度图

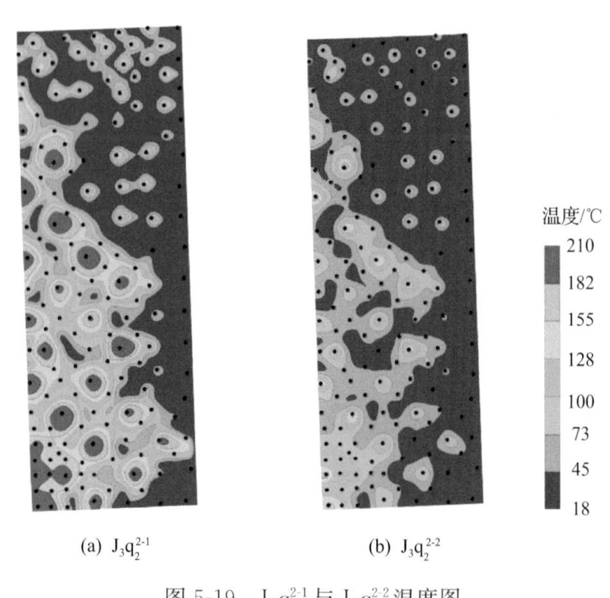

图 5-19 $J_3q_2^{2-1}$与$J_3q_2^{2-2}$温度图

综上所述,剩余油的空间分布特点主要表现为上部油层剩余油相对少,下部油层相对较多。

3. 注采不平衡、地层能量损失严重

油藏地层压力变化显示油藏注采不平衡,在吞吐阶段地层压力始终处于快速下降趋势。到 2000 年年底,中部吞吐结束前地层最低压力为 0.23 MPa(原始压力为 2.49MPa),平均年压力降为 0.19MPa,中部转汽驱结束之后汽驱注汽量提高,地层压力有所恢复,目前地层压力为 0.61 MPa(图 5-20)。

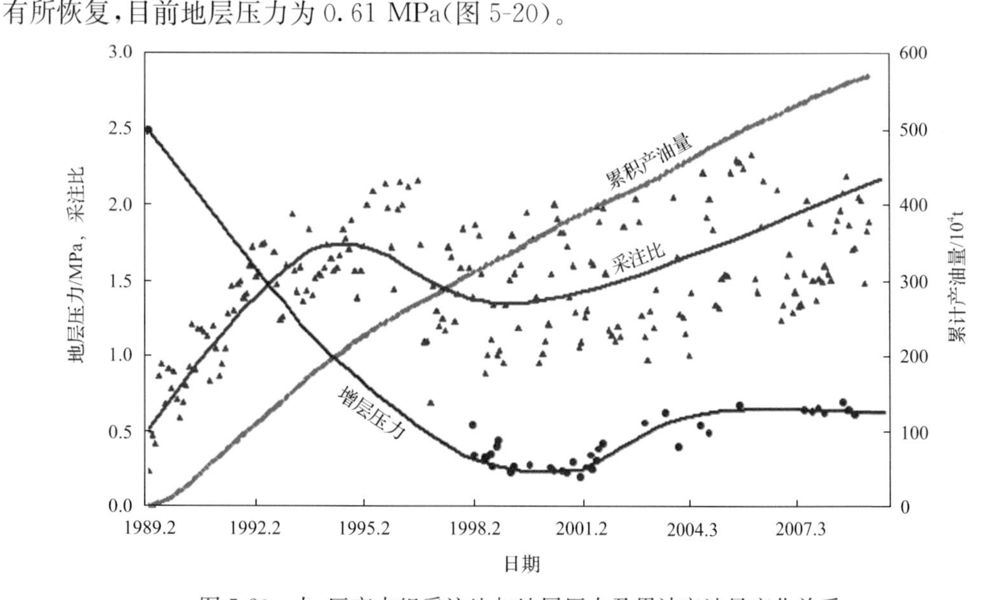

图 5-20 九$_6$区齐古组采注比与地层压力及累计产油量变化关系

近年来稠油油藏蒸汽驱开发取得一定的成效，获得一定的经济效益，但经过十余年的开发，采出程度较高，地层亏空严重，地层能量减弱，由于油藏具有非均质性，地层能量不能有效补充，目前汽驱采油速度下降，含水上升快，因此仅靠优化注汽参数的治理效果不明显，蒸汽驱治理难度日益加大。2005年年底累计亏空$284\times10^4m^3$，2006年年底累计亏空$353\times10^4m^3$，2007年年底累计亏空$396\times10^4m^3$，2008年年底累计亏空$449.3\times10^4m^3$，2009年年底累计亏空$534\times10^4m^3$，2010年年底累计亏空达$568.9\times10^4m^3$，每年以$50\times10^4m^3$的速度递增，而地层压力仅为初始压力的25%（表5-23）。地层亏空严重，补充能量、提高油藏压力是当前急需解决问题。

表5-23　九$_6$区齐古组蒸汽驱累计生产数据表（截至2010年）

累计注汽/10^4t	累计产油/10^4t	累计产水/10^4t	综合含水/%	油气比	采注比	注采比	存水率/%	油层亏空/10^4m^3
1445.3	177.4	1836.8	91.0	0.12	1.4	0.7	−27	568.9

4. 注汽质量有待提高

高干度蒸汽是实现有效汽驱的必要条件。注入油层的蒸汽干度，至少达到50%，以保证在油层中形成蒸汽带并不断推进、扩展，才能形成有效的蒸汽驱，取得较好效果。目前九$_6$区井底蒸汽干度整体偏低，锅炉未改造前估计井底注入干度在20%～30%，且注汽井间没有实现等干度配汽配注，井间偏流严重，进一步加剧了地下油层的吸汽不均，因此难以形成有效的蒸汽驱。2010年对部分区域的锅炉进行改造，井底最高干度达到70%，有效提高了注汽开发效果，因此应进一步加强工艺条件技术的改造和提升，尽可能增大注入蒸汽干度，保证单井注汽的准确度。

5.2.4　改善注蒸汽效果的技术措施

1. 优化汽驱方式提高热利用率

1）汽驱方式优化

为了确定下一步汽驱生产方式、优化汽驱注采参数，选择九$_6$区进入开发中后期的9个井组：96081、96082、96083、96110、96111、96112、96141、96142、96143，开展数值模拟研究。根据九$_6$区试验区9个井组实际地质情况建立地质模型。模拟并对比采用连续汽驱、间歇汽驱和变速汽驱3种方式进行生产的结果，结果表明连续汽驱虽然能提高采出程度，但其油汽比低，在目前状况下属于无效开采，而间歇汽驱和变速汽驱却能在一定程度上改善开发效果，九$_6$区优选结果以间歇注汽效果较好（表5-24）。

表5-24　九$_6$区齐古组油藏中部转驱阶段生产数据表

生产方式	生产天数/d	注气速度/(t/d)	生产周期/d	采出程度增量/%	采出程度/%	累计油汽比
间歇汽驱	1200	50	120	9.06	45.09	0.19
变速汽驱	1620	低速30，高速60	180	13.91	49.97	0.13
连续汽驱	1400	50		8.21	44.24	0.07

2）注汽参数优化

根据上述生产方式的优选结果，对间歇汽驱及变速汽驱注采参数分别进行优化。模拟对比了间歇汽驱注汽速度 40t/d、50t/d 、60t/d 、70t/d 4 种情况，结果表明，间歇汽驱注汽速度以 50t/d 较好。模拟对比了注 60d、停 60d，注 90d、停 90d，注 120d、停 120d，结果表明，间歇周期以注 60d 停 60d 效果较好。模拟对比低速为 20t/d，高速为 40t/d、50t/d、60t/d、70t/d，以及低速为 30t/d，高速为 50t/d、60t/d、70t/d 7 种组合方式，优选结果是低速为 30t/d、高速为 60t/d 的效果较好。

根据以上优选结果对九$_6$试验区井组的开发指标进行预测，结果表明，间歇汽驱再生产 4 年，采出程度增量为 9.06%，最终采收率为 45.09%。

2. 开展分类分治提高汽驱开发效果

1）井组分类

根据油藏本身的地质条件，选取能代表油层物性条件的静态参数如沉积相带、韵律、有效厚度、20℃原油黏度、渗透率等作为分类的主要静态参数。并以汽驱井组的动态特征作为主要标志，选取了能代表开发效果的日产油水平、综合含水、汽驱过程中是否发生水淹水窜、测试特征等参数作为汽驱油藏动态分类的重要标准。采取动静态结合的井组分类方法，把汽驱井组分为汽驱见效井组、水淹水窜井组、低效井组、无效井组 4 类（表 5-25）。

表 5-25　汽驱井组分类数据表

类型		有效厚度/m	20℃原油黏度/(mPa·s)	产液水平/(t/d)	产油水平/(t/d)	井组含水/%	油汽比	备注
一类井组(30 个)		>15	<10000	>35	>5.5	<90	>0.15	见效井组
二类井组(37 个)		>10	<20000	>35	<5.0	>90	<0.1	水淹井组
三类井组(9 个)		5～10	<20000	<35	>5.0	<90	<0.15	低效井组
四类	产地层水井组(13 个)	5～10	<20000	<35	<2.0	>95	<0.05	产地层水
	无效益井组(9 个)	—	—	—	<2.0	>9	<0.05	已关

2）分类分治

汽驱见效井组主要采取提高注汽速度的措施，使注汽速度达到方案要求，目的是提高驱替能量，扩大蒸汽波及范围，提高驱油效率；低效井组主要采取间歇注汽的措施，通过注汽速度的交替变化均衡油层温度场、压力场的分布，改变蒸汽驱扫方向，扩大蒸汽波及体积，驱替死油区，提高油层动用程度；对水淹、水窜井采取控关，对长期不见效的低产液井进行吞吐引效，调整蒸汽平面驱替方向，提高汽驱驱油效率；薄油层井组和高黏井组在优化选井基础上采取吞吐强排的措施，对油层条件好、预计措施效果较好的井优先吞吐注汽，对产地层水井组停注外排。

2000 年至 2005 年 6 月，对汽驱进行分类分治 561 个井组。其中实施间歇注汽的井组数有 270 个，累计节约汽量 105.3464×10^4t，累计增油量 1.6003×10^4t；实施连续注汽的井组数有 94 个，累计增加汽量 4.4157×10^4t，累计增油量 0.7072×10^4t；实施停止注汽的井组数有 111 个，累计节约汽量 81.1102×10^4t；累计增油量 0.9296×10^4t；实施脉冲注汽的井组数有 19 个，累计节约汽量 1.3190×10^4t；累计增油量 0.5532×10^4t。实施吞吐引效的井组有 67 个，累计节约汽量 12.0715×10^4t，累计增油量 0.94×10^4t。在此期间累计节约汽量 168.6504×10^4t，累计增油 4.7399×10^4t，井组分类治理取得了较好的效果。

3. 开展油层纵向研究

九$_6$区齐古组油藏的主力生产层位为 J_3q_2，自 1989 年投入开发以来保持了持续高效开发，采出程度较高，但随着开发的不断深入，出现了汽窜及干扰频繁、水淹水窜、热损失、蒸汽超覆突进严重、生产井持续高含水等诸多疑难问题。通过开展油藏精细描述和剩余油分布研究，可从以下两个方面进行油层纵向挖潜。

1) J_3q_2的两个砂层组进行分层注汽

由于油藏非均质性及受汽窜的影响，油层动用程度不均匀，$J_3q_2^{2-1}$剩余油饱和度低，$J_3q_2^{2-2}$剩余油饱和度高；$J_3q_2^{2-1}$温度高，$J_3q_2^{2-2}$温度低；$J_3q_2^{2-1}$压力低，$J_3q_2^{2-2}$压力高。若继续实施笼统注气，则无法改变层间动用差异及能量分布特征，继续汽驱经济差。因此考虑实施分层注气，进一步提高 J_3q_2 下部油层动用程度，提高汽驱开发效果。

考虑到 J_3q_2 内夹层发育的情况，在目前油层动用特征下充分利用 $J_3q_2^{2-1}$ 和 $J_3q_2^{2-2}$ 之间的夹层对蒸汽的遮挡作用，开展分层汽驱研究。模拟不同夹层大小对汽驱开发效果的影响，从注汽井开始发育，分别对比无夹层、夹层长 50m、夹层长 100m 及夹层长 140m 4 种情况(图 5-21)。

数值模拟结果表明，夹层在注汽井处发育时，夹层越长，蒸汽在 $J_3q_2^{2-2}$ 分布范围越大，$J_3q_2^{2-2}$油层温度越高，油层压力越高，含油低饱和度范围越大(图 5-22～图 5-25)，说明夹层越长越有利于蒸汽腔在 $J_3q_2^{2-2}$ 发育，有利于动用下部油层。

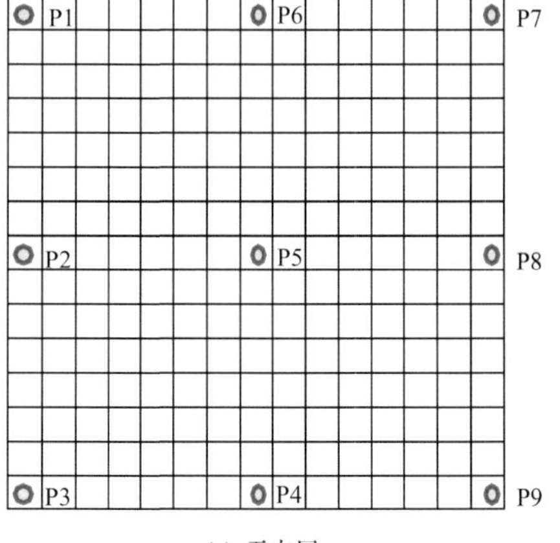

(a) 无夹层

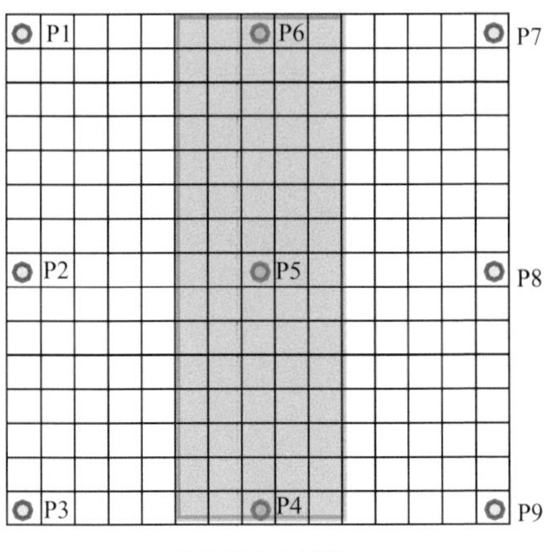
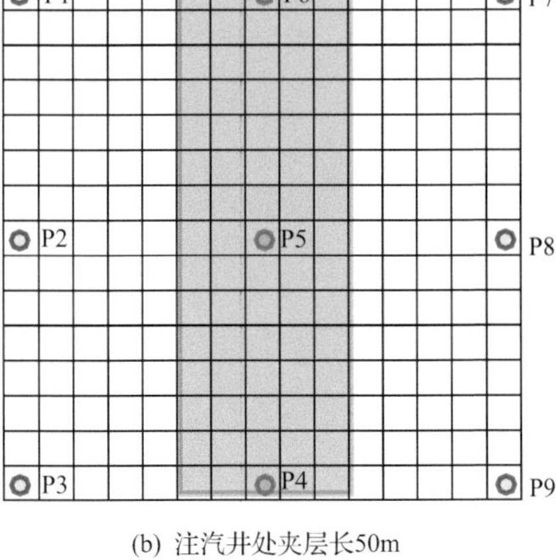

(b) 注汽井处夹层长50m

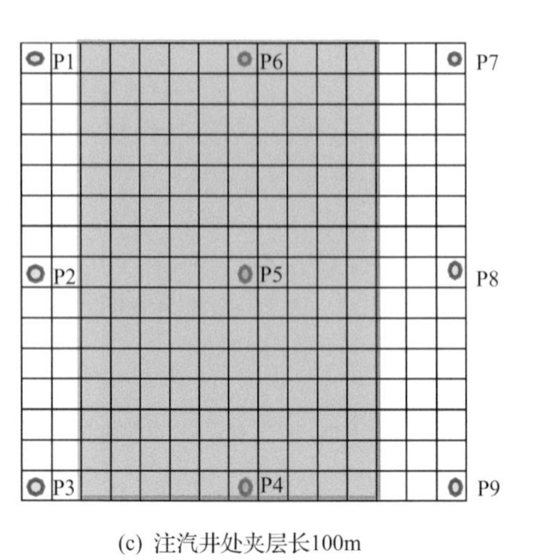

(c) 注汽井处夹层长100m

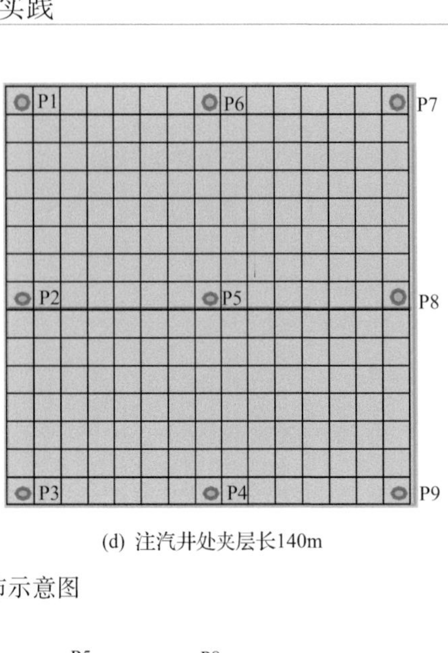

(d) 注汽井处夹层长140m

图 5-21　夹层分布示意图

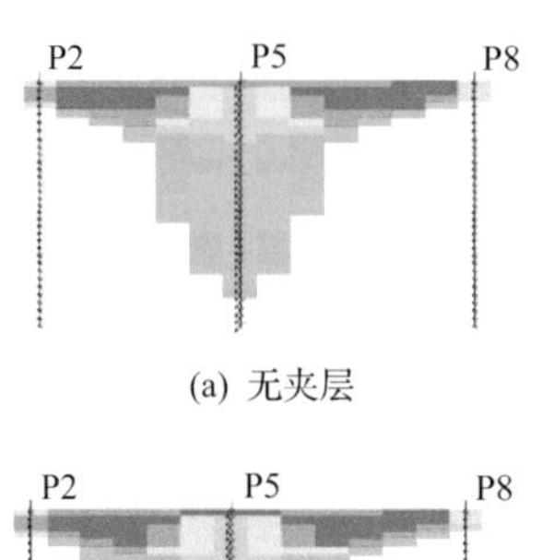

(a) 无夹层

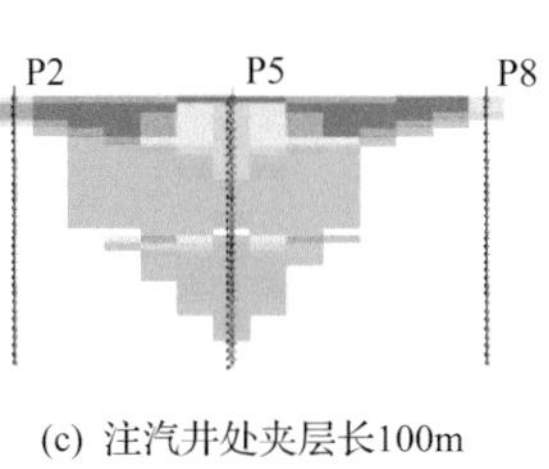

(c) 注汽井处夹层长100m

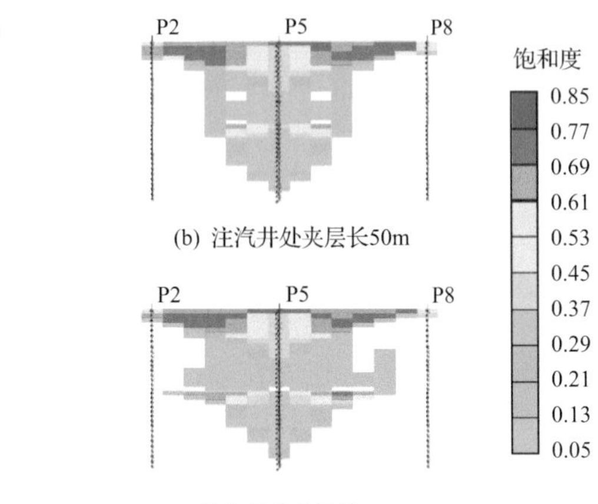

(b) 注汽井处夹层长50m

(d) 注汽井处夹层长140m

图 5-22　汽驱 3 年后蒸汽饱和度图

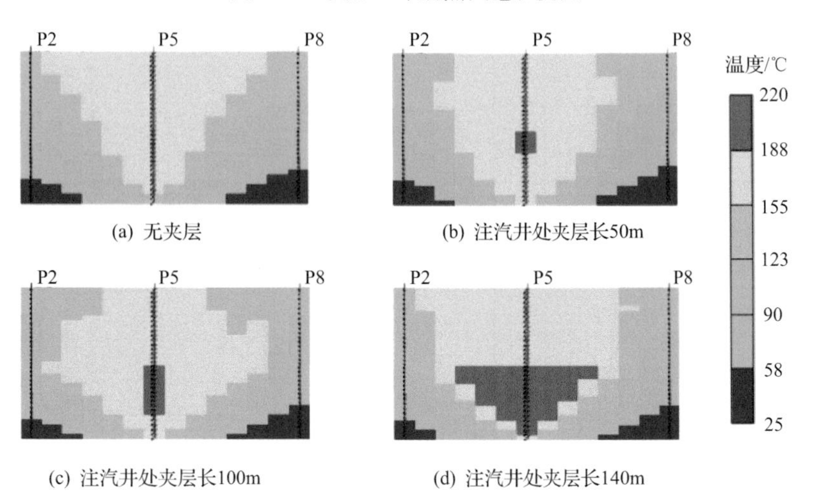

(a) 无夹层

(b) 注汽井处夹层长50m

(c) 注汽井处夹层长100m

(d) 注汽井处夹层长140m

图 5-23　汽驱 3 年后温度图

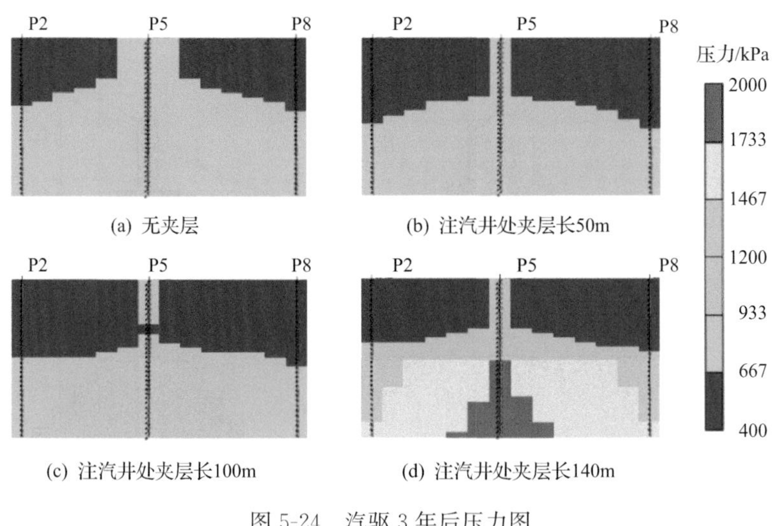

图 5-24　汽驱 3 年后压力图

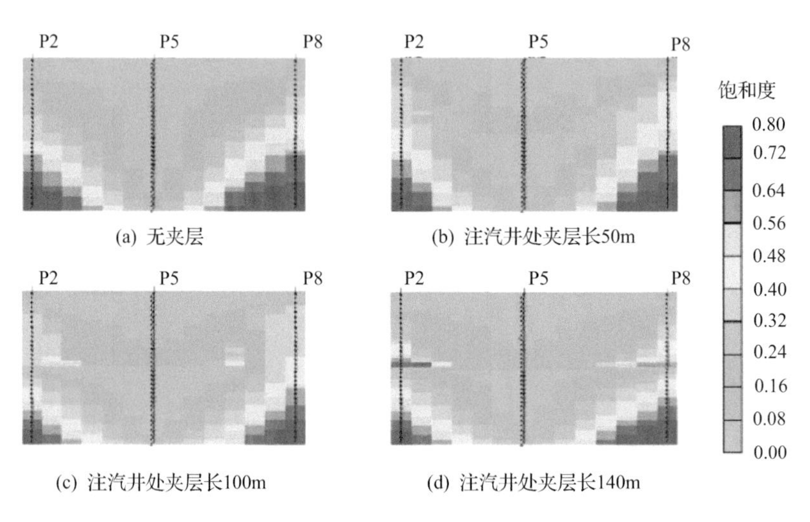

图 5-25　汽驱 3 年后含油饱和度图

在分层注汽的条件下，从不同夹层发育情况下的生产曲线可以看出(图 5-26)：无夹层时油汽比低，采收率低，分层汽驱效果不明显；当夹层在注汽井处发育 50m 及以上时分层汽驱效果明显，采收率、油汽比明显提高。

由于夹层减弱了蒸汽超覆现象，夹层范围越大，$J_3q_2^{2-2}$油层动用程度越大；以瞬时油汽比 0.07 为截止条件，在目前的采出程度下进行分层注汽，当夹层分布长度大于 50m 时，$J_3q_2^{2-2}$油层动用比例提高 21.6%以上，累计采出程度提高 11.09%以上。当夹层沿注汽井发育长度大于 50m 时，分层注汽可以有效提高下部油层动用程度(图 5-27)。现场应用中，对于注汽井处无夹层发育、但生产井处夹层发育较长的情况，可以通过转换井网模式，即生产井和注汽井转换的方式，利用分层注汽提高 $J_3q_2^{2-2}$动用程度。

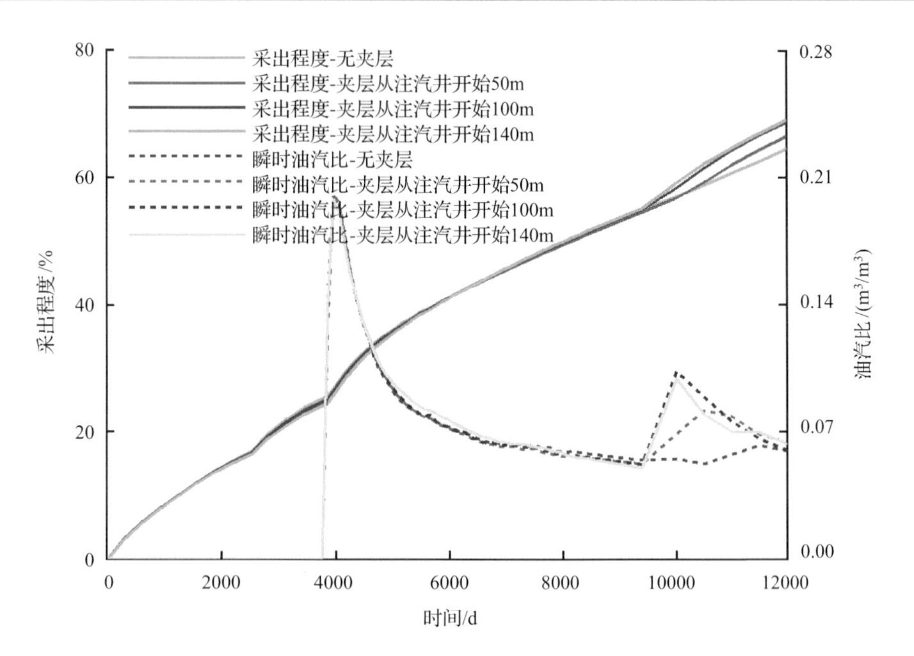

图 5-26　分层注汽时不同夹层情况下的生产曲线

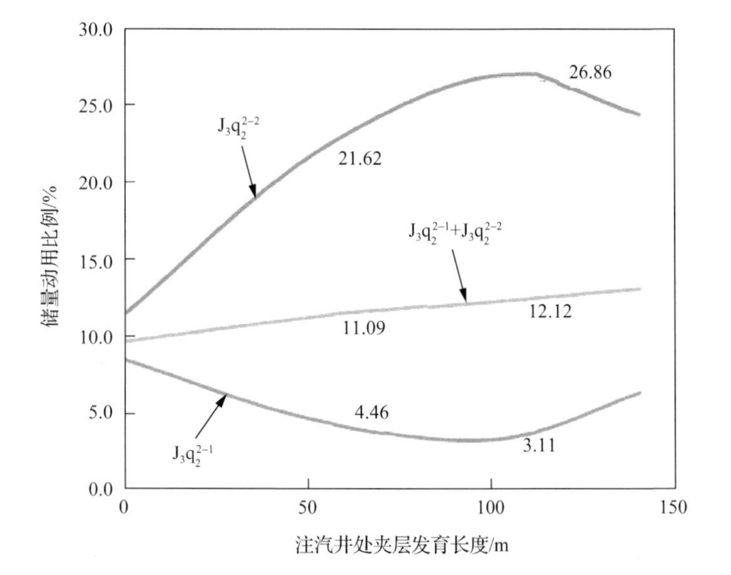

图 5-27　分层注汽阶段不同夹层大小对动用程度的影响

2）九$_6$ 区 J_3q_3 补孔挖潜

通过开展油藏精细描述和前期对九$_6$区 J_3q_3 试油及生产结果显示，九$_6$区局部区域J_3q_3较发育，具有较好的开发潜力，为油田的深入开发提供了层位接替保障，可以进一步深入挖掘油藏潜力。研究发现九$_6$区靠近九浅 41 井区、J230 井区和九$_7$区的 3 个区域J_3q_3油层较发育，具有一定的生产能力，地面上具有完整的注、采、输流程；部分井的J_3q_3没有完全射开，且其厚度较大(部分井可补层厚度大于 10m)，可进行补层挖潜生产。实施 J_3q_3 回采提高了油井利用率，保持了该区的稳定开发。2003 年对 J_3q_3 进行试油生产，确定其生产能力，在取得较好试油生产效果基础上，2004年开展回采生产，截至2005年6月实施31口，措施有效率100%，累计增产油量7971t，效果显著。

4. 无油管采油提高注采能力

无油管采油主要针对面积汽驱中后期汽窜水淹严重、大量出水的油井。该技术由高温空心桥塞、大泵径抽油泵、油管扶正器、Φ38mm加重杆、抽油杆防脱扶正器等组成，利用套管作为油流通道，同时配合二级泵（泵径Φ56mm或Φ70mm、Φ83mm），该技术较好地解决了油流通道狭小和常规油管不能下入Φ83mm、Φ70mm井下泵的问题，进行强采强排，提高排液量，降低地下存水；改善同一井组蒸汽超覆和汽窜现象；增大油流通道，降低黏滞阻力，提高单井产量；改善注汽井的吸汽剖面。

在九$_6$区应用无油管采油技术4井次，采用Φ83mm、Φ70mm大泵径杆式泵，产液量大幅度提高，注汽剖面也得到一定程度的调整和改善，如96934井、96945井应用Φ83mm大泵径管式泵，采用无油管采油技术后产液量明显提高，分别由原来30t/d、40t/d提高到48t/d、80t/d，强排一段时间后含水分别由原来的96%、97%下降为71%、43%，产油量由1.2t/d分别上升到8.0t/d、29.7t/d。

5. 实施高温封堵调剖，调控蒸汽驱波及范围

污泥调剖属于颗粒堵塞物理调剖，利用污泥颗粒在大孔隙中的堆积作用来改善储集层的吸汽剖面，增加汽驱的波及体积。

由于九$_6$区齐古组油藏沉积微相变化快、储集层非均质性强，长期开发后蒸汽驱汽窜严重，蒸汽对油层的加热范围小，热利用率低。利用污泥可在大孔隙中的堆积作用改善储集层的吸汽剖面，增加汽驱的波及体积。一方面可减少采油污泥外排带来的环境污染，为采油污泥的处理与综合利用提供一条较好的途径；另一方面可大大降低高温堵剂的成本，达到较经济的高温封堵效果。并运用示踪剂监测，分析汽窜方向、推进速度、波及参数，确定调堵剂类型及用量，为改善汽驱生产效果提供依据。

近年来共实施高温封堵调剖15井组，前期实施高温封堵调剖井组生产效果跟踪分析结果表明，该措施效果显著，井组含水有一定的下降，产油量上升，累计增产油量6540t，有效地改善了汽驱生产效果。

6. 应用人工地震处理技术，改善蒸汽驱开发效果

人工地震处理技术利用地面人工震源或井下人工震源与油藏岩石频率共振所产生的波动效应调整井间油水运动状态，从而达到多口井增产的目的。人工地震波的振动可加快地层中流体的流速，降低原油黏度，改善流动性能，具有改善岩石表面润湿性的作用，有利于降低采出液的综合含水率，有利于清除油层堵塞及提高地层渗透率。

结合本区油层具有埋藏浅、振动能量损失小的优势，近年来共实施人工地震改善稠油蒸汽驱4个区域，累计增产原油9824t（表5-26），投入产出比1∶4.21，取得了显著效果。

表 5-26　人工地震处理技术措施效果统计表

分类	年份	作业区	涉及井数/口	增产油量/t	减产油量/t	绝对增产油量/t
地面震源地震	2000	96112	203	2940	796	2144
		96117	151	1980	447	1533
	2001	96247	163	1709	675	1034
地下谐波地震	2003	96843	283	5561	2019	3542
井下谐波地震	2004	96843	283	2774	1203	1571
总计				14964	5140	9824

5.2.5　主要开发认识

(1) 通过开展九$_6$区齐古组改善蒸汽驱中、后期开发效果研究，九$_6$区蒸汽驱开发水平不断提高。从 2000 年开始产油量保持在 10×10^4t 以上，年油汽比保持在 0.1 以上，实现了连续 8 年稳产，开辟了国内特稠油油藏大面积蒸汽驱成功开采的先例，拓展了特稠油蒸汽驱开发新领域。

(2) 特稠油蒸汽驱的井网井距、生产方式及注采参数优化研究结果表明，70m×100m 反九点井网适合该类油藏汽驱开发，以注 60d 停 60d，注汽速度为 50t/d 的间歇注汽可再生产 4 年，采出程度增量为 9.06%，最终采收率 45.09%。

(3) 根据九$_6$区汽驱特点及所处的不同开发阶段，针对不同区域实施分类分治 561 个井组，间歇注汽 270 个井组，连续注汽 94 个井组，停止注汽 111 个井组，脉冲注汽 19 个井组，吞吐引效 67 井次，控关 179 井次，累计增加产油量 4.74×10^4t，减少蒸汽消耗 168.65×10^4t。

(4) 实施高温封堵调剖 24 井组，增产原油 7988t，运用井间示踪剂监测技术对封堵措施进行评价，结果表明封堵后油层平面和纵向上的动用状况得到明显改善。

(5) 结合九$_6$区油层具有埋藏浅，振动能量损失小的优势，于 2000 年首次将人工地震处理油层技术引入改善稠油蒸汽驱生产中。共实施 4 个区域，累计增产原油 9824t，投入产出比 1∶4.2，取得显著效果。现场应用表明，人工地震处理技术是一项增产幅度大、效率高、适应性强的油井增产措施，且简单易行，不需要停井，见效快，经济效益明显，设备可以重复使用，不会给油层带来二次污染，可在稠油生产中、后期推广使用。

(6) 在对九$_6$区深入地质研究的基础上，结合该区油田实际生产情况，从 2004 年开始在九$_6$区实施层位接替开发，九$_6$区汽驱共实施上返、补层、回采井 22 口，其中 J_3q_2 补孔 5 口，J_3q_2 回采 J_3q_3 的 15 口，J_3q_2 和 J_3q_3 合采 2 口，有效率为 91%，累计增油 9554 t，累计注汽 36108t。

(7) 九$_6$区齐古组油藏的主力生产层位为 J_3q_2，自 1989 年投入开发以来，保持了持续高效开发，采出程度较高，但随着开发的不断深入，汽窜和油层纵向动用差异大等问题越来越突出，下一步应结合油层温度压力、剩余油分布特征及层间隔夹层的发育规律，重点挖潜 $J_3q_2^{2-2}$ 剩余储量，可考虑实施分层注气，进一步提高 $J_3q_2^{2-2}$ 油层动用程度，提高汽驱开发效果。

5.3　超稠油油藏注蒸汽开发实践——重 32 井区为例

风城油田重 32 井区齐古组油藏属于浅层超稠油油藏，位于准噶尔盆地西北缘风城油田北部，含油面积 150.69km^2，地质储量 3335.86×10^{4}t。1984 年对重 32 井区进行蒸汽吞吐试验，取得了一定的效果，但仅限于对超稠油开发的认识和工艺技术水平，超稠重油资源未得到开发动用。2006 年后采用多层系水平井直井方式对重 32 井区进行吞吐方式的规模开发。2011 年后为探索常规吞吐后期开采方式，先后在直井和水平井吞吐区域试用了 3 种接替方式的先导试验：直井小井距蒸汽驱、直井与水平井组合蒸汽驱、水平井与水平井组合蒸汽驱，先导试验达到了预期效果，进一步拓展了蒸汽驱适用的地质条件和组合方式，对同类超稠油油藏的开发具有借鉴意义。

5.3.1　油藏地质特征

1. 构造特征

重 32 井区受风 16 井断裂、风 16 井北断裂、重 32 井东断裂控制，其中风 16 井断裂、风 16 井北断裂是重 32 井区内的两条边界断裂，控制着重 32 井区内齐古组油藏的形成。齐古组顶部构造形态为断裂切割的南倾单斜，地层倾角 3°～9°，平均 5°。

2. 沉积特征

砂层在纵向上主要分布在 $J_3q_2^2$、J_3q_3，全区均有分布，以辫状河道和垂向加积的心滩为主，砂体分布面积大，横向连通性较好。$J_3q_2^{2-2}$ 与 $J_3q_2^{2-3}$ 之间及 $J_3q_2^{2-3}$ 与 J_3q_3 之间的隔层较为稳定，$J_3q_2^{2-1}$ 与 $J_3q_2^{2-2}$ 之间无稳定隔层，隔层岩性以致密砂岩、泥质砂岩为主，泥岩隔层不发育。

3. 储层特征

储层岩性主要为细砂岩和中砂岩，含砾砂岩次之。储集岩碎屑成分以岩屑为主，岩屑的主要成分为凝灰岩；胶结物以方解石为主。胶结类型主要为孔隙式，其次为压嵌-孔隙式，胶结程度大多疏松。分选以中等为主，磨圆程度主要为次棱角-次圆。润湿性为中性-中亲水性，黏土矿物主要为伊/蒙混层、高岭石，其次是绿泥石、伊利石，具有中等偏强水敏性、中等偏弱速敏性的特点。孔隙类型以剩余粒间孔、粒间溶孔、原生粒间孔、粒内溶孔为主。

齐古组属于高孔、高渗储层。J_3q_2 油层平均孔隙度 31.9%，油层平均渗透率 1698.9mD，含油饱和度平均 71.0%。J_3q_3 油层平均孔隙度 28.4%，油层平均渗透率 1207.7mD，含油饱和度平均 65.3%。

齐古组油层厚度为 1.0～72.0m，平均为 44.9m，$J_3q_2^{2-1}+J_3q_2^{2-2}$ 仅在工区东部发育，西部尖灭，合层平均油层厚度在 20m 左右。$J_3q_2^{2-3}$、J_3q_3 油层全区发育，连续性好，但油层厚度相对较薄。$J_3q_2^{2-3}$油层厚度为1.0～21m，平均为11.7m；J_3q_3有效厚度为1.0～19m，平均为7.2m。

4. 流体物性

齐古组油层属于超稠油，油具有高黏度、高密度、高凝固点、低蜡、低酸值、热敏感性强的特点。50℃时黏度为8000～43000mPa·s，黏温反应敏感，温度升到80℃时，原油黏度下降到1000mPa·s左右。油藏地面原油密度为0.950～0.984g/cm^3，平均0.963g/cm^3，胶质含量13.8%，沥青含量9.1%，原油凝固点18.9℃，含蜡量1.5%，初馏点256℃。

5. 油层压力及温度

油藏中部深度200m(海拔150m)处地层温度15℃，原始地层压力2.12MPa，压力系数0.987。

5.3.2 开发历程

重32区块为风城油田主力区块，自1983年开始超稠油热采试验，历经30余年的经验积累，开采方式包括蒸汽吞吐、蒸汽驱和SAGD。常规技术开发大致可划分为3个开发阶段。

1. 初步认识阶段

1983～1994年，20世纪80年代开始大规模勘探评价，证实了风城油田具有丰富的超稠油资源。1983～1984年采用国产锅炉对重32井进行注蒸汽吞吐试验，虽然平均日产油较高，但由于原油黏度很高，锅炉注汽质量差，蒸汽干度低(只有30%左右)，造成生产时间短、累计产量低、油汽比低，试验效果不太理想。1985～1989年，为落实超稠油开发效果，利用进口锅炉对重32井组开展了5井次7轮的蒸汽吞吐试验，锅炉出口干度70%，累计注汽12053t，累计产油1529t，油汽比0.13。1990～1993年先后开展了7井次13轮的蒸汽吞吐试验，累计注汽35932t，累采油6612.3t，油汽比为0.18。

2. 持续上产阶段

2006～2011年，在热采吞吐试验成功的基础上，对重32井区进行了规模开发，取得较好的开发效果。2006年10月开始对重32井区进行注蒸汽效果评价，开辟了50m×70m井网先导试验区，进行了规模化热采试验。2007年开始采用多层系水平井和直井方式对重32井区进行规模开发，采用直井与水平井组合的方式注蒸汽吞吐生产，直井采用50m×70m和70m×100m反九点井网，水平井采用60m井距排列式井网，直井与水平井组合采用50m井距排列式井网。截至2013年年底，累计投产开发井837口，其中水平井243口，直井594口，动用地质储量2031.3×10^{4}t，累计产油294.1×10^{4}t，累计油汽比0.17，采出程度14.5%。

3. 探索接替开采方式

2011年至今，针对蒸汽吞吐后期开发效果变差的情况，积极探索超稠油油藏注蒸汽吞吐开发后期3种蒸汽驱方式。从2011年9月开始在重32井区齐古组$J_3q_3$9个小井距井组开展蒸汽驱试验，试验区内共有45口井，其中注汽井9口，采油井36口。截至2013年9月底，小井距蒸汽驱试验区汽驱阶段累计产油3.53×10^4t，综合含水89.9%，阶段油汽比0.13，采注比0.95，蒸汽驱阶段采出程度16.6%，累计采出程度53.1%。重32井区直井-水平井组合蒸汽驱试验区于2009年注蒸汽吞吐开发，直井35口，水平井8口，试验区动用含油面积0.23km^2，动用地质储量69.21×10^4t，蒸汽吞吐采出程度18.8%，2013年8月转蒸汽驱试验，转驱前平均蒸汽吞吐9.5轮，当月日产油69t，阶段油汽比0.05，采注比0.37。转蒸汽驱1年，日产油水平上升至135 t，阶段油汽比和采注比分别提高到0.2和0.94。水平井-水平井组合蒸汽驱试验区于2008年注蒸汽吞吐开发，相关水平井6口，动用含油面积0.12km^2，动用地质储量16.35×10^4t，采出程度20.1%，于2014年5月转蒸汽驱，转驱前平均蒸汽吞吐16.5轮，最后一轮蒸汽吞吐日产油2t，周期油汽比0.04，采注比0.38。转驱阶段日产油16t，阶段油汽比0.12，采注比0.92，试验已逐步见效。

5.3.3 改善蒸汽吞吐效果的技术措施

1. 集团注汽吞吐

1）集团注汽吞吐机理

井组集团注汽吞吐是指把相邻的多口同一层位且汽窜频繁的吞吐井组合为一个开发单元，集中注汽，统一焖井和吞吐生产，变单井的孤立行为为统一的整体行为。多井整体吞吐的优点如下：由于多井整体注汽，避免了井间汽窜，且可以加大单井注汽量，更有效地补充油藏能量；多井整体注汽遏制了井间汽窜，减少了汽窜造成的热量损失；同时避免了周边生产井因汽窜造成的关井，减少了注汽单元内的井间干扰，不但提高了吞吐井的生产时率，而且减少了修井工作量及费用；多井整体注汽注入的热量相对集中，热损失少，油层升温幅度大，升压幅度大，加热半径相对加大；由于加热半径相对加大，吞吐井泄油体积增加，有利于单元内高温流体的整体运移，从而改善高轮井的开发效果。

综合该区沉积微相分布特征、汽窜井分布特征及炉线分布关系，集团注汽分区主要原则为：①选择汽窜严重区域；②选择相同沉积微相区域，同时考虑平行河道方向进行组合；③根据炉线分布实际情况，尽可能实现大面积同注、同焖、同采。

该蒸汽吞吐方式适合处于蒸汽吞吐中后期、油藏压力较低的油藏和相邻井汽窜较严重的油藏。在实施过程中大致有3种形式。第1种为同注同采，即根据开发单元内吞吐井的生产情况设计单井注汽量，集中多台锅炉同时注汽，注汽量大的先注，并相对多一些时间焖井，注汽量小的后注，并相对少一些时间焖井，而后同时开井生产。第2种形式是有序吞吐，即把开发单元内的吞吐井划分为若干排，按照一定的顺序，一排一排地注汽. 第一排注完第二排注，当第三排注汽时，第二排焖井，第一排开井生产，以此类推。这种分排同注、隔排采油的吞吐方式，可以在井排之间形成生产压差，先开的井相对低压，后开的井相对高压，势必造成开发单元内高温流体从高压区向低压区的整体运移，从而提高了蒸汽的驱油效率，提高了油层的采收率。第 3 种形式是多井整体蒸汽吞吐配合整体调剖。即利用整体调剖对汽窜通道的封堵作用，调整油层的吸汽剖面，然后再实施多井整体蒸汽吞吐. 其特点是增加了油层在纵向上的动用程度，加热范围扩大，升温幅度加大，开采效果明显提高。

2）应用实例

从重 32 井区的油藏特点来看，油藏储层以胶结疏松的中细砂岩为主，部分井解释渗透率在 5000mD 以上，容易发生汽窜和出砂，造成油井生产时效率低，影响开发效果。根据汽窜井注汽参数统计分析认为，注汽压力高是水平井发生汽窜的主要原因之一。重 32 井区油层埋深浅，上覆地层压力低，为 1.56～2.70MPa，地层破裂压力为 2.75～5.10MPa，平均 3.9MPa，前期开发实际注汽压力为 3.5～8.2MPa，超过了破裂压力。因此在保证注汽干度的前提下，可适当降低注汽压力，保持在破裂压力以下注汽较为稳妥。

重 32 井区齐古组油藏从 2008 年开始陆续对 $J_3q_2^{2-3}$ 及 J_3q_3 水平井采取部分井集团注汽方式，以改善汽窜的影响程度（图 5-28）。从统计的结果来看，采用集团注汽可减少汽窜干扰，提高开发效果。集团注汽后水平井汽窜井次比例由措施前的 61%下降到措施后的 32%，集团注汽井周期产油、平均日产油、油汽比分别是独立注汽井的 1.4 倍、1.2 倍、1.6 倍（表 5-27）。从实际汽窜分布来看，该区水平井汽窜方向复杂，由于实际集团注汽没有完全做到同时注汽、同时焖井、同时开井生产，且组合的区域较小，在注汽时仅能保证组合注汽井之间不发生汽窜，组合注汽井与周围其他井之间仍然发生严重汽窜，因此建议在条件允许的情况下尽可能根据实际汽窜的影响，扩大组合规模，协调好组合注汽井间的注采关系，做到同时注汽、同时焖井、同时开井生产。

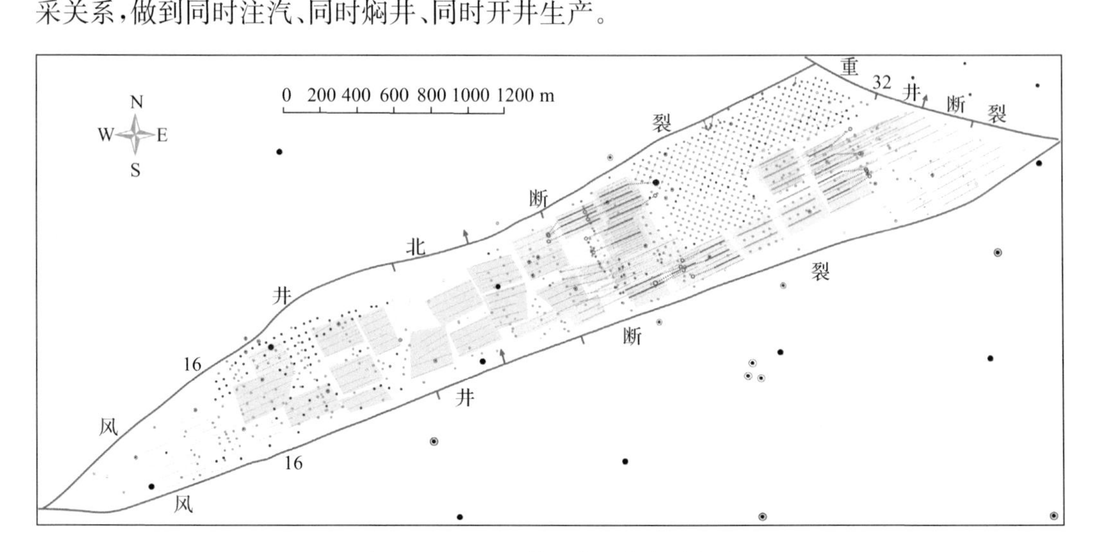

图 5-28 重 32 井区集团注汽示意图

表 5-27　重 32 井区不同注汽方式水平井分轮生产效果对比表

注汽方式	轮次	统计井数/口	注汽强度/(t/m)	平均单井轮注汽量/t	平均单井轮生产时间/d	平均单井轮产油/t	平均单井日产油/(t/d)	油汽比	含水/%
独立注汽	1	8	16.7	3509.6	75	465	6.2	0.13	69.7
	2	8	13.6	2871.5	102	637	6.3	0.22	68.5
	3	7	12.4	2660	91	639	7	0.24	71.5
	4	6	15.2	3319.7	90	556	6.2	0.17	69.6
	5	6	17.6	3848	88	622	7.1	0.16	70.8
	平均		15.1	3241.8	89	584	6.5	0.18	70
集团注汽	1	8	12.4	3513.1	54	509	9.4	0.14	68.3
	2	8	8.2	2330.1	108	810	7.5	0.35	67.4
	3	8	10.2	2884	110	802	7.3	0.28	70.7
	4	7	10.5	2955.3	132	1036	7.9	0.35	78.2
	5	3	12.9	3772.7	125	1073	8.6	0.28	73.6
	平均		10.8	3091	106	846	8.1	0.28	71.6

2. 过热蒸汽改善吞吐效果

过热蒸汽是一种高能热载体，过热蒸汽开采稠油技术也是一种新兴的热力采油技术。目前这项技术已经在新疆风城油田取得巨大成功，过热蒸汽开发之所以能在现场应用中取得较好效果，主要是因为过热蒸汽的优势更能符合风城超稠油开采的需要。同时现有过热蒸汽技术通过几年的运行和调测，与之相配套的蒸汽计量工艺、稠油井井口设备、井下生产工艺都随之发生较大的改进，并能满足风城油田锅炉清水及净化水供应条件的需要。对于开采难度较大的稠油及超稠油油藏，过热注汽锅炉将逐步取代湿蒸汽发生器的地位，并随着技术的不断成熟成为主力注汽设备。

1) 过热蒸汽的强化采油机理

过热蒸汽的热焓值和比容比相同压力下的湿蒸汽和饱和蒸汽要高。随着过热度的增加，过热蒸汽的热焓值和比容逐渐增大。与普通湿蒸汽相比，过热蒸汽的蒸馏作用强。实验证明，在温度不变的条件下，过热蒸汽的蒸馏率是普通湿蒸汽的 1.32～1.52 倍；在压力不变的条件下，过热度为 80℃的过热蒸汽的蒸馏率是普通湿蒸汽的 1.07～1.21 倍；蒸馏馏出物中重烃含量高，残余油中饱和烃组分含量减少、胶质沥青质含量增加。因此过热蒸汽较普通湿蒸汽能强化蒸汽对原油的蒸馏作用。

对于稠油注蒸汽开发，随着驱替流体温度的升高，其剩余油饱和度降低，驱油效率提高。而过热蒸汽的温度要高于普通蒸汽，因此过热蒸汽吞吐的降黏作用、热膨胀作用、解堵作用要高于湿饱和蒸汽，过热蒸汽吞吐的驱油效率也要高于普通蒸汽。在相同压力条件下，过热蒸汽的比容高于湿饱和蒸汽和干饱和蒸汽的比容。在注汽量相同的情况下，过热蒸汽要比普通蒸汽具有更大的体积，因此过热蒸汽可提高波及体积，从而改善吞吐效果。

随着反应温度的升高，原油黏度降低。与过热蒸汽作用后原油的物理性质发生了显著变化：反应后饱和烃与芳香烃增加，胶质、沥青质含量降低，反应后原油中的碳原子含量降低，氢原子含量明显增加，硫原子含量减小，表明发生了明显的水热裂解反应。过热度为100℃时，过热蒸汽与原油高温热裂解，使得原油黏度大幅度下降。随着含水量增加，反应后原油黏度先减小后增加，当含水量为30%时原油黏度最小。含水量超过一定值后过热蒸汽可能对水热裂解有一定的抑制作用。

采用注过热蒸汽的开采方式是一种降低全程热损失、提高井底蒸汽干度、扩大油层加热范围的热采方法，能够进一步丰富和完善蒸汽吞吐技术，因此是一种开发稠油油藏的有效途径，尤其是对特超稠油开发意义重大，将为注普通湿蒸汽无法开发的油藏找到新的开发途径。

2）应用效果

风城油田于2008年开始引进过热注汽锅炉，使用过热蒸汽加热油层。随着过热注汽锅炉技术的应用，围绕热能综合利用及防止锅炉水汽系统结盐堵塞这两方面展开研究。由于油田注汽锅炉用水对给水的矿化度要求较高，如何防止锅炉水汽系统管线结盐是过热注汽发展最大的难题。2011年5月14日开始进行稠油高温净化水回用试验，此次试验不但是在全国首创，同时将原定清水与净化水掺混回用锅炉一次性试验成功地改为高温净化水100%回用过热注汽锅炉，并于2011年9月大规模推广75～85℃净化水作为锅炉给水的应用，节约新鲜水资源。由于过热蒸汽无法携带盐分，造成注汽管道和井筒结垢、结盐严重，生产中存在安全隐患，因此综合锅炉和管线适应能力，过热锅炉产出的蒸汽是过热度为4～34℃的过热蒸汽。

从重32井区2009年和2010年投产的20口水平井和6口直井一轮生产效果看，超稠油油藏采用高干度蒸汽开发效果显著。主要表现在有效生产时间延长、周期产量高、含水低、油汽比高。2009年在注过热蒸汽水平井注汽量比普通蒸汽井减小17%的情况下，周期产量增加21%，是普通蒸汽的1.24倍，油汽比达到普通蒸汽的1.5倍；直井注过热蒸汽效果与水平井基本一致；2010年注过热蒸汽水平井周期注汽量与普通蒸汽相当，在同样生产时间内的产油量比普通蒸汽井增加37%，油汽比达到普通蒸汽的1.6倍（表5-28）。另外注过热蒸汽水平井投产后含水比普通注汽水平井低，且井底温度下降慢，一般45d后温度才开始降低。

表5-28 重32井区过热蒸汽水平井与普通蒸汽水平井生产效果对比表

投产时间	井类	分类	统计井数	射孔厚度/水平段/m	周期注汽量/t	周期产液/t	周期产油/t	生产天数/t	平均日产油/(t/d)	油汽比
2009年	直井	普通蒸汽	76	8.9	922	1173	433	112	4.04	0.39
		过热蒸汽	6	7.2	603	1157	539	120	4.49	0.89
	水平井	普通蒸汽	13	237	2491	1870	864	88	9.82	0.35
		过热蒸汽	14	206	2062	1813	1073	107	10.03	0.52
2010年	水平井	普通蒸汽	10	201	2656	1231	468	51	9.2	0.18
		过热蒸汽	6	181	2535	1522	746	50	15	0.29

3. 氮气辅助超稠油蒸汽吞吐

浅层特超稠油油藏随着吞吐周期的增加，地层存水增加、地层能量下降、系统热损失加大等多种不利客观因素造成注汽效果差，蒸汽吞吐所达到的采收率较低。因此采取切实可行的技术减缓蒸汽吞吐产量的递减是必要的。

为了扩大蒸汽带，提高地层能量，采用注氮气加蒸汽吞吐技术，通过在注汽过程中注入氮气，向地层注入热量的同时向地层补充压力，改善蒸汽吞吐效果。

1）注氮气改善开发效果机理

（1）保持地层压力：氮气注入地层后，提高了局部地层压力，加注氮气的蒸汽吞吐井平均压力增高值高于常规吞吐井，其增加的压力起到补充能量的作用，延长了吞吐周期且可节省注汽量。

（2）泡沫油机理：少量溶解于超稠油中的氮气以微气泡的形式存在，不易脱出，形成泡沫油，而泡沫油的原油黏度比原来的超稠油黏度低，对超稠油的吞吐开采非常有利，且溶解在原油中的氮气改善原油中的渗流阻力，呈游离状态的氮气形成弹性驱，增加了驱动能量。

（3）助排作用：氮气流动能力强且膨胀系数大，放喷时压力降低，氮气迅速膨胀，具有气举、助排作用。蒸汽和氮气一起注入地层后，由于注入过程中的热损失，部分蒸汽将冷却为水，但氮气仍然为气体状态，回采过程中压力的下降，气体膨胀，可以提高回采水率(图 5-29)。

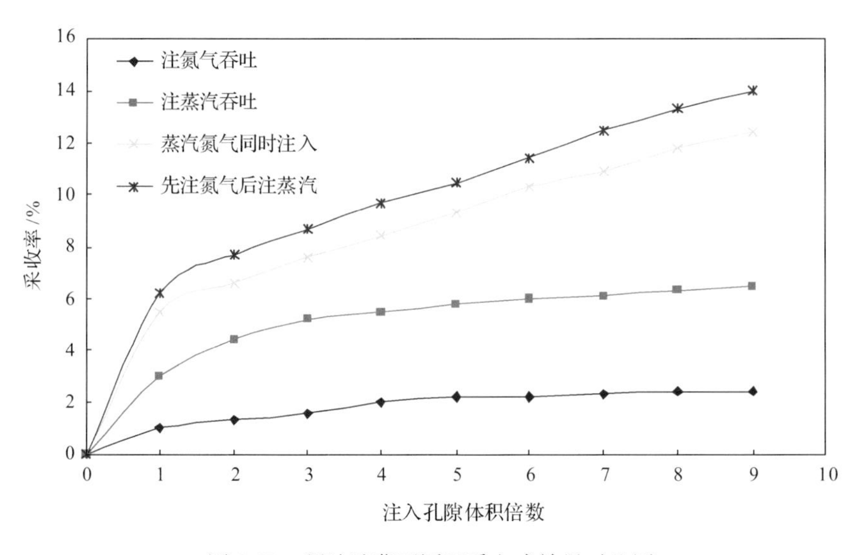

图 5-29　稠油油藏不同开采方式效果对比图

（4）提高波及系数：氮气具有黏滞性，地层条件下会产生一定数量的泡沫，使气相的渗流能力急剧降低，封堵高渗透层或大孔道，有效地抑制蒸汽进入高渗层，使蒸汽转向低渗层未驱替带，增加了波及体积，提高了剖面的动用程度。氮气蒸汽同注时，氮气携带部分热量迅速进入油藏深部及上部，增加了蒸汽的波及体积，提高油井产液量。氮气注入地层后优先占据多孔介质中的油通道，使原来呈束缚状态的原油成为可动油，从而降低了残余油饱和度。

(5) 隔热作用：油套环空注入氮气，由于氮气的导热系数低，在油套环空中起隔热作用，降低井筒中的热损失，提高井底蒸汽干度，同时降低了套管温度，起到保护套管的作用，延长了使用寿命。

另外，油层上部形成的氮气隔层可以有效地抑制注入蒸汽的热量散失到泥岩盖层中，这也是在油层条件下起到的隔热作用。

2) 注氮效果分析

2011 年重 32 井区实施注氮气辅助蒸汽吞吐 35 井次，注氮量 917996m³。氮气辅助蒸汽吞吐在重 32 井区特超稠油油藏初见成效，增油助排效果较好。分析 2011 年对比自喷生产数据，累计增产液量 3030t，增产油量 1270t。对比 30 井次直井和水平井自喷生产数据，注氮轮次与未注氮上轮自喷相比，平均单井日产油量增加 0.3t，自喷天数延长 2.8d，含水由下降 6%，油压上升 0.12MPa，助排增油效果明显(表 5-29)。

表 5-29　2011 年重 32 井区注氮井自喷期平均生产数据对比表

类别	未注氮上轮自喷平均数据						注氮本轮自喷平均数据					
	蒸汽量/t	日产液/t	日产油/t	含水/%	天数/d	油压/MPa	蒸汽量/t	日产液/t	日产油/t	含水/%	天数/d	油压/MPa
直井	2360	23.6	4.9	79	13.6	0.87	2170	19.8	5.6	72	18.2	1
水平井	4406	40.5	10	75	20.3	0.85	3407	32.3	10.4	68	20.5	0.78

从各周期生产情况对比看(图 5-30)，采用注氮气辅助蒸汽吞吐的水平井第 3、5 轮次生产效果明显好于邻近未注氮井，从第 6 轮次开始措施效果降低，初期第 2 轮次，注氮与未注氮井生产效果无显著差异。实践表明，在第 3～6 轮次采用氮气辅助蒸汽吞吐效果最好。

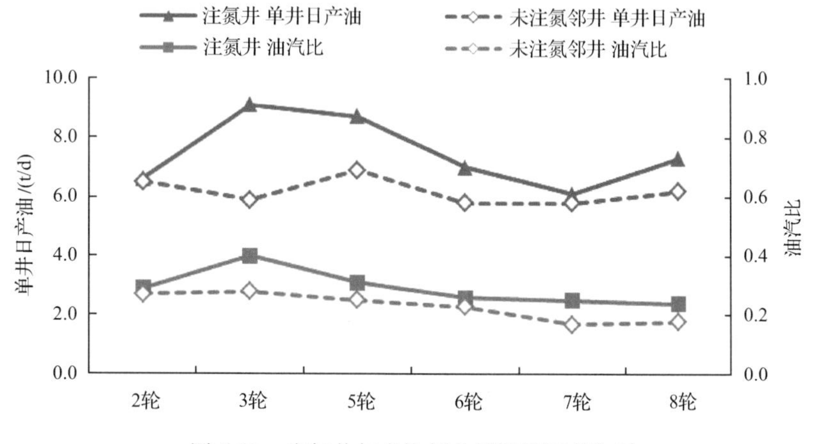

图 5-30　注氮井与未注氮井周期指标对比图

4. 提高水平段动用程度技术

1) 分段完井采油工艺

水平井由于受储层非均质性影响，水平段储层物性好的动用好，储层物性差的动用差。分段完井稠油水平井因能实现水平段分段注汽，提高单井采收率，给稠油水平井开采工艺的发展指明了新方向。为了改善储层非均质性对水平段动用程度的影响，近两年现场也开展了技术研究及现场试验。

2010年风城油田重32井区共9口水平井(FHW12107、FHW12110、FHW13146、FHW13161、FHW13164、FHW13167、FHW13168、FHW13170、FHW13172)采用高温套管外封隔器进行分段完井注汽试验。FHW13161、FHW13164、FHW13170、FHW13172井采用分注同采(不带泵)生产，FHW12107、FHW12110、FHW13146采用分注同采(带泵)，FHW13167、FHW13168井处于分段接替开采。2012年重32井区新井中新增4口水平井(FHW12114、FHW12117、FHW12120、FHW12184)进行分段完井注汽试验，4口井均采用分段接替开发方式，先采B段，后采A段。

从生产情况看(表5-30)，分段注汽井对于常规采油方式确实有一定的优势，平均单轮次增油283t。同时从分段完井的两种生产方式对比来看，分注合采方式需要采油过程中进行修井作业，由于作业难度大，修井期长，降低了热量的利用效率和油井生产时率，因此在现有的管理水平及修井技术条件下分注合采方式实施难度较大；分注分采方式由于不存在修井作业的问题，分段后热效率提高，因而生产效果相对较好，有一定的推广价值。

表5-30　重32井区分段完井水平井生产情况统计表

轮　次	类　别	轮产油量/t	轮注汽量/t	油汽比
一　轮	分段完井	1295	2081	0.62
	常规井	821	2501	0.33
二　轮	分段完井	895	1583	0.57
	常规井	613	2569	0.26
三　轮	分段完井	906	1985	0.46
	常规井	812	2853	0.28

2) 拖动副管注汽工艺

目前注汽工艺最容易实现且相对有效的改善水平段动用程度的措施是拖动副管注汽，重32井区齐古组油藏根据水平井的生产情况，采用不同周期逐轮后移副管的方式(图5-31)以改善水平段动用情况，截至2012年5月该区累计实施59口井，72井次，从生产动态的统计结果来看，调整井的生产效果得到改善，轮产油、油汽比等生产指标明显比未调整井提高，累计增油3805t(图5-32)。

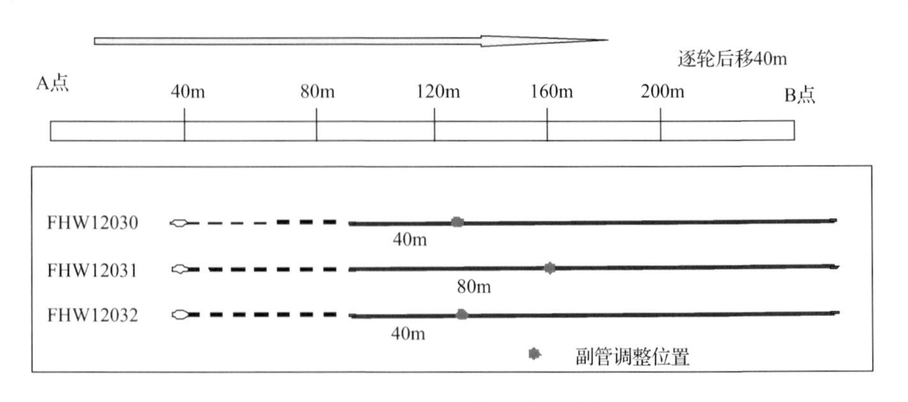

图 5-31　调整副管原则示意图

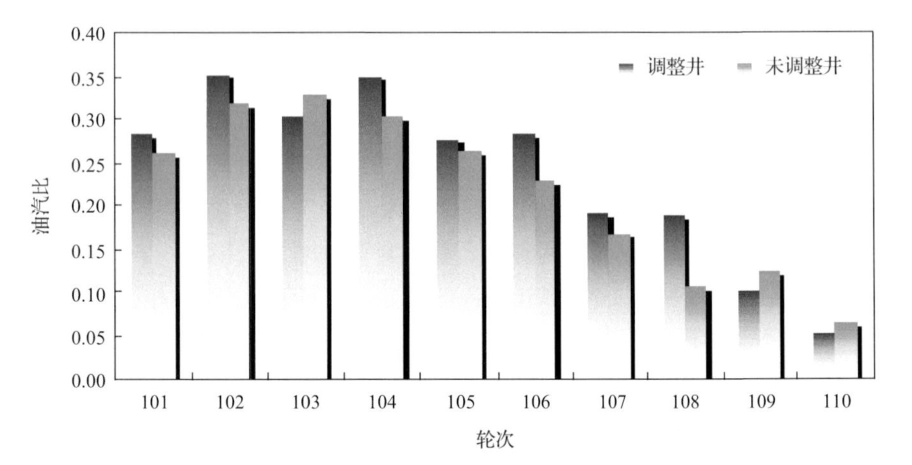

图 5-32　调整副管与否生产效果对比图

5.3.4　超稠油蒸汽驱研究与试验

在新疆风城油田超稠油油藏注蒸汽吞吐后期，蒸汽驱开发方式是提高采收率的有效途径。由现场井网类型分别开展直井小井距蒸汽驱、直井与水平井组合蒸汽驱、水平井与水平井组合蒸汽驱 3 种方式蒸汽驱试验。下面介绍重 32 区块不同蒸汽驱转换方式及现场试验结果。

1. 试验区基本情况

重 32 区块统计的油井吞吐生产特征表明，周期产油量、周期采注比呈抛物线形态，直井吞吐 4～5 轮周期达到顶峰，6 周期之后下降明显，直井在生产 12～13 轮后油汽比和日产油指标明显变差，至 14 轮后低于经济极限油汽比。水平井的周期生产规律呈近抛物线形，第 2～4 轮为生产高峰期，油汽比达到 0.3 以上，以后逐轮降低，至 12 轮以后油汽比低于 0.1。当重 32 区块吞吐井进入高轮次后，大量的直井、水平井将进入无效吞吐阶段。为提高油田开发效果，改善开发效果，提高最终的采收率，急切需要改变开发方式。

结合重 32 井区实际地质特征，根据层位、井型、井距等分别建立 3 种模式的 6 个基础模型，具体典型油藏参数见表 5-31。

表 5-31　重 32 区地质模型基本参数

模型	蒸汽驱模式	层位	井网井距	油层厚度/m	孔隙度/%	含油饱和度/%	50℃原油黏度/(mPa·s)
①	直井-直井	J_3q_3	50m×70m 反九点井网	9.7	29.9	71.8	10800
②	直井-直井	$J_3q_2^{2-3}$	70m×100m 反九点井网	18.2	32.0	78.0	10000
③	直井-直井	$J_3q_2^{2-1+2-2}$	70m×100m 反九点井网	28.8	32.4	77.2	9950
④	水平井-水平井	J_3q_3	60m 井距水平井-水平井蒸汽驱	7.2	29.0	78.0	8000
⑤	水平井-水平井	$J_3q_2^{2-1+2-2}$	30m 井距水平井-水平井蒸汽驱	28.8	32.4	77.2	9950～12000
⑥	直井-水平井	$J_3q_2^{2-3}$	50m 井距直井-水平井蒸汽驱	16.0	32.2	75.3	11000

注：水平井水平段长 180～300m。

2. 接替方式研究

1) 开发方式筛选

风城油田齐古组油藏埋藏深度浅，油层厚度大，油层系数大，除原油黏度高外，地质条件满足蒸汽吞吐开发方式筛选标准。随着工艺技术的不断进步，对于 50℃时原油黏度低于 20000mPa·s(地层温度下低于 600000mPa·s)、油层厚度大于 5m 的油藏可采用蒸汽吞吐方式开采，但对蒸汽吞吐后转蒸汽驱还需开展深入研究和现场试验。

数值模拟研究表明，反九点直井蒸汽驱、直井与水平井组合蒸汽驱、水平井与水平井组合蒸汽驱是可行的吞吐后期接替方式(图 5-33)。在直井开发区，50m×70m 井距反九

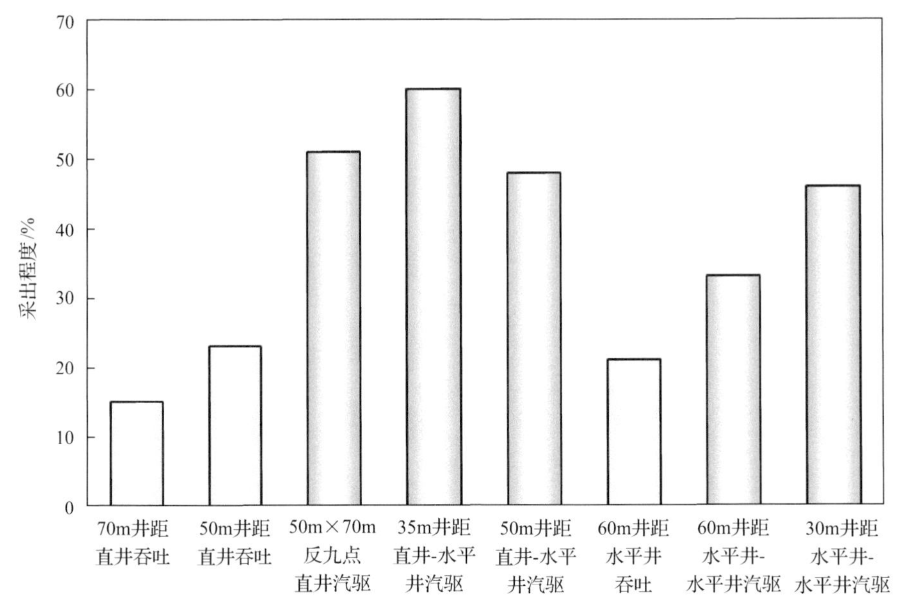

图 5-33　重 32 区不同开发方式效果对比

点井网吞吐后转蒸汽驱方式采收率为51%，70m×100m井距反九点井网吞吐后无法实现有效热连通，转蒸汽驱方式不可行。在直井与水平井组合开发区，35m和50m井距条件下吞吐后转蒸汽驱的采收率分别为60%和48%。在水平井与水平井组合开发区，60m井距条件下蒸汽吞吐方式的最终采收率为21.6%，吞吐后转蒸汽驱的采收率为33%，当加密为30m井距时吞吐后转蒸汽驱的采收率为46%。

2）合理井距的确定

研究了不同黏度条件下油层有效加热半径，当50℃原油的黏度为10000～40000mPa·s时，直井有效加热半径为20.5～25m，水平井有效加热半径为17～20m，经窦宏恩模型修正后分别为24.4～29.7m、20.4～23.6m。

运用数值模拟法和效益概算法研究油价为1629～2403元/t（60～80美元/bbl①）时直井反九点汽驱、直井-水平井组合蒸汽驱、水平井-水平井组合蒸汽驱的合理井距。当直井反九点井网边井井距为50～60m时，采收率大于44%，略有盈利；当直井反九点井网边井井距大于70m时，吞吐后井间热连通较困难，采收率仅有34.5%，汽驱风险较大（图5-34）。直井-水平井组合蒸汽驱方式直井-水平井距离为40～50m时盈利最大，采收率大于45%，油汽比大于0.152，盈利随着油价的降低和井距的增加逐渐减少；直井-水平井距离大于50m，采收率低于40%，油汽比低于0.15，汽驱风险较大（图5-35）。水平井-水平井组合蒸汽驱方式油价为1629元/t（60美元/bbl）和2016元/t（70美元/bbl）时，40～50m井网效果最好，当油价上升到2403元/t（80美元/bbl）时，30m井距盈利达到最大（图5-36）。

3）开发界线筛选

影响蒸汽吞吐后转蒸汽驱开发效果的主要因素为油层厚度、渗透率、原油黏度等，经研究筛选出不同接替方式的开发界线。适合直井50m×70m反九点井网转蒸汽的油藏条件为油层厚度大于8.5m，50℃原油黏度小于20000mPa·s，渗透率大于700mD；适合50m井距直井-水平井组合蒸汽驱方式的油藏条件为油层厚度大于10m，50℃原油黏度小

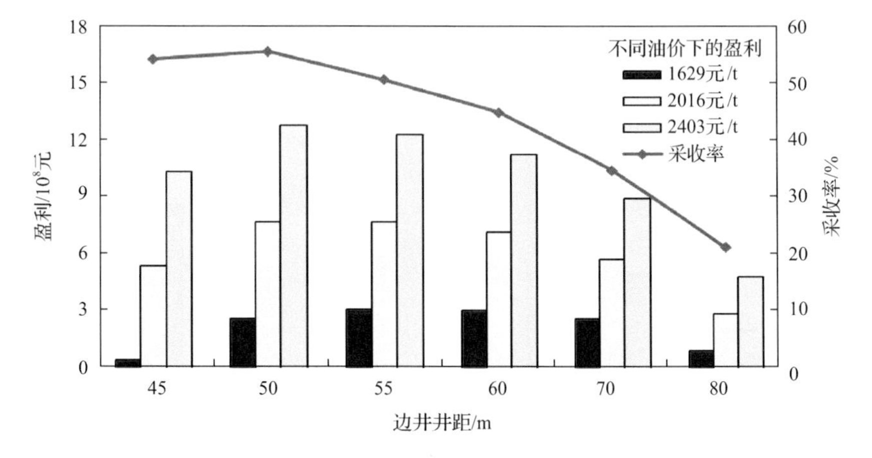

图5-34 直井反九点井网不同边井井距与汽驱采收率和盈利的关系

① 1bbl=1.58987×10^2dm²。

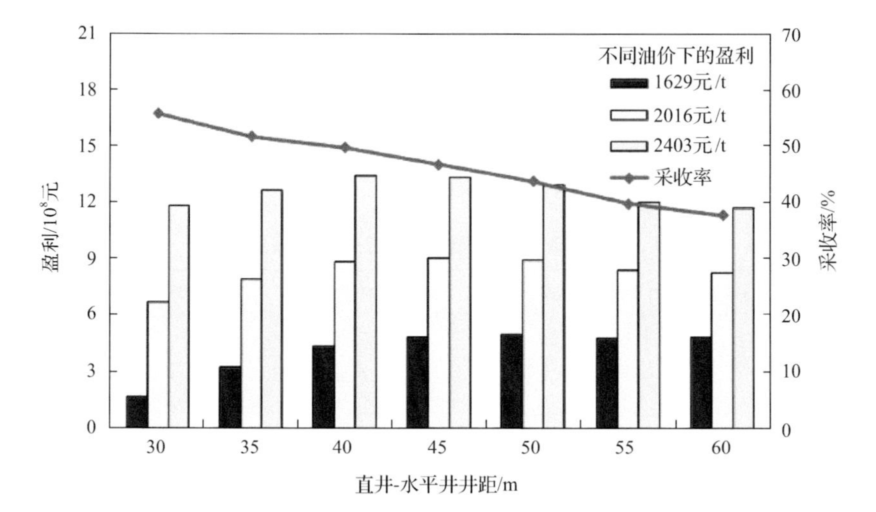

图 5-35　不同直井-水平井井距下汽驱采收率与盈利关系

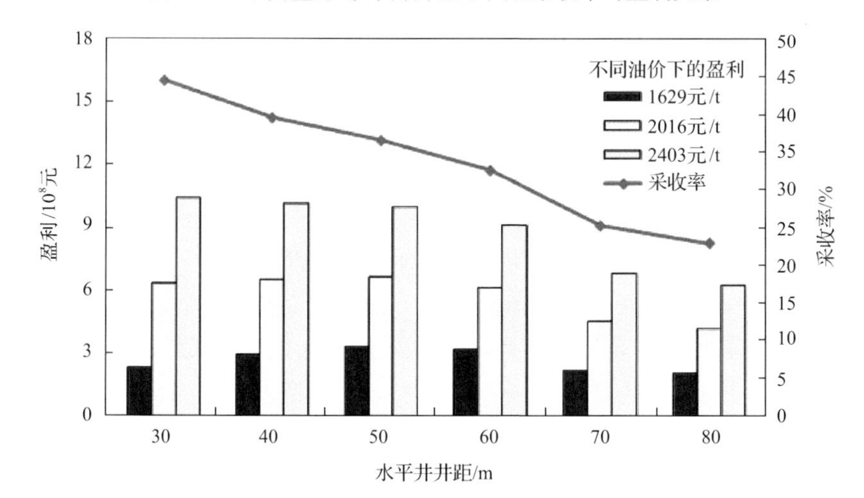

图 5-36　不同水平井井距下汽驱采收率与盈利关系

于40000mPa·s，渗透率大于700mD；适合60m井距水平井-水平井组合蒸汽驱的油藏条件为油层厚度大于5m，渗透率大于600mD，50℃黏度小于20000mPa·s；适合30m井距水平井-水平井组合蒸汽驱的油藏条件为油层厚度大于10m，渗透率大于600mD，50℃黏度小于40000mPa·s。

4）转驱时机的判断

数值模拟研究表明，在50～60m井距下，50℃时原油黏度小于20000mPa·s的超稠油油藏转汽驱时机在吞吐8～9轮较为适宜。实际生产指标显示，采注比、综合含水率、产液量、油汽比、注入孔隙体积、地层存水量在吞吐8轮后同时出现拐点，生产指标大幅下降，表明继续吞吐已无效果，必须转换开发方式。

5）注采政策优化

针对已确定的4种开发方式分别进行关键注采政策优化，研究结果表明，①转驱方式，直井 50m×70m 井距反九点蒸汽驱采用连续汽驱 300～400d 后转间歇汽驱，直井-水平井组合蒸汽驱采用直井间隔交替注汽，水平井-水平井组合蒸汽驱采用“趾端”“跟端”交替注汽；②注汽速度，直井 50m×70m 井距反九点蒸汽驱采用连续汽驱注汽速度 40～50t，间歇汽驱注汽速度 50～60t/d，其他方式注汽速度 60～120t；③井底干度至少大于 50%；④采注比 1.1～1.2。具体结果见表 5-32。

表 5-32 不同汽驱方式注采优化结果

汽驱方式	转驱方式	注汽速度	井底干度/%	采注比
直井 50m×70m 井距反九点蒸汽驱	连续汽驱 300～400d 后转间歇汽驱	连续汽驱 40～50t，间歇汽驱 50～60t	>50	1.2
直井-水平井组合蒸汽驱	直井间隔交替注汽	110～120t	>50	1.15～1.2
60m 井距水平井-水平井组合蒸汽驱	“趾端”“跟端”交替注汽	80～100t	>50	1.1～1.2
30m 井距水平井-水平井组合蒸汽驱	“趾端”“跟端”交替注汽	60～80t	>50	1.1～1.2

3. 先导试验区效果分析

从 2011 年 9 月开始，现场陆续开辟了 50m×70m 反九点井网汽驱、直井-水平井蒸汽驱、60m 井距水平井-水平井组合蒸汽驱 3 个先导试验区，探索浅层超稠油蒸汽吞吐后转换开发方式，日产油、油汽比、采注比等关键指标明显改善。

1）直井 50m×70m 井距反九点蒸汽驱

重 32 井区小井距蒸汽驱试验区于 2007 年采用蒸汽吞吐方式开发，吞吐 9 轮，采出程度 36.5%。2011 年 9 月转入蒸汽驱，共有 9 个井组，相关采油井 36 口，采用 50m×70m 井距反九点面积井网。试验区动用含油面积 0.13km²，动用地质储量 22.71×10^4t。转蒸汽驱前当月阶段油汽比 0.06，采注比 0.48。

转驱后，开发规律阶段特征明显，可分为 3 个阶段，即能量补充阶段、均衡驱替阶段、蒸汽突破阶段。能量补充阶段历时 3 个月，蒸汽驱未见效。均衡驱替阶段历时 20 月，蒸汽驱见效，温度由转驱前的 74.8℃上升到 94.9℃，采油速度由吞吐末期的 3.6%上升到汽驱阶段的 5.5%，提高了 1.9%。见效后表现为“三升一降”，即温度、产液、产油上升，含水率降低。蒸汽突破阶段发生在转蒸汽驱 2 年后，汽窜井增多，突破后表现为“两升两降”，即温度、含水率上升，产液量、产油量下降。试验区中心井组见效最快，因其受周围井组的影响，中心井组温度最高、产液量最低，较整个试验区提前 3 个月突破。

小井距蒸汽驱试验过程中，有针对性地采取合理配汽改善注采均衡、吞吐引效改善热连通状况、控关调向调整蒸汽推进方向、间歇汽驱缓解汽窜干扰矛盾等技术手段，使得小井距蒸汽驱试验区月递减率由吞吐阶段的 1.7%下降到蒸汽驱阶段的 0.4%，即年递减率由吞吐阶段的 18%下降到蒸汽驱阶段的 4.7%，稳产作用明显。转蒸汽驱 3 年，累计产油 3.53×10^4t，阶段油汽比 0.13，采注比 0.95，蒸汽驱阶段采出程度 16.6%，累计采出程度达 53.1%（表 5-33）。

表 5-33　重 32 蒸汽驱试验生产数据

方式	综合含水率/%		阶段油汽比		采注比		采出程度/%	
	汽驱前	汽驱阶段	汽驱前	汽驱阶段	汽驱前	汽驱阶段	汽驱前	汽驱阶段
直井 50m×70m 井距反九点蒸汽驱	88.1	60.7	0.06	0.13	0.48	0.95	36.5	16.6
50m 井距直井-水平井组合蒸汽驱	80.0	77.5	0.05	0.20	0.37	0.94	18.8	4.5
60m 井距水平井-水平井组合蒸汽驱	96.0	87.1	0.04	0.12	0.38	0.92	20.1	0.9

经验表明，超稠油试验区采用 50m×70m 反九点井网，蒸汽吞吐 8 个周期左右，油层可以形成有效热连通。蒸汽吞吐阶段采出程度过高时井间容易形成蒸汽窜流通道，对后期蒸汽驱开发不利。现场采用间歇汽驱可以有效控制井间汽窜，改善蒸汽驱开发效果，提高经济效益。对于重 32 区块多层超稠油油藏，采用逐层上返蒸汽驱的办法，可利用 J_3q_3 油层蒸汽的重力超覆作用预热上部油层(隔板效应)，有利于缩短 $J_3q_2^{2\text{-}1+2\text{-}2}$ 和$J_3q_2^{2\text{-}3}$ 油层的开发期，提高累计油汽比，延长油藏的高产期。

2) 直井-水平井组合蒸汽驱

重 32 井区直井-水平井组合蒸汽驱试验区于 2009 年开始吞吐开发，相关直井 35 口、水平井 8 口，试验区动用含油面积 0.23km^2，动用地质储量 69.21×10^{4}t，蒸汽吞吐采出程度 18.8%。2013 年 8 月转蒸汽驱试验，转驱前平均蒸汽吞吐 9.5 轮，当月日产油水平 69t，阶段油汽比 0.05，采注比 0.37。

直井-水平井组合蒸汽驱试验中，有针对性地采取注汽量调节匹配注采关系、控关调整蒸汽推进方向、轮换注汽井以均匀蒸汽腔发育等技术手段，2 个月后试验效果逐步改善，产液温度由 70℃上升到 110℃，蒸汽腔稳步扩展。转蒸汽驱 1 年，日产油水平、阶段油汽比、采注比分别提高到 135t、0.2、0.94。

直井和水平井组合试验区区域油层厚度 16m，有助于实现蒸汽驱和重力驱。当直井与水平井吞吐实现热连通后，注入的蒸汽向上超覆在地层中形成蒸汽腔，蒸汽腔向上及侧面移动，与油层中的原油发生热交换，加热的原油和蒸汽冷凝水靠重力作用泄到下面的生产水井中产出。该组合接替生产方式简易灵活，且具有较强的优势，可以利用调节各直井的注汽量来调节蒸汽沿水平段的分布，可以利用现有的直井作为注汽井，节约钻井费用，可依靠优化射孔井段的手段来达到减少油层非均质性(如夹层)影响的目的。因此该生产方式生产效果和生命力将在今后的生产中进一步得到验证，可为超稠油开发区稳产及风城常规超稠油的高效开发提供有力支持。

3) 水平井-水平井组合蒸汽驱

重 32 井区水平井-水平井组合蒸汽驱试验区于 2008 年开始注蒸汽吞吐开发，相关水平井 6 口。试验区动用含油面积 0.12km^2，动用地质储量 16.35×10^{4}t，采出程度 20.1%。于 2014 年 5 月转蒸汽驱，转驱前平均蒸汽吞吐 16.5 轮，最后一轮蒸汽吞吐日产油水平 2t，周期油汽比 0.04、采注比 0.38。

转驱 1 年来，生产井井口温度和井口油压上升明显，采油井温度由 82℃上升到 103℃，井组逐步见效，并常因汽窜干扰控关生产。后试验区逐步降低水平井注汽量，日产油水平 16t/d，阶段油汽比 0.12，采注比 0.92，试验已逐步见效。两个水平井试验井组的生产时间较短，先导试验的效果和生产规律还有待进一步的观察，改善水平井汽驱效果相关配套技术还不太成熟，需要进一步验证该接替方式生产适应性。

5.3.5 主要开发认识

（1）重 32 区超稠油吞吐开发过程中积累了丰富经验，形成了多项改善吞吐技术，有效地保证了超稠油吞吐产量稳定，为整个风城油田的全面开发奠定了物质基础。对于重 32 区块多层超稠油油藏，采用分层开发、逐层上返开发的办法，下部油层开发过程中预热上部油层（隔板效应），有利于缩短上部油层的开发期，提高累计油汽比，延长油藏的高产期，有助于实现全生命周期高效开发。

（2）采用集团注汽方式，有效控制了汽窜干扰，提高了热利用率和生产运行效率，改善了开发效果。超稠油油藏采用高干度蒸汽开发效果显著，主要表现在有效生产时间延长、周期产量高、含水低、油汽比高。注氮气加蒸汽吞吐技术通过在注汽过程中注入氮气，向地层注入热量的同时向地层补充压力，改善蒸汽吞吐效果。水平井由于受储层非均质性影响，超稠油水平段动用程度偏低，分段注采工艺和拖动副管注汽工艺可改善水平井生产效果。

（3）超稠油油藏注蒸汽吞吐在开发后期采用蒸汽驱开发方式是改善开发效果、持续提高采收率的有效途径。研究表明，采用直井小井距蒸汽驱、直井与水平井组合蒸汽驱、水平井与水平井组合蒸汽驱等接替技术可进一步提高超稠油油藏吞吐后采收率。超稠油蒸汽驱先导试验进一步拓展了蒸汽驱适用的地质条件和组合方式，对同类超稠油油藏具有重要借鉴意义。

第6章 注蒸汽热采工艺技术

新疆稠油油藏具有埋深浅、渗透性好、非均质强、胶结疏松的地质特点，原油具有胶质沥青质含量高、原油密度大、黏度高的物理化学性质。开采过程中需要提高蒸汽干度，降低原油黏度，提高开发效果；针对水平开采过程中水平段动用程度低和出砂严重的问题，采用分段注汽工艺技术和水平井冲砂工艺技术，改善了水平井生产效果；地表汽窜是浅层超稠油开发过程中较为常见问题，汽窜通道的防治也是保障开发效果的关键；高温调剖和动态监测与常规开采方法有所不同，为此本章重点介绍这几个方面的内容。

6.1 过热蒸汽锅炉

新疆稠油油藏具有储层埋藏浅、孔渗性好、原油黏度高、地层能量低的特点，开发难度比较大。针对湿蒸汽吞吐开采存在蒸汽携带热量低、沿程热量损失大等诸多缺点，过热注汽锅炉所生产的高压过热蒸汽注入油井，加热油层中的原油以降低稠油的黏度，从而增加稠油的流动性，能够极大地提高稠油的采收率。风城油田重32井区自2008年引进全国首台过热注汽锅炉至今，已经先后有93台过热注汽锅炉投入现场。在近年来的调试运行及适应性的研究、改进使过热注汽锅炉能够更加满足风城油田稠油开采的需要。

1. 工艺原理

本型注汽锅炉是卧式直流水管锅炉，它的辐射段、对流段、过热段均为单路直管水平往复式排列结构。设计为液体燃料火室燃烧锅炉，炉膛烟气压力为微正压。系统中给水经过柱塞泵增压后，利用燃料的热能把一定量的软化水加热成为一定压力、温度的湿饱和蒸汽，经过汽水分离后的高度干蒸汽在过热段加热为高品质的过热蒸汽，后再与分离出的水充分混合得到低过热度的蒸汽。过热注汽锅炉工艺流程如图6-1所示。

2. 过热蒸汽装置组成

过热注汽锅炉机组包括：锅炉本体，锅炉范围内管道、烟风和燃料管道，自控测量仪表及其他附属设备、附属机械等。

（1）辐射段。

辐射段是由钢板卷制而成的多节组焊的圆筒结构，内衬硅酸铝耐火纤维以保护辐射段外壳，减少散热损失，正常运行时外壁表面平均温度小于70℃。

辐射段管束的设计考虑了受热面的传热以及安全运行等情况：①考虑了燃烧器最大火焰调节尺寸，从而使火焰与管束不产生贴边现象；②管子与炉墙间的距离是根据直接吸收辐射热及反辐射热之最佳值予以确定的。辐射段吸热约占总份额52%。

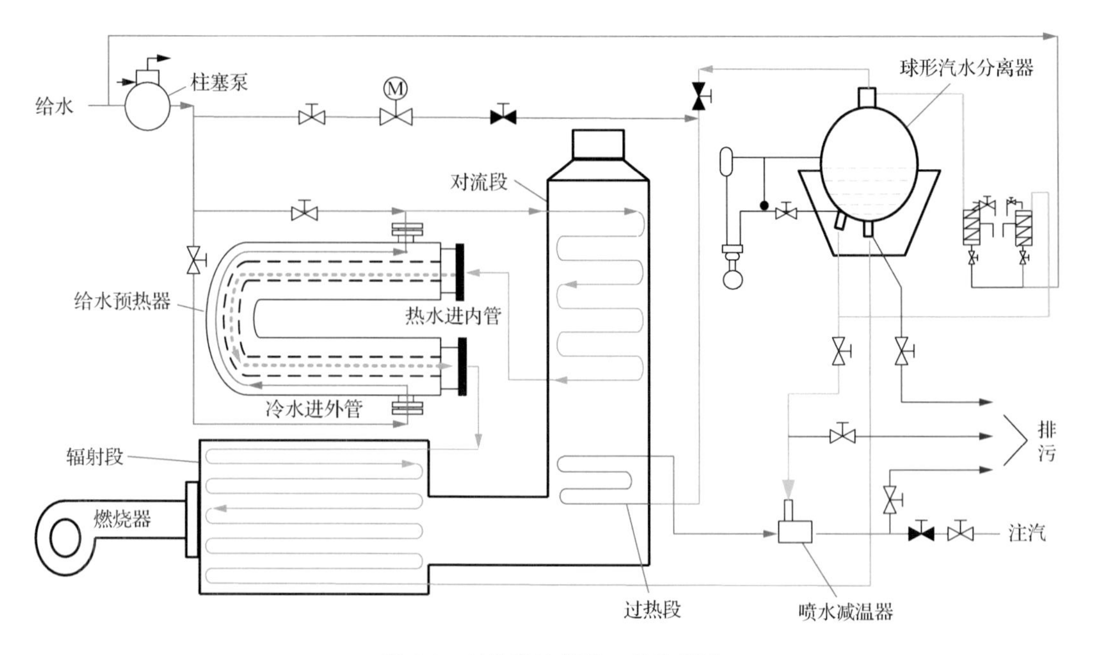

图 6-1　过热注汽锅炉工艺流程图

（2）对流段。

对流段是由单路翅片管水平往复式排列的梯形结构，位于烟气低温区域，其功能是将烟气温度降低，进一步提高锅炉热效率。使用燃料为重油时，对流段翅片管很容易积灰，设置超声波吹灰装置可实现自动吹灰从而延长其积灰周期。对流段吸热约占总份额的 28%。

（3）过热段。

过热段是由单路直管水平往复式排列的矩形结构，位于烟气高温区域，其功能是将干蒸汽继续加热升温。过热段吸热约占总份额的 20%。

（4）过渡段。

过渡段壳体是由钢板卷制的弧形结构，内衬耐火浇注料和硅酸铝纤维，正常运行时外壁表面平均温度小于 80℃。其底部设有冲刷期间的排水口，通过碟阀排入地沟或接入排污汇总管程中。支承腿前后布置以便载荷均匀分布。封口端面设有进出炉膛的检修人孔，人孔盖上设有观察炉膛火焰工况的视镜孔。

（5）水-水换热器。

水-水热交换器采用套管式热交换，主要用来加热到对流段的给水，以便将入口水温提高并超过烟气的露点温度，从而避免烟气中的水蒸气在对流段翅片管上凝结而造成管子的低温腐蚀。

（6）汽水分离装置。

汽水分离装置的核心是汽水分离器，内设置了独立的旋风分离器，在旋风分离器上部及蒸汽出口处设置了一、二次百叶窗分离器，进一步分离蒸汽中的细小水滴，其分离效率高达 99%以上。

(7) 喷水减温器。

喷水减温器的作用是调节过热蒸汽的温度，它是以减温水高于过热蒸汽至少 0.4MPa 的压差注入减温器，通过减温器内部的喷水嘴以雾状方式喷到过热蒸汽中，与过热蒸汽混合，从而降低过热蒸汽温度。

(8) 燃烧器。

燃烧器是根据蒸汽锅炉的发热量选择的，主要参数在满足蒸汽锅炉最大发热量和压力下还留有一定的裕量。燃烧器为 ENERGY-EBR9MNV 型介质雾化燃烧器，最大火焰长度为 5.3m，最大火焰直径为 2.3m，额定出力为 19.6MW，鼓风机电机功率为 75kW，在燃烧过程中可根据燃料结构和组分的差异来调节炉膛火焰的长度和直径。维护和保养详见燃烧器的使用说明书。

燃烧器满足过热注汽锅炉负荷在 40%～100%波动时的需要，以 300# 以下重油及天然气为燃料，其点火装置、引燃及主燃连动、火焰监测、过程跟踪等一系列设置保证可靠运行，匹配强制通风的鼓风机。主要参数如表 6-1 所示。

表 6-1　燃烧器主要参数

型号	最大出力/MW	鼓风机电机功率/kW	燃料类型	火焰长度（10 档可调）/m	火焰直径（10 档可调）/m
EBR 9MNV	19.6	75	燃油、燃气	2.9～5.3	1.3～2.3
风量/(m^3/h)	雾化方式	耗油量/(Nm^3/h)	耗气量/(Nm^3/h)	雾化蒸汽耗量/(kg/h)	雾化压力/bar
25000	蒸汽或空气	248～1981	248～1981	60	≤10

注：1bar=10^5Pa。

(9) 给水泵。

给水泵是根据蒸汽锅炉的出力选择的，主要参数在满足锅炉最大给水量和压力下还留有一定的裕量。其型号为 5GP100-23/22 的容积式往复五柱塞泵，最大流量为 25.0m^3/h，额定压力为 15MPa，电机功率为 132kW。柱塞泵由泵体、电机、驱动机构等组成，为了保证供水的持续平稳性能，其出入口都安装了减震器。维护和保养详见给水泵使用说明书。

(10) 空气压缩机。

空气压缩机是根据燃烧器需用空气雾化的最大量选择的，主要参数在满足雾化最大用气量和压力下还留有一定的裕量。空压机为 PUMA-SAS300 型螺旋式。

空压机，最大流量为 3.4m^3/h，额定压力为 0.8MPa，电机功率为 22kW。空压机由压缩体、电机、驱动机构等组成，为了保证供气的持续平稳性能，配置储气罐。维护和保养详见空压机使用说明书。有气源时可不设置。

(11) 自控系统。

自控系统是基于过热蒸汽锅炉可靠运行及减轻操作人员劳动强度并有最大安全保证而设计的全自动控制系统。

运行全过程控制应用 PAC 可编程自动控制器＋触摸屏＋上位机控制方式。点火过程由独立的 Honeywell-EC7850 点火程序器控制。给水、干蒸汽、分离水的流量测量采用差压式流量测量。差压式流量测量是基于被测流体流动的节流原理，利用流经节流装置时产生的压差来检测流体的流量。应用压差来检测被测流体的流量是应用最广泛、最普遍的一种流量测量，如孔板、喷嘴等节流元件就是把流体的流量转换成压差信号通过智能差压变送器来实现流量测量。压力和温度是通过智能压力变送器和热电偶来实现流量测量。仪电控制系统便于操作和观察，过程压力、温度、流量、液位及干度等各项检测传输信号都集中进入控制中心，形成在线显示、设限保护，通过开关量控制、PID 调节等实现全天候自动序控。系统设限保护 21 项，运行中一旦发生故障，能够及时灵敏产生声光警报并自动灭火。某些关键报警会导致停炉，此时应迅速消除故障再启动。若故障短时间无法消除必须按紧急停运妥善处理。

（12）水汽循环系统。

水汽循环系统是指从给水泵出口至蒸汽出口的水循环通道，是过热注汽锅炉的关键受压部分，由辐射受热面、对流受热面、分离器、过热受热面、减温器及其外部连接管路等组成。

水汽流程如下：生水通过水处理装置处理后，合格的软化水供到高压柱塞泵入口端，入口安装了减震器以保证入口水的稳定供应，出口安装了减震器以保证出口水的压力平稳。水经强制升压后进入水-水换热器，使给水超过“露点”温度，通常要求在 110～120℃，以避免烟气对翅片管的低温腐蚀。经预热后的水进入对流段，在这里吸收热量后再进入水-水换热器作为热源加热给水，经冷却后进入辐射段的入口，水在辐射段经加热汽化后达到干度为 70%～80%的饱和湿蒸汽，然后进入球形汽水分离装置进行汽水分离，分离出 99%以上的干蒸汽再进入到过热段加热，温度达到 460℃左右进入喷水减温器，与分离出的饱和水再混合，混合后的温度降到 370～390℃，最后将过热蒸汽注入井下。

入口减震器及出口减震器的作用是减少柱塞泵震动；柱塞泵出口、过热段旁通、过热段入口、喷水减温器喷头入口、蒸汽出口等止回阀是为了防止介质倒流而设计的；蒸汽出口安全阀是为了保护设备和人身安全而设置的重要安全附件；流程上设的管座用于安装就地和远传压力、温度仪表及排放等。

（13）燃烧系统。

燃烧系统由燃烧器、鼓风机、风道、炉膛、烟气通道等组成。烟气通道上设有烟温热电偶和烟气检测取样口。炉膛形状、大小和对流管束间隙是根据以重油和天然气为燃料而设计的。当燃料发生较大变化时，可以通过调节燃烧器的火焰比例器来适应变化。

（14）燃料系统。

燃油流程包括进油及回油管路、蒸汽-燃油加热器、电加热器、油温调节阀、燃油过滤器、压力调节阀、流量控制阀、叶轮流量计、电控阀、油枪等；燃气流程包括快速切断阀、自力式压力调节阀、溢散阀、涡街流量计及输气管路等；引燃气流程包括压力调节阀、电磁阀、点火变压器、点火电极、点火枪及引燃管路等。

6.2　水平井分段注汽工艺技术

水平井开发稠油油田，单井产量和轮产油量高，在稠油油田开发过程中得到越来越广泛的应用，目前稠油水平井水平段大多采用筛管或套管射孔完井工艺完井，注汽时采用水平段笼统注汽，受地层非均质性及完井方式影响，水平井水平段动用程度低，主要表现为水平段吸汽不均匀。

分段完井稠油水平井因能实现水平段分段注汽，提高单井采收率，给稠油水平井开采工艺的发展指明了新方向。针对风城浅层超稠油油藏特点设计了水平井分段完井工艺管柱，并对分段完井水平井采油管柱进行优选。现场试验表明，风城浅层超稠油分段完井水平井采油管柱提下顺利，注汽后封隔器坐封可靠，实现了水平井水平段分段注汽，选用分段完井注采一体管柱减少了修井作业。

1. 常规水平井完井工艺

1）钻井完井工艺

风城浅层超稠油水平井表层套管选用钢级为 J55、外径 Φ339.7mm 的套管，技术套管选用钢级 N80，外径为 Φ244.5mm 的套管，Φ244.5mm 技术套管尾部采用 XGSF245×178mm 悬挂器悬挂 Φ168.3mm 冲缝筛管或 Φ177.8mm 割缝筛管完井。完井结构如图 6-2 所示。

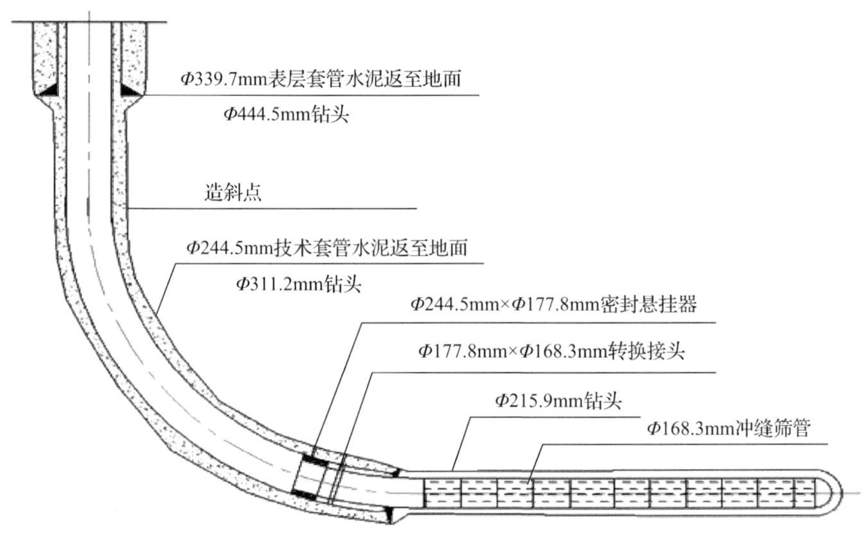

图 6-2　水平井完井实际井身结构示意图

XGSF245mm×178mm 筛管悬挂器技术参数如下：最大外径 210mm；工具长度 2570mm；封隔器承压能力 25MPa；封隔器耐温大于等于 360℃。

2）生产管柱结构

水平井采用双管结构生产，短管用于生产，长管用于注汽、测试、冲砂及伴热降黏。

长管：Φ60.3mm 内接箍油管带通孔引鞋至距人工井底 20m，作为注汽管柱。

短管：Φ88.9mm 平式油管带注采两用泵，作为采油管柱，可以辅助注汽。

受地层非均质性影响，水平段吸汽不均匀，部分井段不吸汽。该水平井通常表现为水平段局部吸汽，吸汽位置主要集中在水平段中后段，水平段前段吸汽少。

为了有效改善水平井水平段的注汽效果，需要研究如何提高水平井段注汽均匀性，使不吸汽井段吸汽。

与风城油田常规稠油水平井相比，实施分段完井工艺的稠油水平井水平段中部筛管被盲管（N80Φ168mm 套管）替代（图 6-3），盲管两端配 Φ200mm 管外热采封隔器，当注入蒸汽温度大于 230℃后，封隔器内部膨胀材料受热膨胀，封堵套管与井眼间的环空，防止注汽期间盲管两端水平段的油汽水互窜，到达水平段分段注汽的效果。

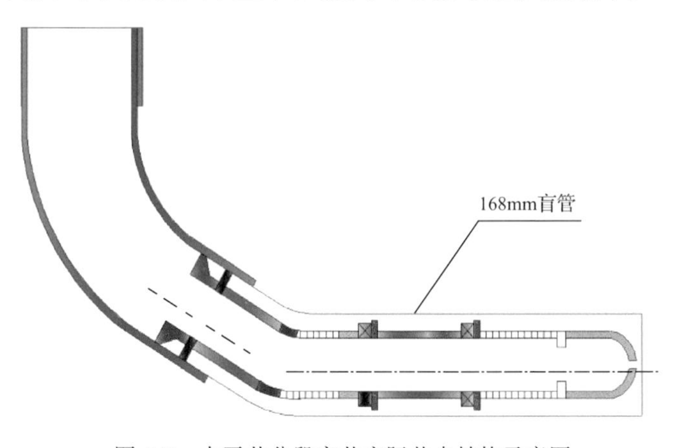

图 6-3　水平井分段完井实际井身结构示意图

Φ200mm 管外热采封隔器技术参数如下：最大外径 200mm；工具长度 3050mm；胶筒密封长度大于 600mm；承压力 20MPa；工作临界温度 220℃。

2. 采油管柱结构

1）分段采油注采一体管柱

该管柱结构采用双管结构，长管采用 Φ88.9mm 油管带注采两用泵，水平段带 K331 热敏封隔器，注汽后封隔器座封在盲管段内，短管采用 Φ60.3mm 内接箍油管（图 6-4）。为了提高封隔器坐封性能，封隔器后端配下扶正器对管柱扶正。长短末端配打孔管柱，实现水平井水平段中后段均匀配汽，提高注汽均匀性。

采用该管柱结构进行生产，优点是油井自喷结束后，可直接转机抽生产，中途不需修井作业，缺点是焖井期间不能进行井温测试，且由于泵下接尾管太长，原油在尾管内流动时延程阻力损失大，上冲程时活塞上行速度可能快于尾管内原油流动速度，油井泵效较低。

2）分段采油注采二趟管柱

该采油管柱与注采一趟管柱相比没有下入注采两用泵（图 6-5）。采用该管柱结构进行生产，优点是注汽焖井期间可以进行井温剖面测试，了解水平段吸汽情况，缺点是自喷结束后需要修井作业下抽油泵，压井作业导致井筒热损失，油井轮采油量降低。

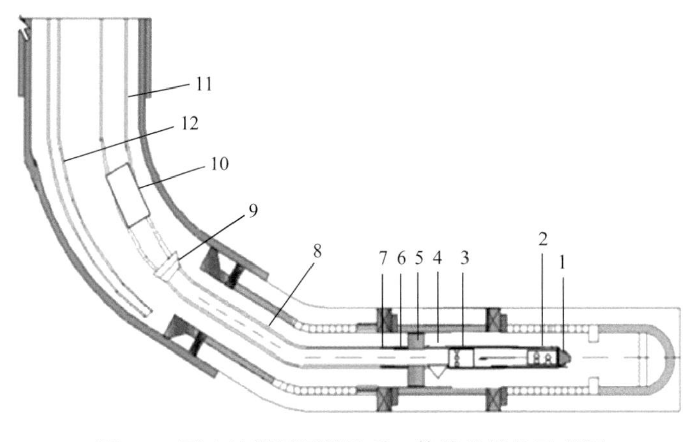

图 6-4　泵+油管封隔器注采一体管柱结构示意图

1. Φ73mm 导向头；2. Φ73mm 打孔筛管(1m)；3. Φ73mm 打孔筛管短节(3 个孔)；4. 扶正器；5. 注汽封隔器；6. 热力补偿器；7. 安全接头；8. Φ73mm 油管；9. 转换接头；10. Φ70mm/44mm 反馈泵；11. Φ88.9mm 油管；12. Φ60.3mm 内接箍油管

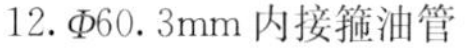

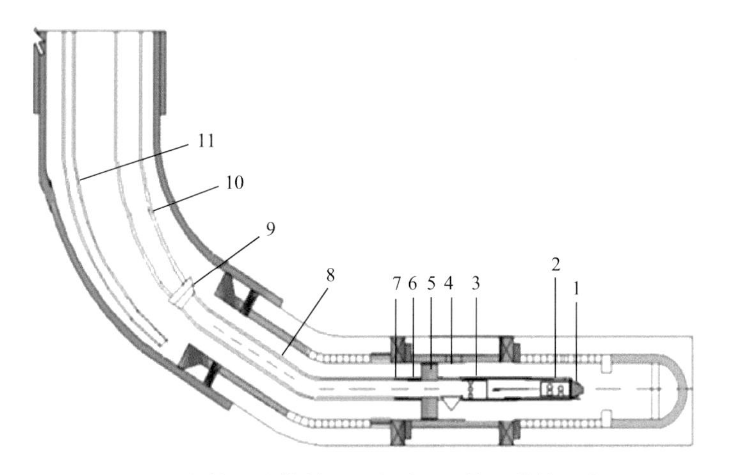

图 6-5　光管+油管封隔器注采两趟管柱结构示意图

1. Φ73mm 导向头；2. Φ73mm 打孔筛管(1m)；3. Φ73mm 打孔筛管短节(3 个孔)；4. 扶正器；5. 注汽封隔器；6. 热力补偿器；7. 安全接头；8. Φ73mm 油管；9. 转换接头；10. Φ88.9mm 油管；11. Φ60.3mm 内接箍油管

6.3　稠油水平井冲砂工艺技术

浅层超稠油油藏埋深浅、原油黏度高、地层胶结疏松，水平井采用筛管完井，生产过程中出砂严重，造成抽油杆及泵频繁砂卡。常规冲砂工艺在风城稠油水平井应用时，冲砂液大量漏失，很难建立循环，开井后砂粒从地层再次返出，造成水平井频繁检泵。浅层超稠油水平井采用常规管柱进行泡沫冲砂作业，冲砂液返排容易，油井冲砂作业时间短，开井后产量得到恢复。针对水平段砂堵、砂埋的稠油水平井，采用同心管冲砂工艺技术，利用负压提吸井底沉砂，有效恢复停产井产量。

1. 同心管冲砂工艺技术

同心管冲砂工艺技术是通过改进冲砂管柱实现水平井冲砂的。同心管负压射流冲砂利用自身结构建立小截面循环通道，利用射流负压冲砂器喷嘴喷出的高速流体搅动井底砂床，通过冲砂器的举升，抽吸井底混砂液，通过内管返出地面，达到冲砂目的。同心管具有独特的优点：由于同心管是普通油管自重的两倍，更有利于水平段冲砂作业；冲砂液的返速快且呈紊流态，携砂悬砂能力强；水眼喷射出的高速水流既能破碎砂床，又能清洗筛管周围的沉砂；能在井底产生负压，达到近井解堵作用；采用同心管环空进液、内管返液，避免了砂卡冲砂管柱。冲砂介质使用脱油污水即可，价格低廉取材方便，经沉砂处理后可循环使用。

1）主要设备及工作原理

稠油水平井冲砂的设备主要有修井机、同心管（图 6-6）、冲砂器、转换接头、循环罐、泵车等。

图 6-6 同心管

同心管主要由内外两层管柱构成，外管分 Φ89mmTBG 油管和 Φ73mmTBG 油管两种，内管是 Φ48.3mm 油管。内管两端设计有接头，利用接头的扶正垫块把副管挂在外管内部，且使其居中。外管靠丝扣进行连接密封。内管应用插管式密封，内管头上的密封胶环也起密封作用。冲砂过程中只有外管受力，内管不受力。

2）负压射流冲砂器

冲砂头也是由内外两层构成。内层相当于一个射流泵，工作流体从喷嘴高速喷出时，在喉管入口处因周围的空气被射流卷走而形成真空，被输送的流体即被吸入。两股流体在喉管中混合并进行动量交换，使被输送流体的动能增加，最后通过扩散管将大部分动能转换为压力能。其中工作流体靠环空中泵入的冲砂液提供，被输送流体即携砂液从图 6-7 的内管入口被吸入。在不考虑摩阻的情况下，假设井口压力为 P_0，环空液柱压力为 P_H，地层压力为 P_i，普通冲砂时应该 $P_i=P_H+P_0$，采用负压射流冲砂头以后，冲砂头产生压力 P，则 $P_i=P_H+P_0-P$，在液柱高度不变，井口压力不变的情况下，井底压力小于地层压力，那么地层漏失的难题就解决了。不同井漏失情况不同，只需要更换不同直径喷嘴即可。同心管冲砂时采用高泵压、高排量。泵压 14～18MPa，排量 0.9m^3/min 以上，喷嘴直径 2～3mm，并与轴线呈一定的夹角。喷嘴喷射出的高速水流不仅能破碎砂床，还能通过筛管缝隙清洗筛管周围的沉砂，然后被吸入筛管内，进而携至地面，达到近井解堵作用。由于三束高速水流和筛管壁撞击以后使筛管内处于紊流状态，有利于地层砂的悬浮，降低了地层砂在筛管内的沉降，最终冲砂更彻底。

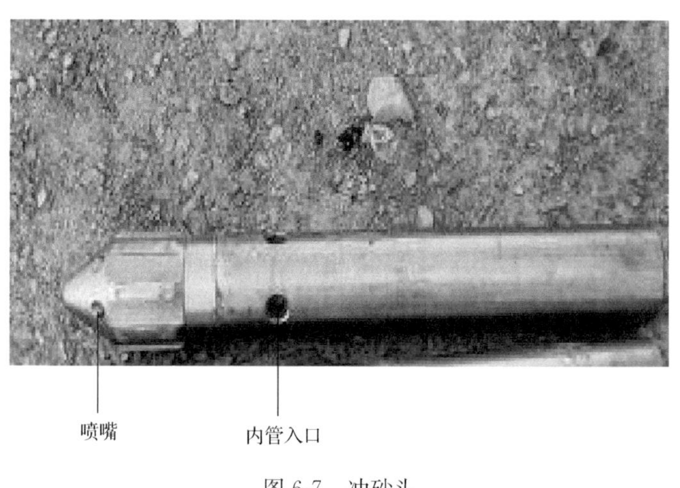

图 6-7　冲砂头

3）工艺流程

冲砂液经双泵车加压后，流经三通汇合，然后通过高压软管进入同心管环空，顺环空而下，流经冲砂头时一部分作为造负压工作液供给内管，一部分通过喷嘴喷出，破碎砂床搅动沉砂，然后从内管入口吸入内管，在冲砂头加压后由内管到达同心管转换器，从出口流出，回到沉砂罐，进行下一个循环(图 6-8)。

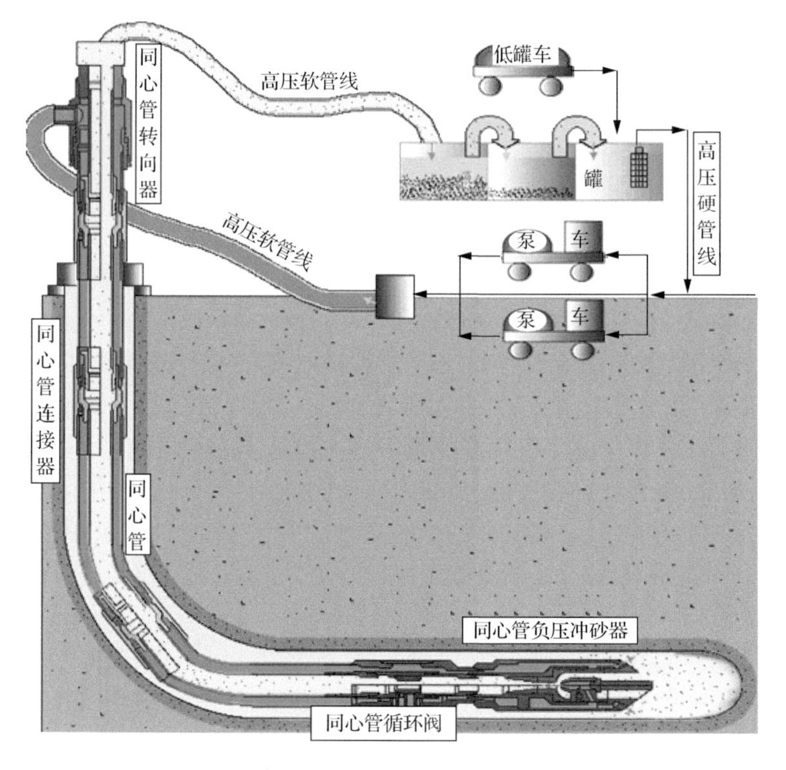

图 6-8　水平井同心管清砂工艺流程示意图

2. 泡沫冲砂工艺技术

泡沫流体是一种可压缩的非牛顿流体，具有黏度高、密度低、携砂性能好及漏失量小等优良特性。泡沫流体冲砂洗井技术就是利用泡沫流体的优良特性，将泡沫流体作为冲砂液，冲砂时从冲砂管中注入，从套管返出，使井底建立低于油层的压力，在此负压差的作用下依靠泡沫流体冲散井内积砂并携带出井口，以达到冲砂洗井的目的。因此泡沫流体冲砂洗井可以解决稠油水平井冲砂的难题。

1）泡沫冲砂流体的特性

泡沫液由起泡剂和稳定剂及水组成。施工时用压风机和水泥车同时将气体和泡沫液打入油管内形成混气均匀泡沫。泡沫运动中不断地破灭与再生，处于动态平衡状况。

密度低且方便调节，作为入井液便于控制井底压力，减少漏失和污染；可以在井底形成负压，利于掏空套管外壁周围的出砂；黏度高，低摩擦阻力，携砂能力强；低滤失，对地层污染小；泡沫"遇水稳定、遇油消泡"，在含油介质中稳定性变差，渗流阻力随含油饱和度的升高而降低。

常用的泡沫流体是以水为液相，以空气、天然气、氮气、二氧化碳、烟道气等气体为气相，两相充分混合形成了入井流体。液体可以是清水或油田废水。由于是油井冲砂作业，为了降低油气燃烧爆炸等风险，一般采用氮气泡沫冲砂。

冲砂作业中所用的泡沫液体密度往往是指泡沫液体在地面形成的密度，而不是液体在井底的密度。实际上井下泡沫液体的密度是随井深增加而提高的。在深井中，井底的泡沫液体的密度可能已经接近于水的密度，但井筒中的井液柱压力还是比纯水的压力低，在低压油井中仍然有很大的实用价值。

泡沫流体的黏度比纯气体和纯液体都大，这是因为流体是气液两相，流动时外力要克服气液两种分子之间的摩擦力；混合均匀的泡沫流体的黏度比中等黏度的钻井液大，可以接近于油的黏度，这对于携砂十分有利。黏度随气泡直径和密度的变化而变化，因此在井筒中的泡沫流体的黏度是变化的。

在高压环境下，泡沫流体的稳定时间大大增加，这是因为气泡在高压下不容易膨胀，不易滑脱，使泡沫的稳定时间增加。地面压力降低有利于流体中气泡的消除。

泡沫流体作为冲砂液具有黏度高、密度低、携砂性能好及漏失量小等特点，对于稠油低压低渗油藏尤其适用。由于在井底形成负压差，井筒内的沉砂不会再次进入地层，避免重复冲砂；而且在冲砂的过程中地层流体向井内流动，对于用筛管完井的井清洗干净了筛管外的砂子，对于射孔完井的井则清洗了射孔孔道，增加了近井地带的渗流能力，有一定的解堵作用。泡沫流体能提高冲砂质量，保护油气层，缩短油井产量恢复期，最终提高油井免修期。但是泡沫流体冲砂需要的设备比较多，早期成本比较高，现场操作比较复杂。

2）泡沫冲砂的主要设备

泡沫冲砂的主要设备有制氮车、压风车、罐车、泵车、外排罐、泡沫发生装置等。施工工艺流程见图6-9。

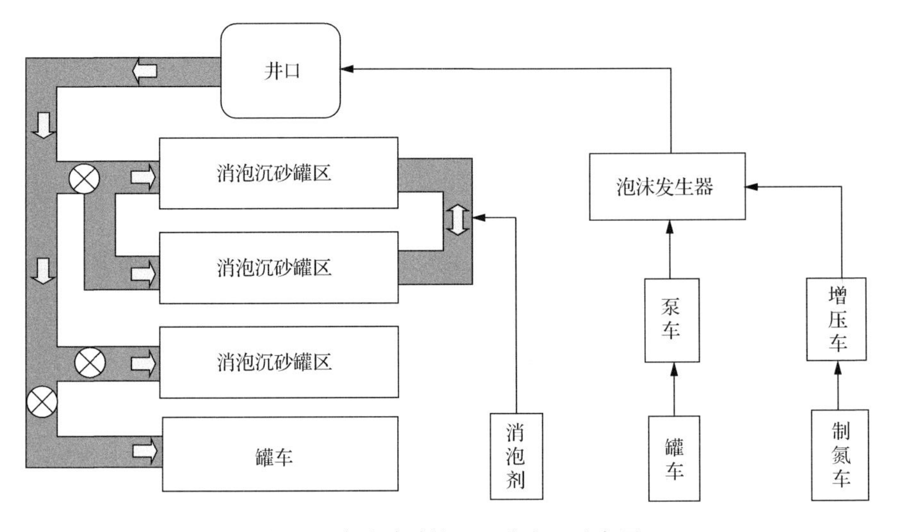

图 6-9　泡沫冲砂施工工艺流程示意图

首先由制氮车分离出氮气输送至压风车增压，然后输送至泡沫发生器；同时泵车小排量将泡沫液供至泡沫发声器，产生均匀泡沫，由冲砂管柱输送至井底冲击砂面搅动砂床，然后泡沫流体携带着地层砂从套管返出地面，最后撤消泡剂消泡，自此完成一个冲砂流程。

3）泡沫冲砂管柱工艺的选择

目前实践过程中泡沫冲砂管柱工艺主要有普通油管冲砂、普通油管连续冲砂和连续油管冲砂 3 种。在实际作业过程中根据井况选择应用。

普通油管冲砂就是利用原井普通管柱冲砂。目前稠油水平井一般采用双管作为开发管柱结构，即 Φ60.3mm 内接箍油管注汽，Φ88.9mm 平式油管采油，冲砂作业时采用内接箍油管＋平式油管的组合管柱结构。普通油管冲砂利用了原井管柱，操作简单，既提高了时效又降低了成本，是目前常采用的冲砂管柱。

连续油管作为稠油水平井泡沫冲砂管柱是工艺上的最佳选择，它不仅具有普通油管冲砂的所有优点，而且解决了密封性问题，且从井口开始举升井内液体，提高了冲砂速度，降低了泡沫液的使用量。但连续油管价格昂贵，单井作业费用高，成本压力限制了连续油管冲砂工艺的应用，只有在某些特殊井才应用。

4）泡沫冲砂的应用

2011 年稠油水平井泡沫冲砂 12 井次（连续油管泡沫冲砂 1 井次）。氮气泡沫冲砂取得良好的效果，冲出了大量的地层砂，水平井恢复了产能，增油效果明显；泡沫冲砂效率高，每小时可冲砂 30m，单井冲砂作业时间明显降低。但由于技术原因，目前也存在一些问题有待解决。

由于没有泡沫发生测控装置，无法准确监测冲砂过程中不同温度、压力下管内、环空、地面管汇中泡沫液密度、泡沫质量数据，无法准确地判断井底压力。稠油开发井网密布，注汽井与采油井汽窜厉害，根据压力递减原则，一些已经建立了压力平衡的井由于泡沫冲砂井底压力明显降低，破坏了压力平衡发生汽窜。前期施工过程中发生 2 井次的汽窜。

由于高温影响泡沫稳定性，为冲砂埋下了风险。

泡沫液处于常温状态，在冲砂的起始阶段需要很长时间才能举出井内稠油。在冬季施工过程中尤其明显，若冲砂前不对井筒内的稠油加温降黏，则很难举出井内稠油，出口一直不返液。

由于工艺原因，目前还不能将泡沫液消泡后重复利用，增加了成本；现场特车比较多，对井场要求比较高，必须需要比较大的井场，方能作业。

稠油水平井冲砂是一个系统工程，包含冲砂液体系的优选、冲砂方法的选择、工作参数优选和管柱结构及设备的搭配，只有达到以上几点才能高效地完成冲砂作业。通过近几年的研究与探索，目前形成了同心管冲砂技术及氮气泡沫冲砂技术。在现场的实践应用中综合考虑井场状况、井筒状况、周边井网状况及成本压力等因素，优选合适的冲砂工艺。

经过近几年的推广应用，这些新型冲砂技术经受了最严峻的考验，使面临报废的稠油水平井恢复正常生产，增油效果明显，为油田的上产稳产提供了保障，后期将继续探索研究，完善稠油水平井冲砂工艺技术。

6.4 高温调剖技术

蒸汽驱汽窜的主要原因是蒸汽与高黏原油不利的流度比引起黏滞指进；密度差引起重力分离蒸汽超覆；吞吐转驱过程中各井之间温度场、压力场的不均匀引起蒸汽单向突进；以及由于油藏的非均质性，存在高渗透地层或裂缝，使蒸汽沿高渗透大孔道迅速窜至生产井。汽窜的最大危害是蒸汽直接从汽窜井产出，注入热量不能充分有效利用，使经济效益变差，蒸汽绕过高含油区域从生产井产出，驱替波及体积小，开发效果差。一旦蒸汽驱汽窜得以确认，一般采取以下几种技术措施控制汽窜，调整蒸汽剖面，改善蒸汽驱替的波及效率。

1. 汽窜井措施

注入蒸汽在生产井突破时产出液体温度迅速升高，含水上升，大量的水在井筒内闪蒸，从套管中排放出去，抽油泵的泵效降低。蒸汽突破时，油井的产能会大幅度提高，导致严重出砂。对于汽窜井通常采取的措施有以下几个方面。

关闭套管环空和提高泵挂位置：关闭套管环空是为了增大井底流压，减少水的闪蒸，提高泵的效率。由于离蒸汽突破层位愈近流体温度愈高，改善蒸汽驱替的波及效率。需要提高泵挂位置。

在突破层位机构封堵，控制汽窜程度：在突破层位进行 $Ca(OH)_2$ 处理，控制出汽、出砂。关井，汽窜十分严重的井无法正常生产，只能采取关井措施。

以上这些处理措施的目的是尽可能延长生产井的寿命，减少热量的产出，但效果非常有限，不能根本地解决汽窜问题，改善蒸汽波及体积，有些措施的效率也很低。采取关井措施，虽然注入蒸汽的利用率提高，但由此也造成汽驱井网的不完整，降低了蒸汽驱波及效率，造成资源浪费。

2. 注汽井分层注汽

油层非均质严重、油井井段较长的层状油藏往往存在吸汽不均匀的问题，一般上部油层和高渗透层吸汽量很大，而下部油层和低渗透层段吸汽量很小。采用与封隔器相配合的机构分层注汽、双管柱分层注汽或同心管分层注汽，能够提高油层纵向运用程度。如美国 Kern River 等油田一些注汽井采用了双管柱注汽、生产井合采的注采方式。现场应用表明采用分层注汽方法时会产生许多其他问题，限制了这项技术的应用。主要问题有：由于井筒的限制，无法采用有效井筒隔热措施，热损失较大；注汽管柱断面小，注汽压降大；管柱之间热交换干度差异大，出流口发生闪蒸，产生结垢堵塞，影响了该方法实际应用效果。

3. 开发调整措施

在蒸汽驱开采中后期，由于重力超覆在生产井突破，此时通过减少注汽量、间歇注汽、水汽交注或降低注汽干度的方法削减注热量，不仅可以降低燃料成本，延长项目的经济寿命，而且可以减轻蒸汽的超覆，驱替底部的原油，控制生产井的汽窜，提高蒸汽驱的最终采收率。数值研究和矿场应用表明采用减少注汽总量而保持注汽干度不变的方法，其效果要优于其他几种方法。

当蒸汽驱项目接近经济极限时，减少热注入量的方法已普遍得到采用，采用该方法成功地抵御了 20 世纪 90 年代低油价给蒸汽驱工程带来的冲击。但注热量的减少也使蒸汽带体积减小，因此采用此方法不能有效地提高蒸汽驱的波及体积，主要适用于成熟的蒸汽驱项目，延长项目的经济寿命，对于蒸汽驱早期大孔道或高渗透贼层的汽窜就不可能取得好的效果。

4. 高温堵剂调剖

蒸汽驱具有极高的驱油效率，提高蒸汽驱的波及体积是提高蒸汽驱采收率的根本方法。注入高温堵剂，封堵汽窜孔道，使随后注入的蒸汽转向蒸汽未驱扫过的区域，从而提高蒸汽驱的波及体积、提高蒸汽驱的经济效益和采收率。高温堵剂调剖是极具潜力的提高蒸汽驱效果方法，一直受到人们的高度重视。

用于蒸汽驱调剖的高温堵剂种类比较多，按堵剂化学成分和性能可分为无机类，如水泥、粉煤灰；高温泡沫类，如 Thermphoam BWD、SD1000、Suntech Ⅳ等；高分子凝胶类，如酚醛树脂、木质素等。

6.5　油藏热采动态监测技术

跟踪监测注蒸汽过程中注入蒸汽在各井点的吸汽剖面及油藏开发区块内蒸汽推进动态，对及时调整注汽方案、改进注采工艺，改善注蒸汽开发效果是非常重要和必不可少的。不论是蒸汽吞吐开采阶段还是蒸汽驱阶段，通过各注汽井、生产井及观测井进行动态监测的方法很多，但最主要的是注汽井的吸汽剖面或温度剖面、观察井的温度、压力反映及生产井的产液剖面，在有条件而必要时，还要对多井组先导试验区或油藏区块进行蒸汽前沿的动态监测。根据这些实际监测资料，通过热采数值跟踪模拟，进行温度场、饱和度场及压力场的分析，再结合少数取心井的岩心分析，把油藏中纵向及平面上的油层动用程度及剩余油分布状况了解清楚，为整体上改善和提高热采稠油油藏开发效果及开发水平创造先决条件。

1. 注汽井监测

注汽井监测主要是为了取得注汽井井筒内压力、温度及蒸汽干度的变化情况、各小层的吸汽状况。目前主要采用定点测试方法，采用单一的高温压力、温度计或综合测试仪测取井筒中各个位置的压力、温度、蒸汽干度和流量。由于利用仪器很难直接测取井筒各个位置的蒸汽干度，因此，新疆等油田研制了井底蒸汽干度取样器，利用在井筒中某个位置取得注入的饱和蒸汽样品，通过实验确定其蒸汽干度。

2. 观察井监测

观察井是专门进行压力温度和含油饱和度动态监测的井，均为套管完井，不进行注汽和采油生产。温度观察井不进行射孔，压力观察井则射开油层，射开油层的观察井还可同时进行温度的观察，因此目前多采用射开油层的观察井。

观察井监测资料的录取主要采用热电偶来测取温度，可采用固定式；也可采用活动式，由于热电偶可设置多个监测点，因此可同时测取多个点的温度，即获得不同时间的井筒温度剖面。压力的监测主要用压力计来测取，可测取不同时间的井筒压力剖面。含油饱和度的监测需采取套管测井方法，目前主要采用 C/O 能谱测井，可测得不同时间观察井所在井点的含油饱和度剖面的变化规律。

3. 生产井产液剖面的监测

生产井测取产液剖面主要是为了了解各小层产液情况，与注汽井及观察井资料进行综合分析，掌握油层影响动用程度。

在产液井黏度较低时，生产井产液剖面的测取可采用稀油常规开发中的方法如同位素测井、介电常数测井、C/O 能谱测井等，但对产液井温度较高的井，则需采取耐高温的仪器测试。目前国内外均已研制出了利用光纤测取压力和温度的技术，由于毛细管采用不锈钢材料制作，因此可耐高温高压，耐腐蚀，弯曲拉力强，动态反应快。

4. 蒸汽驱示踪剂监测

为了监测蒸汽驱过程中油汽水在油层中的分布及蒸汽前缘的位置及前进速度，在注入井中注入示踪剂，在周围生产井连续监测示踪剂的出现时间和浓度的变化。对监测数据进行分析研究，得出蒸汽在油层中推进速度和分布规律。

示踪监测中主要选择安全、有效的示踪剂。目前主要采用的示踪剂为甲醛、氚和亚硝酸钠等。

5. 高精度四维地震方法

蒸汽前沿监测以高精度四维地震重复测量为主，辅以精细数值模拟研究和常规井点温度标定等技术组合。主要技术原理：根据地震波在地下传播速度及能量变化与岩石性质、流体成分、岩层温度等有密切关系，油藏含油饱和度、温度、孔隙结构及流体性质的改变会导致地震波场相应变异这一地球物理原理，检测分析研究注蒸汽热采过程中不同时期、不同开发状态下油藏地震响应信息的变化，实现对热采蒸汽前沿的监测了解。国外实验室研究及油田现场试验成果资料表明，目前标定热采监测的高分辨率地震响应信息能够准确辨别汽腔边界。

6.6　稠油地表汽窜治理技术

地表汽窜是浅层超稠油开发过程中较为常见的问题之一，而由于汽窜通道的隐蔽性增加了治理难度，常规的地面作业很难达到有效治理的目的。

浅层超稠油油藏地表汽窜问题的治理一直以来是此类油藏开发过程中的一个难题，一方面，受影响区域的油井无法正常生产，给油藏带来产能和储量损失；另一方面，喷出地表的原油造成了油区地表的环境污染，破坏了地貌，而在治理对策方面却存在着较多问题。前期采用从地表窜点沿着地表汽窜形成的地面漏洞钻进，然后注水泥封堵。这种治理方法由于施工方式的局限，不能从根本上封堵汽窜通道，治理效果欠佳。

为了从源头上治理地表汽窜问题，消除由此造成的各种不利于油田开发的影响，尽快地恢复影响区域的注汽生产，需要一种行之有效、治标治本的治理方法。

1. 地表汽窜通道形态

研究发现，该区域受古构造运动影响，局部发育断裂或微裂隙，沟通了油藏与地表，为注入油层的蒸汽上窜至地表提供了通道。随着蒸汽吞吐轮次的升高，井间汽窜日趋严重，进一步扩大了地表汽窜影响井的范围。通过对与这些断裂或微裂缝直接沟通的节点井进行地下封堵，可从根源上解决地表汽窜问题（图 6-10）。

2. 地下高温封堵研究

在地表汽窜发生过程中，大部分油井汽窜的蒸汽都是由附近某一口油井窜出地表，在地下汽窜通道网络中存在少部分油井为通道关键井，称为节点井，找到节点井可能就是我们治理地表汽窜的关键所在。通过电位监测解释结果基本已明确了各地表窜汽区域的蒸汽运移通道，在此基础上通过对各汽窜通道进行分析，确定出位于汽窜通道枢纽上的井；同时结合汽窜区域油井的生产动态反映的直接窜通井，综合确定节点井。

1）高温封堵剂配方研究

通过调研前人研究成果，发现很多无机材料具有封堵效果，且具有较好的抗温能力和抗压强度，可用做高温封堵材料。但这些无机材料在形成强度的过程中会有收缩，降低了封堵性能，因此单独使用无机材料进行封堵汽窜施工效果不是最好，且这些无机材料施工

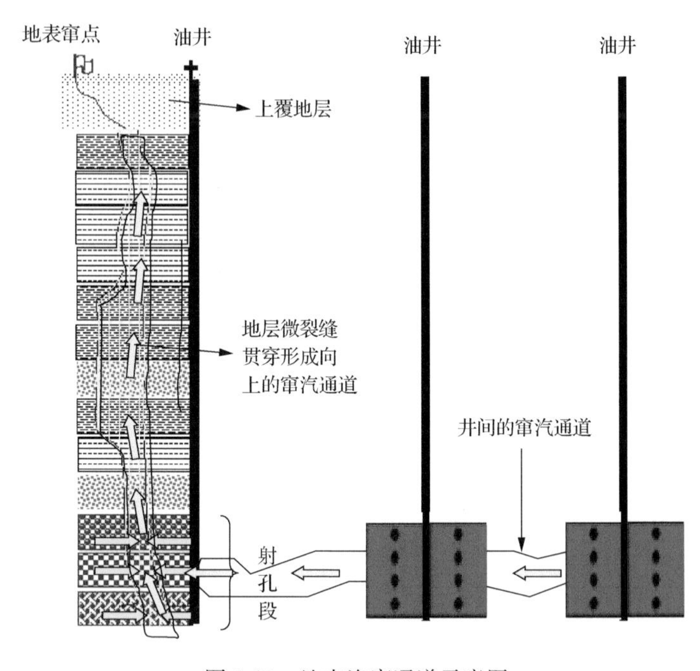

图 6-10　地表汽窜通道示意图

的注入性较难控制，也会降低其封堵效果。聚合物凝胶也可以起到封堵的效果，但这种聚合物凝胶在高温下，一定时间内也会破胶而失去封堵效果，因此也不能作为封堵剂单独使用。

无机材料和有机材料都可以起到堵汽窜的作用，但各有优缺点，基于它们的优缺点，我们研究出一种新型的有机无机复合高温封堵剂 XD-1，使其达到封堵汽窜的优良效果。这种封堵剂克服了无机封堵剂在凝固过程中的收缩性，使其封堵更加的致密有效，同时克服有机封堵剂在高温下易破胶、不易长时间封堵的缺点；该封堵剂通过自身的相互作用，紧密地缠绕在一起，堵塞地层中的大裂缝和大通道，通过这种作用力，形成的物质结构非常致密可以很好地阻止蒸汽窜出，且这种物质还具有一定的抗压能力，能够满足后期的注汽作业。通过紧密缠绕形成的致密物质还能很好地吸附在通道的岩石壁上，使其与岩石表面有机地结合在一起，降低了岩石表面与注入堵剂有微细通道的可能性，使得封堵更加致密有效。

高温封堵剂性能指标：① 150℃下，胶凝时间 24～48h；200℃下，胶凝时间 12～24h；② 堵剂密度为 1.15～1.25g/cm^3；③ 堵剂适用温度为 120～260℃；④ 常温下，堵剂的黏度不大于 50mPa·s；⑤ 前置部分堵剂封堵强度大于 6.0MPa，后置封口部分堵剂封堵强度大于 8.0MPa。

2）封堵施工工艺技术研究

在封堵剂的施工工艺过程中需要考虑以下几个问题。

井底温度：该高温封堵体系需要在一定温度下发生分解和化学反应之后才可以达到好的封堵效果，因此在施工前需要考察井底温度，如果井底温度太低就需要提前注入蒸汽加热地层，以便后期注入的物质能反应起到良好的封堵作用；如果温度太高就需要注入一些清水用于降温作用，因为温度太高，注入物可能还没达到预定层位就发生反应，这会降低封堵体系的波及范围，影响施工效果。

封堵剂的施工步骤：①注入一定量的清水或蒸汽(该条件由井底温度决定)；②注入高温封堵剂前置液(注入量由井底条件即需要的封堵半径、封堵层厚度、油层平均孔隙度决定)；③注入高温封堵剂(注入量由施工过程中施工压力的变化情况决定，由于施工压力的变化反映井底封堵剂的封堵情况和井底的吸收情况)；④交替注入高温封堵剂前置液和高温封堵剂(通过二者的交替注入可以很大程度地提高二者的协调作用，达到更优良的封堵效果，交替次数由封堵时的施工压力而定)。

高温封堵剂多段塞封堵工艺技术常规的封堵方式有循环法和挤入法两种，循环法工艺比较复杂，施工安全性差，一般采用挤入法封堵方式，挤入法工艺比较简单，施工安全性高。挤入法封堵有空井筒挤入封堵剂和油管挤入封堵剂两种方式，挤入法又分为多段分别注入方式和常规注入方式。结合封堵汽窜工艺及施工安全的需要，选择油管多段塞挤注工艺。

多段塞复合封堵技术就是将封堵剂根据性能不同按顺序分段注入汽窜通道，每层段注入不同性能的封堵剂成分，每一层段为一个子段塞，不同的子段塞形成组合段塞。不同的子段塞由组分不同或各组分比例不同的封堵剂组成，按顺序不间断注入油层，形成一个组合段塞。

在重32井区汽窜封堵施工过程中，一个组合段塞按两个子段塞注入。根据注入后泵压情况，选择注入组合段塞次数。

3) 封堵剂用量计算

由于地层的非均质性是不可避免的，大孔道只是存在于封堵层位中的某个部位，堵剂注入地层后其波及前缘并不是均匀推进的。因此，当大孔道内的堵剂已经运移到设计位置时，其他渗透率较低层位的堵剂还没有运移到相应位置，这时按照均一渗透率计算所得的堵剂用量往往比实际所需的堵剂用量要大，这不仅会造成经济上的损失，也会加大对非目的层的损害。因此在封堵剂用量的计算公式中加入修正系数，采用范围值和修正值等综合考虑法来提供堵剂计算的准确性。另外堵剂的实际用量应由现场施工过程而定，计算公式得到的用量可以为其做指导，为现场备料做依据。

根据封堵调剖半径初步确定封堵剂的用量，由公式计算封堵剂用量：

$$Q = k\pi R^2 h\phi + q \tag{6-1}$$

式中，Q为封堵剂用量，m^3；R为平均封堵半径，取8.0～15.0m；k为修正系数，取0.3～0.5，因为需封堵的汽窜层一般占射孔厚度的30%～50%(由于汽窜主要是部分大孔道，不会是整个油层的全部，因此修正系数取0.3比较合理)；h为封堵层厚度，m；ϕ为油层平均孔隙度，%；q为附加值，取$k\pi R^2 h\phi$的5%～20%，m^3(q为堵剂地面及管线、罐车、方罐内损耗值，一般取$15m^3$即可)。

通过高温封堵剂抗温抗压能力的分析评价研究，本次研究开发的高温封堵剂的抗压能力可达8.0MPa，其抗压能力的测试是通过岩心驱替实验得到的。而岩心驱替实验是将高温封堵剂注入岩心中产生封堵作用，然后测定水注入岩心中且岩心不被冲破能产生的最高压力。但在长期的蒸汽吞吐过程中，高温蒸汽产生的高温高压对封堵剂中的聚合物凝胶堵剂有很大的降解作用，使凝胶结果遭到破坏；同时，地层水矿化度高，其中很多金属离子都会对聚合物凝胶产生很大的破坏作用，封堵剂长期暴露于这些破坏因素之下，封堵剂的封堵能力逐渐降低。为了使封堵剂具有长期的有效性，应从其影响因素考虑，减小外界因素对封堵剂的影响。因此，只有控制注汽压力才能方便有效地解决这个问题。另外，封堵剂的抗压能力是在一定的时间内测定的，一般地，恢复正常注汽的持续时间都在10天以上，在如此长时期的高温高压下，封堵剂的抗压能力会随着转轮注汽次数的增加而大大降低，为了保证封堵剂的有效性，应该严格控制注汽压力，即满足注入蒸汽能很好地加热地层稠油，达到要求的波及范围，又能保证在此压力下不会再次出现汽窜的现象。

主要参考文献

刘雨芬，陈元千，毕海滨. 1996. 利用多元回归方法确定稠油油藏吞吐阶段的采收率. 新疆石油地质，(2):184-187，206.

刘斌. 1996. 辽河油田稠油采收率确定方法研究. 石油勘探与开发，(1):55-58，104-105.

刘文章. 1998. 热采稠油油藏开发模式. 北京：石油工业出版社.

宋崇武，王金保. 1982. 过热水蒸汽流量测量温度压力补偿系统用的最佳密度方程式程序. 抚顺石油学院学报，(2):86-93.

岳清山. 1998. 稠油油藏注蒸汽开发技术. 北京：石油工业出版社.

岳清山，赵洪岩，马德胜. 1997. 蒸汽驱最优方案设计新方法. 特种油气藏，(4):19-23，15.

张义堂. 2006. 热力采油提高采收率技术. 北京：石油工业出版社.

Anand J, Somerton W H, Gomaa E. 1973. Predicting thermal conductivities of formations from other known properties. Society of Petroleum Engineers Journal, 13(5):267-272.

Somerton W H. 1958. Some thermal characteristics of porous rocks. Journal of Petroleum Technology, 213 (12):375-378.

Willman B T, Valleroy V V, Runberg G W. 1961. Laboratory studies of oil recovery by steam injection. Journal of Petroleum Technology, 13 (7) :681-690.